John Tyndall

Die Wärme betrachtet als eine Art der Bewegung

Band 2

SEVERUS Verlag

Tyndall, John: Die Wärme betrachtet als eine Art der Bewegung
Band 2
Hamburg, SEVERUS Verlag 2010.
Nachdruck der Originalausgabe, Braunschweig 1875.

ISBN: 978-3-942382-59-5
Druck: SEVERUS Verlag, Hamburg, 2010
Textbearbeitung: Laura Pust

Bibliografische Information der Deutschen Nationalbibliothek:
Die Deutsche Nationalbibliothek verzeichnet diese Publikation in der
Deutschen Nationalbibliografie; detaillierte bibliografische Daten sind
im Internet über http://dnb.d-nb.de abrufbar.

SE**V**ERUS
Verlag

INHALT.

Inhalt.

Viertes Kapitel.

Fünftes Kapitel.

Sechstes Kapitel.

Siebentes Kapitel.

Achtes Kapitel.

Neuntes Kapitel.

Zehntes Kapitel.

Inhalt.

Elftes Kapitel.

Zwölftes Kapitel.

Dreizehntes Kapitel.

Inhalt.

Vierzehntes Kapitel.

Funfzehntes Kapitel.

Sechzehntes Kapitel.

Zehntes Kapitel.

Absorption der Wärme durch Gase. — Angewendeter Apparat. — Anfängliche Schwierigkeiten. — Diathermansie der Luft und der durchsichtigen einfachen Gase. — Athermansie des ölbildenden Gases und der zusammengesetzten Gase. — Absorption der strahlenden Wärme durch Dämpfe. — Ausstrahlung von Wärme durch Gase. — Reciprocität von Ausstrahlung und Absorption. — Einfluss der molekularen Beschaffenheit auf den Durchgang der strahlenden Wärme. — Durchgang von Wärme durch undurchsichtige Körper. — Das Wärmespectrum vom Lichtspectrum durch ein undurchsichtiges Prisma getrennt.

371. Wir haben nun die Diathermansie oder Durchlässigkeit der festen und flüssigen Körper für Wärme untersucht und haben erfahren, dass, so fest auch die Atome solcher Körper zusammenhängen, die Zwischenräume zwischen den Atomen den Aetherschwingungen doch freien Spielraum lassen, so dass sie in vielen Fällen fast ohne merkliche Behinderung zwischen den Atomen hindurchgehen. In anderen Fällen indess fanden wir, dass die Moleküle die auf sie stossenden Wärmewellen aufhielten, dass sie aber dabei selbst Mittelpunkte von Bewegung wurden. So haben wir erfahren, dass, während vollkommen diather

mane Körper die Wärmeschwingungen durch sich hindurch liessen, ohne einen Temperaturwechsel zu erleiden,
jene Körper, welche den Wärmestrom aufhielten, durch
die Absorption erwärmt wurden. Wir schickten selbst
durch das Eis einen starken Wärmestrahl; da aber der
Strahl solcher Art war, dass er nicht durch das Eis aufgefangen wurde, so ging er durch diese höchst empfindliche Substanz hindurch, ohne sie zu schmelzen. Wir
haben uns jetzt mit den Gasen zu beschäftigen; hier sind
die Räume zwischen den Atomen so sehr erweitert, die
Moleküle so vollständig von jeder gegenseitigen Verbindung gelöst, dass wir fast berechtigt wären, daraus zu
schliessen, dass die Gase und Dämpfe den Wärmewellen
einen vollständig offenen Durchgang gewähren. Es war
dies in der That bis vor Kurzem der allgemeine Glaube,
und diese Schlussfolgerung wurde durch Versuche mit
atmosphärischer Luft begründet, welche keine Spur von
Absorption zeigte.

372. Aber jedes folgende Jahr vermehrt unsere Geschicklichkeit im Experimentiren und nach der Erfin-
dung verbesserter Methoden können wir unsere Untersuchungen mit grösserer Hoffnung auf Erfolg wiederholen. So wollen wir denn noch einmal die Diathermansie der atmosphärischen Luft untersuchen. Wir
können folgendermaassen einen vorbereitenden Versuch
machen: Ich habe hier einen hohlen, zinnernen Cylinder
AB (Fig. 85 a. f. S.), von 4 Fuss Länge und fast
3 Zoll Durchmesser, durch den wir unsern Wärmestrahl
schicken wollen. Wir müssen indess den Durchgang der
Wärme durch die Luft mit ihrem Durchgang durch einen
luftleeren Raum vergleichen können, und daher Mittel
finden, die Enden unseres Cylinders zu schliessen, damit
wir ihn auspumpen können. Wir finden hier unsere erste

experimentelle Schwierigkeit. Nach einer allgemeinen
Regel wird dunkle Wärme begieriger absorbirt als leuch-

Fig. 85.

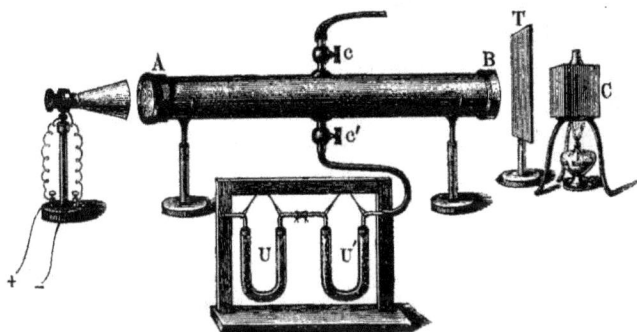

tende und da es unsere Absicht ist, die Absorption eines sehr diathermanen Körpers bemerklich zu
machen, so können wir am wahrscheinlichsten diesen
Zweck erreichen, wenn wir die Ausstrahlung von einer
dunklen Quelle anwenden.

373. Unsere Röhre muss daher durch eine Substanz
geschlossen werden, die solcher Wärme freien Durchgang
gestattet. Sollen wir Glas für diesen Zweck verwenden?
Eine Durchsicht der Tabelle, Seite 354, zeigt uns, dass
Glasplatten für solche Wärme vollkommen undurchlässig sein würden; wir könnten unsere Röhren ebenso gut
mit Metallplatten schliessen. Bemerken Sie, wie hier die
Resultate eines Beobachters vom anderen benutzt werden;
wie die Wissenschaft wächst, indem die Ziele früherer
Forschungen später als Hülfsmittel dienen. Hätte nicht
Melloni die diathermanen Eigenschaften des Steinsalzes
entdeckt, so würden wir jetzt vollkommen rathlos sein.
Eine Zeitlang war ich indess sehr durch die Schwierigkeit

gestört, Salzplatten zu bekommen, die gross und rein genug waren, um die Enden meiner Röhre zu schliessen. Ein Arbeiter in der Wissenschaft braucht aber nicht lange auf Hülfe zu warten, wenn seine Bedürfnisse einmal bekannt sind; und Dank solcher Freundeshülfe habe ich hier Platten von dieser kostbaren Substanz, die vermittelst der Deckel *A* und *B* luftdicht an die Enden meines Cylinders angeschraubt werden können *). Sie sehen zwei

---

*) Zu einer Zeit, wo ich sehr nöthig Platten von Steinsalz brauchte, zeigte ich meine Noth in dem „Philosophical Magazine" an, und erhielt augenblicklich Antwort von Sir John Herschel. Er schickte mir ein Stück Salz mit einem Brief, aus dem ich einen Auszug geben will, da er sich auf den Zweck bezieht, zu dem das Salz eigentlich bestimmt war. Ich bin auch dem Dr. Szabo, ungarischen Commissair bei der Weltausstellung vom Jahr 1862, zu vielem Dank verpflichtet, durch den ich, wenigstens was den Besitz von Steinsalz betrifft, zu verhältnissmässigem Reichthum gekommen bin. Auch Herrn Fletcher in Northwich und Herrn Corbett in Bromsgrove gebührt mein bester Dank für ihre Freundlichkeit. Ausser diesen Anerkennungen habe ich auch noch der Würtembergischen Regierung meinen verbindlichsten Dank für das sehr schöne Salzstück zu sagen, das in ihrer Abtheilung auf der letzten Pariser Ausstellung war.

Hier folgt der Auszug aus Sir J. Herschel's Brief: „Nach der Veröffentlichung meines Aufsatzes in den Philos. Trans. 1840 wünschte ich sehr, den Einfluss von Glasprismen und Linsen zu beseitigen, und, wenn möglich, mit Sicherheit zu erfahren, ob meine isolirten Wärmeflecken $\beta\gamma\delta\varepsilon$ im Spectrum solaren oder irdischen Ursprungs seien. Steinsalz war die unmittelbar vorliegende Aushülfe, und nach vielen und vergeblichen Bemühungen, genügend grosse und reine Exemplare zu erhalten, hatte der verstorbene Dr. Somerville die Güte (wie ich von einem Freund in Cheshire hörte), mir das sehr schöne Stück zu schicken, das ich Ihnen jetzt zustelle. Es ist zwar sehr gespalten, aber ich zweifle nicht, dass genügend grosse Stücke für Linsen und Prismen (besonders wenn sie verkittet werden) herauszuschneiden sind.

„Ich war aber nicht vorbereitet für die Bearbeitung desselben, — offenbar ein sehr zarter und schwieriger Process (ich wollte Stücke durch allmähliches Auflösen der Ecken u. s. f. in eine bestimmte Form bringen), und obgleich ich die Sache nie aus den Augen verloren habe, war es mir dennoch nicht möglich, etwas damit zu machen; inzwischen stellte ich es zurück. Als ich ein oder zwei Jahr später danach sah, fand ich zu meinem Bedauern, dass das Salz durch Zerfliessen sehr verloren

Hähne, die an dem Cylinder befestigt sind. Der eine von
ihnen, *c*, ist mit der Luftpumpe verbunden, durch die die
Röhre ausgepumpt werden kann; während durch den anderen, *c'*, Luft oder irgend ein anderes Gas in die Röhre
eingelassen werden kann.

374. An das eine Ende des Cylinders ist ein Leslie'-
scher Würfel *C* voll kochendem Wasser gestellt worden,
der mit Lampenruss bedeckt ist, um seine Ausstrahlungs-
fähigkeit zu vermehren. Am anderen Ende des Cylinders
steht unsere thermo-elektrische Säule, von der Drähte zum
Galvanometer führen. Zwischen das Ende *B* des Cylinders
und den Würfel *C* habe ich einen Blechschirm *T* gestellt.
Wird derselbe fortgezogen, so fallen die Wärmestrahlen
von *C* durch die Röhre auf die Säule. Wir pumpen zuerst die Luft aus dem Cylinder, ziehen dann den Schirm
etwas beiseite, und nun gehen die Strahlen durch einen
luftleeren Raum und fallen auf die Säule. Der Blechschirm ist, wie Sie sehen, nur theilweise fortgezogen, und
die beständige Ablenkung, die durch die jetzt hindurch-
gelassene Wärme bewirkt wird, ist 30 Grad.

375. Wir wollen jetzt trockne Luft einlassen; ich kann
dies durch den Hahn *c'* bewirken, von dem ein Stück eines
biegsamen Kautschukrohres zu den gebogenen Röhren *U, U'*
führt. Die Röhre *U* ist mit Stücken Bimsstein angefüllt,
die mit einer Auflösung von kaustischem Kali angefeuchtet
sind; sie dient dazu, um jede Spur Kohlensäure, die sich

---

hatte. Demnach that ich es in Salz in ein irdenes Geschirr mit eisernem
Rand, und stellte es auf ein Brett oben in einem Zimmer mit einem
Arnott'schen Ofen, wo es bis jetzt geblieben ist.

„Sollten Sie es von einigem Nutzen finden, so möchte ich Sie bitten,
meinen Versuch, wie ich ihn beschrieben habe, wo möglich zu wiederholen und diese Frage, die mir immer sehr wichtig schien, zu erledigen.“

in der Luft befinden könnte, zu entfernen. Die Röhre U' ist mit Bimssteinstücken angefüllt, die mit Schwefelsäure angefeuchtet sind; sie dient dazu, die Wasserdämpfe der Luft zu absorbiren. So erreicht die Luft jetzt den Cylinder, frei von Wasserdampf und Kohlensäure. Sie tritt jetzt ein; das Quecksilber in der Barometerprobe der Luftpumpe fällt, und sowie sie eintritt, beobachten Sie die Nadel. Wenn der Eintritt der Luft die Strahlung durch den Cylinder vermindert, wenn die Luft eine Substanz ist, die fähig ist, die Aetherwellen in einem bemerkbaren Grade aufzuhalten, so muss sich dies durch die Abnahme der Ablenkung des Galvanometers zeigen. Die Röhre ist jetzt gefüllt, aber Sie sehen in der Lage der Nadel keine Veränderung, und Sie würden auch keine Veränderung sehen, selbst wenn Sie dicht am Instrumente ständen. Die so untersuchte Luft scheint für strahlende Wärme ebenso durchlässig wie der luftleere Raum selbst zu sein.

376. Wechsle ich die Stellung des Schirmes, so kann ich die auf die Säule fallende Wärmemenge verändern, und indem ich ihn allmählich fortziehe, bewirken, dass die Nadel sich auf 40°, 50°, 60°, 70° und 80° nacheinander einstellt, und während sie eine von diesen Stellungen einnimmt, kann der eben vor Ihnen gemachte Versuch wiederholt werden. In keinem Falle könnten Sie die geringste Bewegung der Nadel erkennen. Dasselbe ist der Fall, wenn ich den Schirm vorwärts schiebe, so dass die Abweichung auf 20° oder 10° vermindert wird.

377. Der ebengemachte Versuch ist eine an die Natur gerichtete Frage, und ihr Stillschweigen könnte als eine verneinende Antwort gedeutet werden. Ein Naturforscher darf aber nicht so leichthin eine Verneinung annehmen, und ich bin nicht sicher, ob wir unsere Frage in der

besten Form gestellt haben. Wir wollen analysiren, was
wir gethan haben, und zuerst den Fall der geringsten
Abweichung von 10⁰ betrachten. Nehmen wir an, dass
die Luft nicht vollkommen diatherman sei, dass sie wirklich einen geringen Theil, etwa den tausendsten Theil
der Wärme aufhielte, die durch die Röhre geht, dass
sie von je Tausend Strahlen einen zurückhielte; könnten wir diese Wirkung bemerken? Würde eine solche
Absorption eintreten, so würde sich die Abweichung um
den tausendsten Theil von 10 Graden, oder um den hun-
dertsten Theil von einem Grade vermindern, eine Abnahme, die Sie unmöglich sehen hönnten, selbst wenn Sie
ganz nahe bei dem Galvanometer ständen*). In dem hier
angenommenen Falle ist die ganze Wärmemenge, die
auf die Säule fällt, so klein, dass ein geringer
Theil derselben, selbst wenn er absorbirt würde,
wohl der Beobachtung entgehen könnte.

378. Wir haben uns aber nicht auf eine geringe
Wärmemenge beschränkt; das Resultat war dasselbe,
wenn die Ablenkung 80⁰ statt 10⁰ betrug. Ich muss Sie
um Ihre volle Aufmerksamkeit bitten, um mir für kurze
Zeit auf etwas schwierigen Boden zu folgen. Ich möchte
Ihnen jetzt eine wichtige Eigenthümlichkeit des Galvanometers recht klar verständlich machen.

379. Während die Nadel auf Null steht, mag eine
Wärmemenge auf die Säule fallen, welche eine Ablenkung von einem Grad hervorzurufen im Stande ist.
Nehmen wir an, dass die Wärmemenge dann vermehrt
wird, so dass sie Ablenkungen von zwei, drei, vier, fünf
Grad hervorruft; dann stehen die Wärmemengen, die
diese Ablenkungen hervorrufen, im Verhältniss von

---

*) Man darf nicht vergessen, dass hier von galvanometrischen,
nicht von thermometrischen Graden die Rede ist.

1 : 2 : 3 : 4 : 5 zu einander; die Wärmemenge, die eine
Ablenkung von 5⁰ erzeugt, ist genau fünfmal so gross als
die, die eine Ablenkung von 1⁰ bewirkt. Diese Proportionalität besteht aber nur so lange, als die Ablenkungen
eine gewisse Grösse nicht übersteigen. Denn, so wie die
Nadel immer weiter vom Nullpunkt abgelenkt wird, wirkt
der Strom mit immer geringerem Erfolg auf sie. Dieser
Fall wird am leichtesten durch einen Matrosen verständlich, der an einer Schiffswinde arbeitet; er lässt seine
Kraft immer in einem rechten Winkel gegen den Hebel
wirken, denn, wenn er sie in schräger Richtung wirken
liesse, so könnte nur ein Theil der Kraft die Drehung
der Schiffswinde bewirken. Und so ist es auch mit unserm elektrischen Strom; wenn die Nadel sehr schräg zur
Richtung des Stromes steht, so kann nur ein Theil seiner
Kraft zur Wirkung kommen und die Nadel bewegen. So
kommt es, dass, obgleich die Wärmemenge genau durch
die Stärke des von ihr erregten Stromes ausgedrückt
werden kann und in unserem Falle ausgedrückt wird,
doch die grösseren Ablenkungen, weil sie uns nicht die
Wirkung des ganzen Stromes, sondern nur eines Theils
desselben geben, nicht das richtige Maass für die Wärmemenge sein können, die auf die Säule fällt.

380. Das Galvanometer vor Ihnen ist so eingerichtet,
dass die Ablenkungswinkel bis zu ungefähr 30⁰ proportional den Wärmemengen sind; die Menge, die erforderlich ist, die Nadel vom 29. bis zum 30. Grade zu bewegen, ist genau dieselbe, wie die, die sie von 0⁰ bis 1⁰ bewegt.
Aber jenseits des 30. Grades hört die Proportionalität auf.
Die Wärmemenge, die nöthig ist, die Nadel vom 40. bis
zum 41. Grade zu bewegen, ist dreimal grösser als die,
die sie von 0⁰ bis 1⁰ bewegt; um sie vom 50. bis zum 51.
Grade abzulenken, bedarf es fünfmal mehr Wärme, als um

sie von 0⁰ bis 1⁰ zu bewegen; um sie vom 60. bis 61. Grade abzulenken, braucht es siebenmal mehr Wärme, als von 0⁰ bis 1⁰; um sie vom 70. bis zum 71. Grade abzulenken, ist 11mal mehr Wärme nöthig, während es 50mal mehr Wärme erfordert, um sie vom 80. bis zum 81. Grade zu bewegen, als von 0⁰ bis 1⁰. So ist, je höher wir gehen, die Wärmemenge, die durch einen Grad der Ablenkung dargestellt wird, desto grösser; eben weil die Kraft, die dann die Nadel bewegt, nur ein Theil der Kraft ist, die wirklich im Draht circulirt, und daher nur einem Theil der Wärme entspricht, die auf die Säule fällt.

381. Durch einen Process, der nachher beschrieben werden soll*), kann der Werth der höheren Grade des Galvanometers in den niederen ausgedrückt werden. Wir erfahren so, dass während Ablenkungen von 10⁰, 20⁰, 30⁰ Wärmemengen ausdrücken, die durch die Zahlen 10, 20, 30 dargestellt sind, eine Ablenkung von 40⁰ eine Wärmemenge darstellt, die durch die Zahl 47 ausgedrückt wird; eine Ablenkung von 50⁰ stellt eine Wärmemenge dar, die durch 80 ausgedrückt wird; während Ablenkungen von 60⁰, 70⁰, 80⁰ Wärmemengen entsprechen, die in einem viel schnelleren Verhältniss wachsen, als die Ablenkungen selbst.

382. Was ist das Resultat dieser Betrachtung? Ich denke, sie wird uns zu einer besseren Methode führen, die Natur zu befragen. Wir kommen zu der Ueberlegung, dass wenn wir unsere Winkel klein machen, die Wärmemenge, die auf die Säule fällt, so gering ist, dass, selbst wenn ein Theil derselben absorbirt würde, er doch der Beobachtung entgehen müsste; während, wenn wir unsere Ablenkung durch einen mächtigen Wärmestrom

---

*) Siehe Anhang zu diesem Kapitel.

vergrössern, die Nadel in einer Lage ist, wo sie einer
grossen Zu- oder Abnahme von Wärme zu ihrer Bewegung bedürfte. Der tausendste Theil der ganzen Ausstrahlung würde in dem einen Falle entschieden zu
klein sein, um gemessen zu werden; der tausendste Theil
könnte im anderen Falle sehr bemerkbar sein, ohne indess
darum auch die Nadel in einem bemerkbaren Grade zu
afficiren. Wenn zum Beispiel die Ablenkung grösser als
80⁰ ist, so würde eine Vermehrung oder Verminderung
der Wärme, die 15 oder 20 der niederen Grade des Galvanometers entspricht, kaum bemerkbar sein.

383. Unsere Aufgabe ist uns jetzt klar vorgezeichnet;
wir müssen mit einem so grossen Wärmestrom arbeiten,
dass ein kleiner Bruchtheil desselben nicht verschwindend
klein ist, und dabei doch unsere Nadel in ihrer empfindlichsten Stellung erhalten. Gelingt uns das, so können
wir die Feinheit unserer Methode ungemein erhöhen.
Wenn ein äusserst kleiner Theil der gesammten Wärme
durch das Gas aufgefangen wird, so können wir den
absoluten Werth dieses Theiles vermehren, indem wir das Ganze vermehren, von dem er ein
bestimmter Bruchtheil ist.

384. Glücklicher Weise lässt sich dieses Problem wirklich lösen. Sie wissen, dass wenn wir Wärmestrahlen auf
die entgegengesetzten Seiten der thermo-elektrischen
Säule fallen lassen, die erzeugten Ströme sich gewöhnlich
mehr oder weniger gegenseitig neutralisiren, und dass,
wenn die auf die beiden Seiten fallenden Wärmemengen
ganz gleich gross sind, die Neutralisation vollständig ist.
Die Nadel unseres Galvanometers wird jetzt durch den
Wärmestrom, der durch das Rohr geht, auf 80⁰ abgelenkt;
ich decke die zweite Seite der Säule auf, die ebenfalls
mit einem konischen Reflector versehen ist, und stelle ihr

einen zweiten Würfel mit kochendem Wasser gegenüber; der Ausschlag der Nadel vermindert sich augenblicklich, wie Sie sehen.

385. Mit Hülfe eines richtig gestellten Schirmes kann die Wärmemenge, die auf die andere Seite der Säule fällt, so regulirt werden, dass sie genau die Wärme neutralisirt, die auf die andere Seite auffällt; dies ist jetzt geschehen, und die Nadel zeigt auf Null.

386. So haben wir denn hier zwei mächtige und vollkommen gleiche Wärmeströme, die auf die entgegengesetzten Seiten der Säule auffallen, von denen der eine durch unseren entleerten Cylinder geht. Wenn Luft in den Cylinder eintritt, und diese Luft irgend eine bemerkbare Wirkung auf die Wärmestrahlen ausübt, so muss die jetzt bestehende Gleichheit gestört werden; wird ein Theil der Wärme, die durch die Röhre geht, von der Luft aufgefangen, so muss die zweite Wärmequelle überwiegen, die Nadel, die jetzt in ihrer empfindlichsten Stellung ist, muss abgelenkt werden, und aus der Grösse der Ablenkung können wir die Absorption genau berechnen.

387. Hiermit habe ich im Umriss den Apparat skizzirt, mit dem unsere Untersuchungen über die Beziehung zwischen der strahlenden Wärme und den Gasen angestellt werden sollen. Die angewandten Methoden müssen indess so bedeutende Wirkungen geben und zu gleicher Zeit so empfindlich sein, dass ein so roher Apparat, wie der eben beschriebene, unserm Zweck nicht entsprechen würde. Sie werden aber jetzt keine Schwierigkeit finden, die Construction und die Anwendung eines vollkommeneren Apparats zu verstehen, mit dem die Versuche über die Absorption und Ausstrahlung der Gase gemacht worden sind.

388. Zwischen S und S' (Tafel I. am Ende des Buches) liegt der Versuchscylinder, ein hohles, innen polirtes

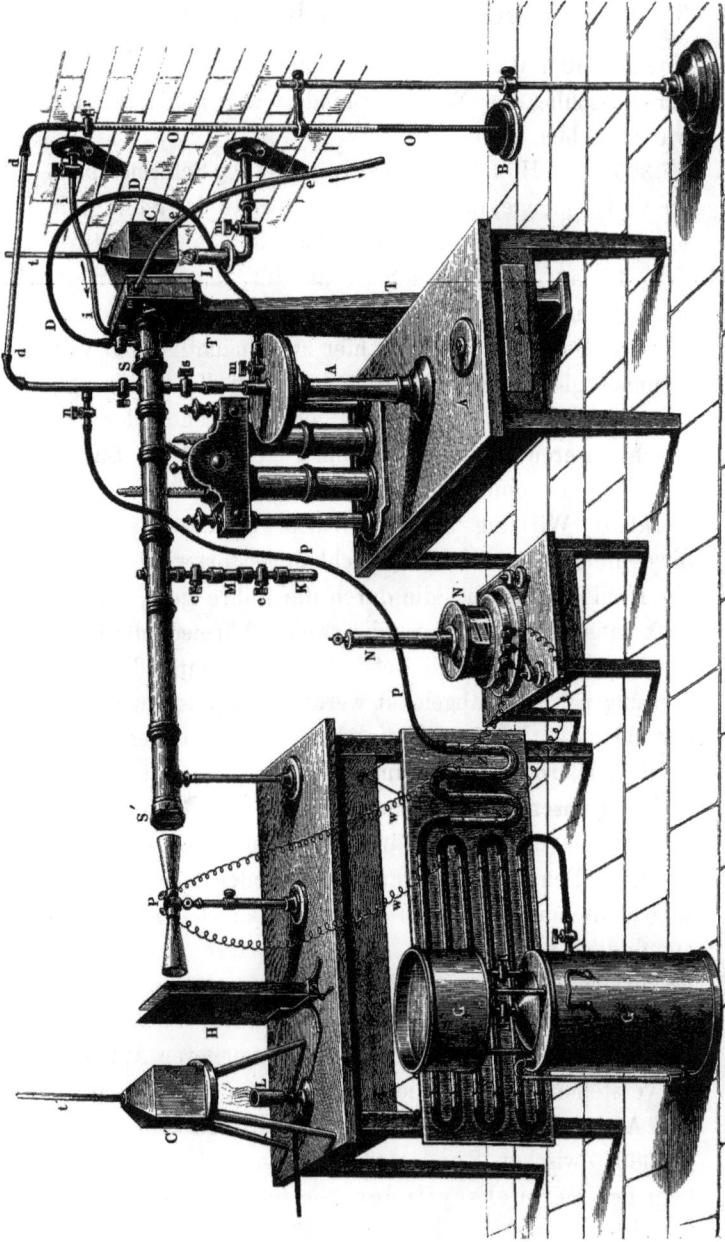

Taf. I.

Messingrohr; S und S' sind Steinsalzplatten, die den
Cylinder luftdicht schliessen; die Länge von S bis S' beträgt bei den zuerst beschriebenen Versuchen 4 Fuss.
C, die Wärmequelle, ist ein Würfel von gegossenem
Kupfer; er ist mit Wasser angefüllt, das durch die Lampe
L fortwährend kochend erhalten wird. Am Würfel C ist
der kurze Cylinder F angelöthet, der denselben Durchmesser wie der Versuchscylinder hat, und mit diesem bei
S luftdicht verbunden werden kann. So haben wir zwischen der Quelle C und dem Ende S' der Versuchsröhre
eine Vorkammer F, aus der die Luft entfernt werden kann,
so dass die Strahlen von der Quelle aus in den Cylinder
SS' eintreten können, ohne von der Luft gesiebt zu werden.
Um zu verhindern, dass die Wärme von der Quelle C
durch Leitung auf die Platte bei S übergehen kann, ist
die Kammer F von dem Gefäss V umgeben, in dem ein
Strom kalten Wassers ununterbrochen circulirt, der durch
die bis auf den Boden des Gefässes reichende Röhre ii
eintritt, und durch das Abflussrohr ee entweicht. Die Versuchsröhre und die Vorkammer sind unabhängig von einander mit der Luftpumpe AA verbunden, so dass jede
von ihnen für sich entleert oder gefüllt werden kann. Ich
will hier noch bemerken, dass bei späteren Einrichtungen
der Versuchscylinder getrennt von der Luftpumpe aufgestellt wurde, und mit der letzteren durch eine biegsame
Röhre verbunden war. Hierdurch wurde die zitternde,
bei festen Verbindungen eintretende Bewegung der Luftpumpe vollständig vermieden. P ist die thermo-elektrische
Säule, die auf ihrem Ständer an das Ende des Versuchscylinders gestellt und mit zwei konischen Reflectoren versehen ist. C' ist der Compensationswürfel, durch den
die Ausstrahlung von C neutralisirt wird; H ist der be-
richtigende Schirm, der mit grosser Genauigkeit hin und

her geschoben werden kann. NN ist ein sehr empfindliches Galvanometer, das mit der Säule P durch die Drähte ww' verbunden ist. Auf die graduirte Röhre OO (rechts auf der Tafel) und auf die Vorrichtung MK (in der Mitte der Versuchsröhre) wollen wir gelegentlich wieder zurückkommen.

389. Es würde schwerlich Ihr Interesse fesseln, wollte ich die Schwierigkeiten erwähnen, die sich zuerst den mit diesem Apparat gemachten Untersuchungen entgegenstellten, oder die zahllosen Vorsichtsmaassregeln, welche die genaue Ausgleichung der hier benutzten beiden mächtigen Wärmequellen nothwendig machte. Ich glaube, dass die Versuche, die allein mit atmosphärischer Luft angestellt worden sind, sich nach Zehntausenden zählen lassen. Oft wurden eine Woche, ja selbst 14 Tage hindurch übereinstimmende und befriedigende Resultate erhalten; es schien, als wären die genauen Bedingungen zu exacten Versuchen gefunden worden, als die Untersuchung eines folgenden Tages alle darauf gebauten Hoffnungen zerstörte und eine Wiederaufnahme der ganzen Frage unter veränderten Bedingungen nöthig machte. Solche Erfahrungen sind es, welche den Experimentator zurückschrecken. Es ist der Kampf mit den vielen so unklaren, verworrenen und unerfreulichen Nebenumständen und Schwierigkeiten, die sich anfangs einer Untersuchung entgegen stellen, ohne dass man weiss, ob die Mühe zu einem irgendwie brauchbaren Resultat führen wird, welcher die Entdeckungen so schwierig und selten macht. Aber der Experimentator, namentlich der jüngere, sollte bedenken, dass er in allen Fällen nur an innerem Werth gewinnen kann, wenn er nur ernstlich strebt. Das Bewusstsein, dass er seinen Gegenstand vollkommen durchforscht hat, soweit es seine Mittel erlaubten, das Gefühl, dass er keine Arbeit gescheut, selbst

wenn diese Arbeit ihm zuletzt nur die Erfolglosigkeit seiner Bestrebungen dargelegt hat, vermag ihn selbst bei einem negativen Resultat zu erheben und giebt ihm Kraft für künftiges Schaffen.

390. Aber zur Sache zurück. — Ich vernachlässigte zuerst die atmosphärische Feuchtigkeit und die Kohlensäure gänzlich, indem ich, wie so viele Andere nach mir, die Wirkung dieser Substanzen auf die strahlende Wärme bei ihrer äusserst geringen Menge für ganz unmerklich hielt; nach einiger Zeit fand ich jedoch, dass diese Annahme mich sehr irreführte. Ich benutzte erst Chlorcalcium als Trockenmittel, musste es aber wieder aufgeben. Dann benutzte ich mit Schwefelsäure befeuchteten Bimsstein, den ich auch wieder verlassen musste. Endlich versuchte ich Stücke von reinem Glase zu verwenden, die mit Schwefelsäure befeuchtet und mittelst eines Trichters in eine U-Röhre eingeführt wurden. Es schien mir dies die beste Einrichtung zu sein, doch auch hier war die grösste Sorgfalt erforderlich. Jeder Schenkel musste oben mit einer Lage trockener Glasstücke bedeckt werden, denn wenn auch nur ein Stäubchen vom Kork oder etwas Siegellack, nicht mehr als ein Zwanzigstel eines Nadelknopfes, die Säure erreichte, so fielen die Resultate unrichtig aus. Ueberdies mussten die Trockenröhren öfter gewechselt werden, da die organische Materie der Atmosphäre, so klein ihre Menge auch war, doch nach einiger Zeit Störungen hervorrief.

391. Reiner carrarischer Marmor wurde in Stücke zerschlagen, mit kaustischem Kali befeuchtet und in eine U-Röhre eingefüllt, um die Kohlensäure zu entfernen. Dieses sind die Hülfsmittel, die ich jetzt anwende, um das Gas zu trocknen und die Kohlensäure zu entfernen; aber vor ihrer endgültigen Annahme wurde die auf Tafel I.

gezeichnete Vorrichtung benutzt, um die Luft zu trocknen. Die beiden 3 Fuss langen Glasröhren YY wurden mit Chlorcalcium angefüllt; hinter dieselben waren zwei mit Bimsstein und Schwefelsäure gefüllte U-Röhren R, Z gestellt. So musste die Luft im ersten Falle über 18 Fuss Chlorcalcium und nachher durch die mit Schwefelsäure angefüllten Röhren gehen, ehe sie in die Versuchsröhre SS' eintrat. Ein Gasbehälter GG wurde für andere Gase als atmosphärische Luft benutzt. Bei meinen jetzigen Untersuchungen ist diese Einrichtung, wie schon gesagt, wieder verlassen und durch eine einfachere und zweckmässigere ersetzt worden.

392. Da jetzt sowohl die Vorkammer F, als auch die Versuchsröhre SS' von Luft entleert ist, so gehen die Strahlen von der Quelle C durch die Vorkammer, durch die Steinsalzplatte bei S, durch die Versuchsröhre, durch die Platte bei S', und fallen zuletzt auf die vordere Fläche der Säule P. Diese Ausstrahlung wird durch die des Compensationswürfels C' neutralisirt. Die Nadel ist, wie Sie beobachten werden, auf Null. Wir wollen unsere Versuche damit beginnen, dass wir diese sehr empfindliche Probe auf trockene Luft anwenden. Sie tritt jetzt in den Versuchscylinder; Sie sind aber zu weit entfernt und sehen deshalb keine Bewegung der Nadel; wir können also durch unsere entscheidendere Versuchsmethode eine Absorption durch die Luft nicht entdecken. Ihre Atome sind, wie es scheint, unfähig, eine einzige Wärmewelle aufzuhalten; sie ist in der That für die Wärmestrahlen ein Vacuum. Sauerstoff, Wasserstoff und Stickstoff zeigen, wenn sie sorgfältig gereinigt sind, die Wirkung der atmosphärischen Luft, sie sind augenscheinlich neutral.

Dies ist das Verhalten, welches man vor den jetzt zu

beschreibenden Untersuchungen den Gasen im Allgemeinen zuschrieb. Wir wollen sehen, ob dies richtig ist.
Dieser Gasbehälter enthält ölbildendes Gas; gewöhnliches
Leuchtgas würde meinem Zwecke auch entsprechen. Die
vollkommene Durchsichtigkeit dieses Gases für das Licht
zeigt sich am klarsten, wenn man es in die Luft ausströmen lässt; Sie sehen nichts, man kann das Gas nicht
von der Luft unterscheiden.

Die Versuchsröhre ist ausgepumpt und die Nadel zeigt
auf Null. Beobachten Sie die Wirkung, wenn ölbildendes Gas hineingelassen wird. Die Nadel bewegt sich
momentan; das durchsichtige Gas fängt, wie ein undurch-
wärmiger Körper, die Wärme auf; die letzte und ständige
Ablenkung, wenn die Röhre mit Gas angefüllt ist, steigt
bis auf 70⁰.

394. Ich will jetzt einen Metallschirm zwischen die
Säule P und das Ende S' der Versuchsröhre stellen, und
so die Ausstrahlung durch sie vollständig abschneiden.
Die gegen den Metallschirm gekehrte Seite der Säule
giebt ihre Wärme schnell durch Ausstrahlung ab; sie
hat jetzt die Temperatur dieses Zimmers, und die Ausstrahlung des Compensationswürfels wirkt allein auf die
Säule, und bringt eine Ablenkung von 75⁰ hervor. Bei
dem Beginn des Versuchs waren die Ausstrahlungen beider Würfel gleich; also entspricht die Ablenkung von 75⁰
der totalen Strahlung durch die Versuchsröhre, wenn
die letztere ausgepumpt ist.

395. Nehmen wir als Einheit die Wärmemenge, die
nöthig ist, um die Nadel von 0⁰ bis 1⁰ zu bewegen, so ist
die Zahl der Einheiten, die durch eine Ablenkung von
75⁰ ausgedrückt wird,

276.

Die Zahl der durch eine Ablenkung von 70⁰ ausge-
drückten Einheiten ist

211.

Von der Gesammtmenge 276 hat also das ölbildende
Gas 211 aufgefangen; das sind ungefähr sieben Neuntel
des Ganzen oder 89 Procent.

396. Scheint es Ihnen nicht, als hätte sich plötzlich eine
undurchwärmige Schicht auf unsere Salzplatte niedergeschlagen, als das Gas eintrat? Die Substanz schlägt jedoch eine solche Schicht nicht nieder. Wenn ein Strom
des getrockneten Gases gegen eine polirte Salzplatte
strömt, so bemerken Sie nicht die geringste Trübung.
Ueberdies sind die Steinsalzplatten, wenn auch für genaue
Messungen erforderlich, doch nicht nöthig, um die zerstö-
rende Wirkung dieses Gases zu zeigen. Hier ist ein offener
Zinncylinder zwischen die Säule und unsere ausstrahlende
Quelle geschoben; tritt ölbildendes Gas langsam aus diesem Gasbehälter in den Cylinder ein, so sehen Sie, wie
die Nadel bis zu ihren Hemmungen fliegt. Beobachten
Sie die geringe Menge des nun benutzten Gases. Ich
reinige die offene Röhre, indem ich einen Luftstrom
durchgehen lasse; die Nadel steht jetzt auf Null, und ich
will nun diesen Hahn so schnell als möglich auf- und
zudrehen. Nur eine Gasblase tritt in dieser kurzen Zwi-
schenzeit in die Röhre, und doch sehen Sie, dass durch ihre
Gegenwart die Nadel bis auf 70⁰ ausschwingt. Entfernen
wir nun die offene Röhre, so dass nichts als die freie Luft
zwischen der Säule und der Quelle ist, und lassen vom
Gasometer ölbildendes Gas in diesen Raum strömen. Sie
sehen nichts in der Luft; aber die Schwingung der Nadel

durch einen Bogen von 60° verkündet die Gegenwart dieser unsichtbaren Schranke für die Wärmestrahlen.

397. So zeigt es sich, dass die Aetherschwingungen, die unbehindert durch die Atome des Sauerstoffs, Stickstoffs und Wasserstoffs gleiten können, mächtig durch die Moleküle des ölbildenden Gases aufgehalten werden. Wir werden auch andere durchsichtige Gase der Luft unendlich überlegen finden. Wir können die Zahl der Gasatome nach Belieben verringern, und so die Menge der zerstörten Aetherwellen verändern. An der Luftpumpe ist eine Barometerröhre befestigt, vermöge deren gemessene Gasmengen eingelassen werden können. Die Versuchsröhre ist jetzt ausgepumpt; ich drehe den Hahn langsam um, beobachte das Quecksilber in der Barometerprobe, und lasse das ölbildende Gas eintreten, bis die Quecksilbersäule um einen Zoll gesunken ist. Ich beobachte das Galvanometer und lese die Ablenkung ab. Nachdem so die Absorption bestimmt worden ist, die durch das Gas bei einem Zoll Druck hervorgerufen wurde, wird eine weitere Gasmenge hinzugefügt und die Absorption bestimmt, die bei zwei Zoll Druck hervorgerufen wird. Wenn wir so fortfahren, erhalten wir für Spannungen von 1 bis 10 Zoll die folgenden Absorptionen:

Oelbildendes Gas.

Druck in Zollen	Absorption
1	90
2	123
3	142
4	157
5	168
6	177
7	182
8	186
9	190
10	193

398. Die hier benutzte Einheit ist die Wärmemenge, welche absorbirt wird, wenn eine ganze Atmosphäre von getrockneter Luft in die Röhre eingelassen wird. Die Tabelle zeigt zum Beispiel, dass ein Dreissigstel einer Atmosphäre von ölbildendem Gase eine 90mal grössere Absorption als eine ganze Luftatmosphäre ausübt. Die bei Anwendung der mit kalter Luft gefüllten Röhre erhaltene Ablenkung ist hier zu einem Grad angenommen, sie ist wahrscheinlich noch viel kleiner, als diese verschwindende Grösse.

399. Die Tabelle zeigt uns auch, dass jeder hinzugekommene Zoll von ölbildendem Gase weniger Wirkung als der vorhergehende hat. Ein einzelner Zoll fängt im Anfang 90 Strahlen auf, ein zweiter nur 33, während die Hinzufügung eines Zolls, wenn schon 9 Zoll in der Röhre sind, nur die Zerstörung von drei Strahlen bewirkt. Dies konnte man eigentlich erwarten. Die Zahl der ausgesandten Strahlen ist begrenzt und das Eintreten des ersten Zolls ölbildenden Gases hat ihre Reihen so gelichtet, dass die durch den zweiten Zoll hervorgerufene Wirkung natürlich geringer sein muss, als beim ersten.

Diese Wirkung muss abnehmen, so wie die Zahl der Strahlen abnimmt, die vom Gase zerstört werden können; bis zuletzt alle absorbirbaren Strahlen entfernt sind und die übrigbleibende Wärme unbehindert durch das Gas gehen kann *).

400. Nehmen wir aber an, dass die zuerst eingeführte Gasmenge so unbedeutend sei, dass die durch sie aufgefangene Wärmemenge verschwindend ist, so können wir wohl erwarten, dass wenigstens Anfangs die aufgefangene Wärmemenge der gegenwärtigen Gasmenge proportional sei, dass eine doppelte Gasmenge die doppelte Wirkung, eine dreifache Menge eine dreifache Wirkung hervorrufen würde, oder, allgemein ausgedrückt, dass die Absorption innerhalb gewisser Grenzen der Dichtigkeit proportional ist.

401. Um dieses Resultat zu prüfen, wollen wir einen in der vorigen Beschreibung fortgelassenen Theil des Apparats benutzen. OO (Tafel I.) ist eine graduirte Glasröhre, deren Ende in das Gefäss voll Wasser B taucht. Die Röhre ist oben durch den Hahn r geschlossen; dd ist eine Röhre mit Stücken von Chlorcalcium, welches das Gas trocknet. Die Röhre OO ist zuerst mit Wasser bis zum Hahn r gefüllt, und das Wasser nachher vorsichtig durch ölbildendes Gas ersetzt, das von unten in Blasen

*) Eine Aetherwelle, die von einem strahlenden Punkt nach allen Richtungen in einem gleichförmigen Medium ausgeht, bildet eine Kugelschale, die sich mit der Geschwindigkeit des Lichts oder der strahlenden Wärme ausbreitet. Ein Strahl von Licht oder ein Strahl von Wärme ist eine auf der Welle senkrechte Linie, und in dem hier angenommenen Fall würden die Strahlen die Radien der Kugelschale sein. Das Wort „Strahl" wird indess in dem Text, um eine Umschreibung zu vermeiden, gleichbedeutend mit dem Ausdruck „Wärmeeinheit" benutzt. Nennen wir nun die Wärmemenge, die durch eine ganze Luftatmosphäre aufgefangen wird, Eins, so würde die Menge, die durch $\frac{1}{30}$ einer Atmosphäre von ölbildendem Gase aufgefangen wird, 90 sein.

eingelassen wird. Das Gas wird durch den Hahn *r* in den Versuchscylinder eingeführt, und bei seinem Eintritt steigt das Wasser in OO, wo jeder Theilstrich ein Volum von $1/_{50}$ eines Cubikzolls bezeichnet. Man lässt nacheinander immer grössere Volumina in die Röhre eintreten und die Absorption wird in jedem einzelnen Falle bestimmt.

402. In der folgenden Tabelle enthält die erste Zahlenreihe die Gasmenge, die in die Röhre eingelassen worden ist; die zweite enthält die entsprechende Absorption, die dritte diejenige Absorption, die unter der Voraussetzung berechnet worden ist, dass sie der Dichtigkeit proportional sei.

Oelbildendes Gas.

Einheitsmaass, $1/_{50}$ eines Cubikzolles.

Gasmasse	Absorption beobachtet	Absorption berechnet
1	2,2	2,2
2	4,5	4,4
3	6,6	6,6
4	8,8	8,8
5	11,0	11,0
6	12,0	13,2
7	14,8	15,4
8	16,8	17,6
9	19,8	19,8
10	22,0	22,0
11	24,0	24,2
12	25,4	26,4
13	29,0	28,6
14	30,2	29,8
15	33,5	33,0

403. Diese Tabelle bezeugt die Richtigkeit der Voraussetzung, dass bei sehr kleinen Gasmengen die Absorption der Dichtigkeit proportional ist. Aber bedenken Sie für

einen Augenblick die geringe Dichte des Gases, mit dem wir
hier gearbeitet haben. Das Volum unserer Versuchsröhre
beträgt 220 Cubikzoll; denken Sie sich $^1/_{50}$ eines Cubikzolls
Gas in diesem Raum vertheilt und Sie haben die Atmosphäre, durch die die Wärmestrahlen bei unserem ersten
Versuche hindurchgehen mussten. Diese Atmosphäre hat
einen Druck, der nicht den von $^1/_{11000}$ der gewöhnlichen Luft
übersteigt. Sie würde die mit der Luftpumpe verbundene
Quecksilbersäule um nicht mehr als $^1/_{367}$ eines englischen
Zolls herabdrücken. Ihre Wirkung auf die Wärmestrahlen ist indess vollkommen messbar, da sie mehr als das
Doppelte von der Absorption einer ganzen Atmosphäre
von trockner Luft beträgt.

404. Die Absorptionskraft des ölbildenden Gases, so
ausserordentlich wie sie sich durch die vorhergehenden Versuche erweist, wird doch noch durch die verschiedener Dämpfe übertroffen, deren Wirkung ich jetzt
zeigen will. Diese Glasflasche G (Fig. 86)

Fig. 86.

ist mit einem Messingdeckel versehen, an den
ein Hahn luftdicht angeschraubt werden kann.
Eine geringe Menge von Schwefeläther wird
in die Flasche gegossen und die Luft, die
die Flasche oberhalb der Flüssigkeit füllte,
mittelst einer Luftpumpe vollständig entfernt.
Ich befestige die Flasche an der jetzt luftleeren Versuchsröhre — die Nadel zeigt auf
Null — und lasse den Dampf aus der Flasche in sie hineintreten. Das Quecksilber
in der Barometerprobe sinkt, und wenn es
um einen Zoll gefallen ist, soll der fernere Zutritt des
Dampfes verhindert werden. Im Augenblicke, wo der
Dampf eintrat, bewegte sich die Nadel und zeigt jetzt auf
65⁰. Ich kann noch einen Zoll hinzufügen und wieder

die Absorption bestimmen; ebenso einen dritten Zoll und dasselbe thun. Die Absorptionen durch vier Zoll, welche in dieser Art eingeführt wurden, sind in der folgenden Tabelle angegeben. Der Vergleichung halber führe ich die entsprechenden Absorptionen des ölbildenden Gases in der dritten Columne auf.

Schwefeläther.

Druck in Zollen Quecksilber	Absorption	Entsprechende Absorption des ölbildenden Gases
1	214	90
2	282	123
3	315	142
4	330	154

405. Für diese Drucke ist die Absorption der strahlenden Wärme durch den Dampf des Schwefeläthers ungefähr $2\frac{2}{3}$ mal so gross, wie die Absorption des ölbildenden Gases. Es zeigt sich indess keine Proportionalität zwischen der Menge der Dämpfe und der Absorption.

406. Aehnliche Betrachtungen wie beim ölbildenden Gase, können wir auch beim Aether anstellen. Nehmen wir an, dass wir die auf einmal eingeführte Dampfmenge klein genug machen, so wird die Zahl der zuerst zerstörten Strahlen im Vergleich zur Gesammtmenge derselben verschwinden, und wahrscheinlich wird sich wohl innerhalb gewisser Grenzen herausstellen, dass die Absorption der Dichtigkeit direct proportional sei. Um zu untersuchen, ob dies der Fall ist, wurde der andere Theil des Apparats benutzt, der in der allgemeinen Beschreibung ausgelassen ist. K (Tafel I) ist eine der kleinen, schon beschriebenen Flaschen mit einem Messingdeckel, der fest an den Hahn c' geschraubt ist. Zwischen den Hähnen c' und c, von denen der letztere mit der Versuchsröhre ver-

bunden ist, ist die Kammer M, deren Rauminhalt genau bestimmt ist. Die Flasche K ist theilweise mit Aether angefüllt, die Luft über der Flüssigkeit und die in ihr aufgelöste Luft ist entfernt. Nachdem die Röhre SS' und die Kammer M ausgepumpt worden sind, wird der Hahn c geschlossen, und indem c' geöffnet wird, die Kammer M mit reinem Aetherdampf angefüllt. Beim Abschliessen von c' und beim Oeffnen von c kann diese Dampfmenge sich durch die Versuchsröhre vertheilen, wo ihre Absorption bestimmt wird. So werden immer grössere Maasse in die Röhre gelassen, und die durch jedes derselben hervorgerufene Wirkung notirt.

407. Das Einheitsmaass, dessen ich mich bei der folgenden Tabelle bediente, hatte ein Volum von $^1/_{100}$ Cubikzoll.

Schwefeläther.

Einheitsmaass, $^1/_{100}$ eines Cubikzolles.

Maasse	Absorption beobachtet	Absorption berechnet
1	5,0 . . .	4,6
2	10,3 . . .	9,2
4	19,2 . . .	18,4
5	24,5 . . .	23,0
6	29,5 . . .	27,0
7	34,5 . . .	32,2
8	38,0 . . .	36,8
9	44,0 . . .	41,4
10	46,2 . . .	46,2
11	50,0 . . .	50,6
12	52,8 . . .	55,2
13	55,0 . . .	59,8
14	57,2 . . .	64,4
15	59,4 . . .	69,0

408. Wir finden hier, dass die Proportionalität zwischen Dichtigkeit und Absorption für die ersten elf

Maasse stimmt, nachher wächst allmählich die Abweichung von der Proportionalität.

409. Das obenangeführte Gesetz ist ohne Zweifel noch richtiger für kleinere Maasse als $1/100$ Cubikzoll, und in einer geeigneten Räumlichkeit könnte man leicht mit vollkommener Genauigkeit $1/10$ von der Absorption bestimmen, die durch das erste Maass hervorgerufen wurde; dies würde $1/1000$ Cubikzoll Dampf entsprechen. Ehe der Dampf aber in die Röhre eintrat, hatte er nur die Spannung, die der Temperatur des Laboratoriums zukam, nämlich 12 Zoll. Diese müsste mit 2,5 multiplicirt werden, um den Druck der Atmosphäre zu erhalten. So würde $1/1000$ Cubikzoll, wenn er in einer Röhre vertheilt wäre, die einen Rauminhalt von 220 Cubikzoll besässe, den Druck von $\frac{1}{220} \times \frac{1}{2,5} \times \frac{1}{1000} = \frac{1}{500000}$ einer Atmosphäre haben. Es ist erstaunlich, dass die Wirkung eines so verdünnten, durchsichtigen Dampfes auf strahlende Wärme überhaupt gemessen werden kann.

410. Diese Versuche mit Aether und ölbildendem Gase zeigen, dass nicht nur gasförmige Körper bei dem gewöhnlichen Druck der Atmosphäre dem Durchgang der strahlenden Wärme ein Hinderniss bieten; nicht nur bei solchen Gasen sind die Molekularzwischenräume unfähig, den Aetherschwingungen freien Durchgang zu lassen, sondern auch selbst wenn ihre Dichtigkeit weit unter die gebracht wird, welche dem atmosphärischen Druck entspricht, ist die so geöffnete Thür nicht weit genug, um die Schwingungen durchzulassen. Es muss in der Constitution der so sparsam verstreuten Moleküle selbst begründet sein, dass sie die Wärmewellen zerstören. Die Zerstörung ist indess nur eine scheinbare; es tritt kein wirklicher Verlust ein.

Die Strahlen gehen durch trockene Luft, ohne sie besonders zu erwärmen; so frei können sie nicht durch ölbildendes Gas oder Aetherdampf gehen, aber jede dem
Wärmestrahl entzogene Welle bringt ihre gleichwerthige
Bewegung in der Masse des absorbirenden Gases hervor
und erhöht seine Temperatur. Es ist dies eine Uebertragung, nicht eine Zerstörung.

411. Ehe die hier benutzte Wärmequelle verändert
wird, wollen wir für einen Augenblick unsere Aufmerksamkeit auf die Wirkung einiger der permanenten Gase
auf strahlende Wärme lenken. Zur Messung der in den
Versuchscylinder eingelassenen Mengen wurde die Barometerprobe der Luftpumpe angewendet. Bei Kohlenoxyd
entsprechen die folgenden Absorptionen den daneben gestellten Drucken; die Wirkung einer ganzen Atmosphäre
Luft, die die Ablenkung eines Grades hervorbringen soll,
wurde als Einheit angenommen.

Kohlenoxyd.

Druck in Zollen Quecksilber	Absorption	
	beobachtet	berechnet
0,5	2,5	2,5
1,0	5,6	5,0
1,5	8,0	7,5
2,0	10,0	10,5
2,5	12,0	12,5
3,0	15,0	15,0
3,5	17,5	17,5

Wie in früheren Fällen ist die dritte Columne unter der
Annahme berechnet, dass die Absorption der Dichtigkeit
des Gases direct proportional sei, und wir sehen, dass bei
sieben Maassen oder bis zum Druck von 3,5 Zoll die
Proportionalität richtig bleibt. Für eine grössere Menge

ist es aber nicht der Fall; wenn zum Beispiel die Einheit
5 Zoll statt eines halben Zolles ist, so erhalten wir folgendes Resultat:

Druck in Zollen Quecksilber	Absorption beobachtet	berechnet
5	18	18
10	82,5	36
15	45	53

Kohlensäure, Schwefelwasserstoff, Stickoxydul und andere
Gase, obgleich sie in der Kraft ihrer Absorption von einander abweichen und alle das Kohlenoxyd übertreffen,
zeigen doch, wenn kleine und grosse Mengen angewendet
werden, ein gleiches Verhalten zur strahlenden Wärme.

412. So finden wir bei einigen Gasen eine fast vollkommene Unfähigkeit ihrer Atome, ätherische Wellen
aufzufangen, während die Atome anderer Gase, wenn sie
von diesen selben Schwingungen getroffen werden, ihre
Bewegung absorbiren und selbst Wärmemittelpunkte werden. Wir müssen nun die Eigenschaften der gasförmigen
Körper in dieser letzteren Beziehung näher untersuchen;
wir müssen fragen, ob ihre Atome und Moleküle, die vom
Aether in so verschiedenen Graden Bewegung annehmen
können, nicht auch durch die Fähigkeit charakterisirt
sind, dem Aether in verschiedenen Graden Bewegung
mitzutheilen; oder einfacher, da wir die Absorptionskraft
der verschiedenen Gase für strahlende Wärme kennen
gelernt haben, so müssen wir nun auch nach ihrer Aus-
strahlungsfähigkeit fragen.

413. Vermittelst dieses Apparates können wir diese
Frage lösen. *P* (Fig. 87) ist die thermoelektrische Säule
mit ihren beiden konischen Reflectoren; *S* ist ein doppel-

ter Schirm von polirtem Zinn; *A* ist ein Argandbrenner,
der aus zwei concentrisch durchbohrten Ringen besteht;
C ist eine kupferne Kugel, die während der Versuche

Fig. 87.

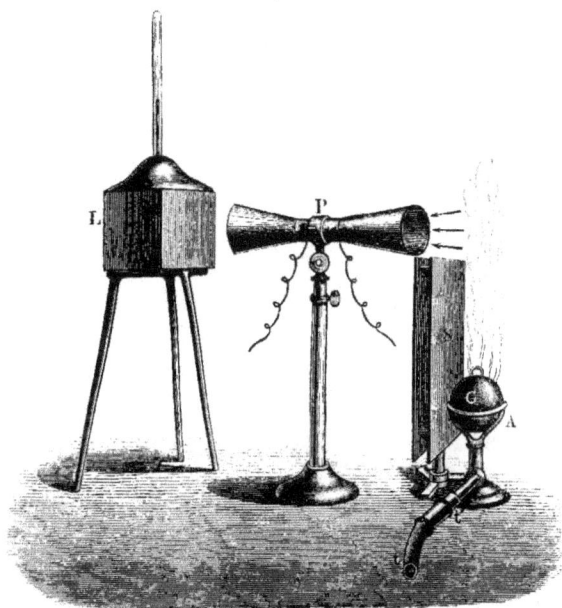

nicht ganz bis zur Rothglühhitze erwärmt wird; die Röhre
tt' führt zu einem Gasbehälter. Wenn die heisse Kugel
C auf den Brenner gelegt wird, so erwärmt sie die mit
ihr in Berührung kommende Luft, welche in die Höhe
steigt und dabei bis zu einem gewissen Grade auf die
Säule wirkt. Um diese Wirkung zu neutralisiren, wird
ein grosser Leslie'scher Würfel, der mit Wasser gefüllt
ist, welches einige Grade wärmer ist als die Luft, vor die
entgegengesetzte Fläche der Säule gestellt. Nachdem die
Nadel auf Null gebracht worden ist, wird das Gas durch

den Druck einer kleinen Wassersäule durch die Oeffnungen des Brenners getrieben, es trifft die Kugel *C*, gleitet an ihrer Oberfläche entlang und steigt in einem warmen Strom vor der Säule auf. Die Strahlen des erwärmten Gases strömen in der Richtung der Pfeile gegen die Säule, und die darauf folgende Ablenkung der Nadel des Galvanometers zeigt die Stärke der Ausstrahlung an.

414. Die Resultate der Versuche sind in der zweiten Columne der folgenden Tabelle enthalten; die dort angegebenen Zahlen bezeichnen die äusserste Grenze, bis zu der die Nadel ausschlug, als die Strahlen des Gases auf die Säule fielen:

	Ausstrahlung.	Absorption.
Luft	unmerkbar.	unmerkbar.
Sauerstoff	„	„
Stickstoff	„	„
Wasserstoff	„	„
Kohlenoxyd	12^0	$18,0^0$
Kohlensäure	18	25,0
Stickoxydul	29	44,0
Oelbildendes Gas	53	61,0

415. In der zweiten Reihe sind die Ablenkungen zusammengestellt, die der Absorption durch dieselben Gase bei einer ungefähren Spannung von 5 Zoll zukamen. Eine Vergleichung beider Reihen zeigt uns, dass Ausstrahlung und Absorption einander entsprechen, dass das Molekül, das einen Wärmestrahl aufzufangen vermag, auch im Stande ist, dem entsprechend einen Wärmestrahl auszugeben; kurz, dass die Fähigkeit, Bewegung vom Aether anzunehmen und ihm Bewegung mitzutheilen, einander entsprechende Eigenschaften der gasförmigen Körper sind.

416. Und hier, bei den Gasen, sind wir, wie Sie be-

merken, von dem Einflusse der Cohäsion auf die Resultate völlig unabhängig. Bei den festen und flüssigen Körpern sind die Theilchen mehr oder weniger gebunden und können nicht als individuell frei betrachtet werden. So kann zum Beispiel der Unterschied zwischen der ausstrahlenden und absorbirenden Kraft bei Alaun und Steinsalz sehr wohl ihrem Charakter als Aggregate zugeschrieben werden, die durch die Krystallisationskraft zusammengehalten werden. Der Unterschied zwischen ölbildendem Gase und atmosphärischer Luft kann indess auf diese Weise nicht erklärt werden; es ist ein Unterschied, der von den Molekülen dieser Substanz abhängt; und so ergründen wir durch unsere Versuche mit Gasen und Dämpfen die Frage über die Constitution der Atome bis zu einer Tiefe, die wir bei den festen und flüssigen Körpern nicht erreichen können.

417. Ich habe bis jetzt gezögert, Ihnen nach meinen Versuchen mit dem schon beschriebenen Apparat eine vollständige Tabelle der absorbirenden Kräfte der Gase und Dämpfe zu geben, da vorher noch Resultate, die mit einem anderen Apparat erhalten wurden und welche den Gegenstand besser begründen, zu erwähnen sind. Diese zweite Einrichtung ist im Princip dieselbe wie die erste, nur zwei wichtige Veränderungen sind daran gemacht worden. Die erste ist, dass, anstatt einen Würfel mit kochendem Wasser als Wärmequelle zu verwenden, eine Kupferplatte benutzt wurde, gegen die eine kleine, regelmässig brennende Gasflamme aus einem Bunsen'schen Brenner spielt; die erhitzte Platte bildet den Rücken meiner neuen Vorkammer, die, wie vorher, für sich ausgepumpt werden kann. Die zweite Veränderung ist die Einfügung einer Glasröhre von demselben Durchmesser und 2 Fuss 8 Zoll Länge an Stelle der Messingröhre SS',

Tafel I. Alle anderen Theile des Apparats bleiben unverändert, wie sie waren. Die Gase wurden in der schon beschriebenen Weise in die Versuchsröhre eingeführt, und aus der galvanometrischen Ablenkung, die nach dem Eintritt jedes Gases erfolgte, wurde seine Absorptionskraft berechnet.

418. Die folgende Tabelle giebt die relativen Absorptionen durch verschiedene Gase bei dem gemeinsamen Druck einer Atmosphäre. Bemerkt muss werden, dass die Unterschiede zwischen der Luft und den anderen Gasen noch grösser sein würden, wenn die Messingröhre benutzt worden wäre; dann wären aber die das Messing angreifenden Gase, die in der Tabelle angeführt worden sind, ausgeschlossen gewesen.

Name.	Absorption bei einem Druck von 30 Zoll.
Luft	1
Sauerstoff	1
Stickstoff	1
Wasserstoff	1
Chlor	39
Chlorwasserstoff	62
Kohlenoxyd	90
Kohlensäure	90
Stickoxydul	355
Schwefelwasserstoff	390
Sumpfgas	403
Schweflige Säure	710
Oelbildendes Gas	970
Ammoniak	1195

419. Selbst mit den grössten Hülfsmitteln und empfindlichsten Methoden ist es mir noch nicht gelungen, den Unterschied zwischen Sauerstoff, Stickstoff, Wasserstoff und Luft zu bestimmen. Die Absorption durch diese

Substanzen ist ausserordentlich gering, wahrscheinlich
noch geringer, als ich sie angenommen habe. Je vollkommener die vorgenannten Gase gereinigt worden sind,
desto näher schliesst sich ihre Wirkung der des Vacuums
an. Und wer kann sagen, dass der beste Trockenapparat
vollkommen sei? Wir wissen nicht einmal, ob nicht auch
die reinste Schwefelsäure ein geringes Theilchen ihres
Dampfes an die durch sie hindurchgehenden Gase abgiebt
und so die Absorption dieser Gase grösser erscheinen
lässt, als sie wirklich ist. Die Hähne müssen auch geölt
werden, und können so der durch sie hindurchgehenden
Luft eine unmerkliche Unreinheit mittheilen. Wie dem
aber auch sei, sicher ist, dass je reiner wir die schwächer
wirkenden Gase darstellen, desto mehr die hier gezeigten
ungeheuren Unterschiede der Absorption wachsen werden.

420. Bei der Spannung einer Atmosphäre übt das
Ammoniak eine Absorption aus, die wenigstens 1195 mal
grösser ist als die der Luft. Wird ein Metallschirm zwischen die Säule und die Versuchsröhre gestellt, so wird
die Nadel sich ein wenig bewegen, aber so wenig, dass
Sie es durchaus nicht sehen können. Was besagt dieser
Versuch? Dass dieses Ammoniak, welches in unserer Glasröhre so durchsichtig wie die Luft ist, die wir athmen,
für die strahlende Wärme aus unserer Quelle so undurchlässig ist, das die Hinzufügung einer Metallplatte kaum
seine Undurchlässigkeit vermehrt. Es ist wirklich aller
Grund vorhanden zu glauben, dass dieses ganz durchsichtige Gas in Wahrheit in diesem Augenblick für die Wärmestrahlen so schwarz ist, als wenn unsere Versuchsröhre
mit Tinte, Pech oder irgend einer anderen undurchsichtigen Substanz angefüllt wäre.

421. Bei Sauerstoff, Stickstoff, Wasserstoff und Luft
ist die Wirkung einer ganzen Atmosphäre so gering, dass

der Versuch ganz nutzlos wäre, die Wirkung eines Bruch-
theils einer Atmosphäre zu bestimmen. Könnten wir
indess eine solche Bestimmung machen, so würde der
Unterschied zwischen ihnen und den anderen Gasen noch
stärker hervortreten, als auf der letzten Tabelle. Wir
wissen, dass bei den kräftig wirkenden Gasen die Wärmestrahlen am reichlichsten von dem Theil des Gases absorbirt werden, der zuerst in die Versuchsröhre eintritt;
dass die zuletzt eintretenden Mengen in vielen Fällen
nur eine unmerkliche Wirkung ausüben. Wenn wir daher, statt die Gase bei dem gemeinsamen Druck einer
Atmosphäre zu vergleichen, sie bei dem gemeinsamen
Druck eines Zolls verglichen, würden wir sicher den Unterschied zwischen den am wenigsten und den am meisten
absorbirenden Gasen bedeutend vermehrt finden. Wir
haben schon erfahren, dass wenn die Absorption gering
ist, die absorbirte Wärmemenge der vorhandenen Gasmenge proportional ist. Wenn wir annehmen, dass dies
für die Luft und für die anderen erwähnten, schwach wirkenden Gase richtig sei, wenn wir annehmen, dass ihre
Absorption bei 1 Zoll Druck $1/_{30}$ ist von der bei 30 Zoll,
so haben wir die folgenden relativen Wirkungen. Ich be-
merke, dass in jedem Falle, mit Ausnahme der ersten
vier Werthe, die Absorption von 1 Zoll des Gases durch
einen directen Versuch bestimmt wurde:

Name	Absorption bei 1 Zoll Druck.
Luft	1
Sauerstoff	1
Stickstoff	1
Wasserstoff	1
Chlor	60
Brom	160
Kohlenoxyd	750
Bromwasserstoffsäure	1005
Stickoxyd	1590
Stickoxydul	1860
Schwefelwasserstoff	2100
Ammoniak	7260
Oelbildendes Gas	7950
Schweflichte Säure	8800

422. Welchen ausserordentlichen Unterschied in der Beschaffenheit und dem Wesen der letzten Theile der verschiedenen Gase enthüllen die obigen Versuche! Für jeden Strahl, den die Luft, Sauerstoff, Stickstoff oder Wasserstoff zurückhält, vernichtet Ammoniak 5460, ölbildendes Gas 6030 Strahlen, während schweflichte Säure 6480 Strahlen zerstört. Mit diesen vorliegenden Resultaten können wir kaum den Versuch unterlassen, die Atome selbst sichtbar zu machen, um mit dem geistigen Auge die wirklichen physikalischen Eigenschaften zu unterscheiden, auf denen diese grosse Verschiedenheit beruht. Die Moleküle sind Theilchen der Materie, die, in ein elastisches Medium getaucht, dessen Bewegungen annehmen und die ihrigen ihm mittheilen. Ist die Hoffnung ganz unbegründet, dass wir die strahlende Wärme zuletzt doch noch zu einem solchen Fühler für die atomistische Beschaffenheit verwenden, und von der Wirkung der Atome auf die Wärmestrahlen auf den Mechanismus der letzten Theilchen der Materie selbst schliessen können?

423. Haben wir nicht jetzt schon eine Ahnung von

einer Beziehung zwischen der Absorption und der Beschaffenheit der Atome? Sie erinnern sich unserer Experimente mit Gold, Silber und Kupfer; Sie erinnern sich,
wie schwach sie ausstrahlen und wie schwach sie absorbiren (§. 340 und 341). Wir erwärmten sie durch kochendes Wasser, das heisst, wir theilten durch die Berührung mit dem Wasser ihren Atomen Bewegung mit; diese
Bewegung wurde aber mit äusserster Langsamkeit dem
Aether mitgetheilt, in dem sie schwangen. Dass die Atome
dieser Körper fast ohne Widerstand durch den Aether
gleiten, können wir schon aus der Länge der Zeit schliessen, die sie brauchen, um sich im Vacuum abzukühlen.
Wir haben aber gesehen, dass, wenn die Bewegung, die
die Atome besitzen, und die sie dem Aether mitzutheilen
nicht im Stande sind, durch Berührung einem Ueberzug
von Firniss, Kalk, Lampenruss oder selbst von Flanell
oder Sammet mitgetheilt wird, diese Körper, da sie gut
ausstrahlen, die Bewegungen an den Aether schnell übertragen. Dasselbe fanden wir bei Glas und irdenem Geschirr bestätigt.

424. Wodurch unterscheiden sich diese guten Ausstrahler nun von den vorherbesprochenen Metallen? In
einem wesentlichen Punkte — die Metalle sind Elemente;
die anderen aber zusammengesetzte Körper. In den Metallen schwingen die Atome einzeln; im Firniss, Sammet,
irdenem Geschirr und Glas schwingen sie in Gruppen. Und
nun sehen wir bei anderen einfachen Körpern, die doch von
den Metallen möglichst verschieden sind, dieselbe bedeutende Thatsache auftreten. Sauerstoff, Stickstoff, Wasserstoff und Luft sind Elemente oder Mischungen von Elementen, und wir kennen ihre schwache Wirkung, sowohl bei
der Ausstrahlung, als bei der Absorption. Sie schwingen

im Aether mit kaum irgend einem Verlust von lebendiger Kraft.

425. Sehr überraschend ist die Stellung von Chlor und Brom in der letzten Tabelle. Chlor ist ein ausserordentlich dichtes und gefärbtes Gas; Brom ist ein bei weitem tiefer gefärbter Dampf, und doch stehen sie, was den Durchgang der Wärme unserer Quelle betrifft, weit über irgend einem durchsichtigen, zusammengesetzten Gase in unserer Tabelle. Die Verbindung mit Wasserstoff erzeugt bei jeder dieser Substanzen eine durchsichtige Verbindung; aber der chemische Process, der die Durchsichtigkeit für Licht vermehrt, vermehrt die Undurchlässigkeit für Wärme; Chlorwasserstoffsäure absorbirt mehr als Chlor, und Bromwasserstoffsäure absorbirt mehr als Brom.

426. Ferner ist hier das elementare Brom in flüssigem Zustande; die in diese Glaszelle eingeschlossene Menge desselben ist dick genug, um das Licht der Lampe oder der Kerze vollkommen auszulöschen. Wird aber eine Kerze vor die Zelle und eine thermo-elektrische Säule hinter sie gestellt, so zeigt die schnelle Bewegung der Nadel den Durchgang der strahlenden Wärme durch das Brom an. Diese Wärme besteht gänzlich aus den dunkeln Strahlen der Kerze, denn das Licht wird, wie ich angeführt habe, vollständig abgeschnitten. Nehmen wir die Kerze fort und stellen wir an ihre Stelle unsere kupferne Kugel, die nicht ganz bis zur Rothglühhitze erwärmt worden ist, so fliegt die Nadel auf einmal bis zu ihren Hemmungen und zeigt die Durchlässigkeit des Broms für die Wärme an, die die Kugel ausstrahlt. Es ist nach meiner Meinung unmöglich, unsere Augen dem übereinstimmenden Zeugniss zu verschliessen, dass die freien Atome leicht im Aether schwingen, während bei ihrer Vereinigung zu schwingenden Systemen die Wellen

des Aethers neben ihnen anschwellen, indem sie ihm, als zusammengesetzte Moleküle, eine weit grössere Bewegungsmenge mittheilen, als sie es vor ihrer Verbindung vermochten*).

427. Es wird Ihnen aber ohne Zweifel auffallen, dass Lampenruss, der doch auch eine elementare Substanz ist, einer der besten Absorbenten und Ausstrahler in der Natur ist. Wir wollen diese Substanz näher untersuchen: gewöhnlicher Lampenruss enthält viele Unreinheiten; er hat viel Kohlenwasserstoff in sich verdichtet, und dieser Kohlenwasserstoff ist ein mächtiger Ausstrahler und Absorbent. Lampenruss also, wie er bisher angewendet wurde, kann kaum als ein Element betrachtet werden. Ich habe deshalb die Kohlenwasserstoffe zum grossen Theil entfernt, indem ich durch rothglühenden Lampenruss einen Strom von Chlorgas leitete, aber die Substanz strahlte und absorbirte die Wärme nach wie vor gleich gut. Was ist Lampenruss? Die Chemiker werden Ihnen sagen, dass er eine allotrope Form des Diamanten sei; hier ist in der That ein Diamant, der durch grosse Hitze in Holzkohle verwandelt worden ist. Nun hat man lange die allotrope Beschaffenheit einer Verschiedenheit in der Anordnung der Körpertheilchen zugeschrieben. Es ist also denkbar, dass diese Anordnung, die eine so bedeutende physikalische Verschiedenheit zwischen Lampenruss und Diamant bewirkt, aus einer Atomgruppirung bestehen könne, die den Körper nöthigt, wie eine Verbindung auf strahlende Wärme zu wirken. Eine solche Anordnung eines Elementes ist, wenn auch ungewöhnlich, doch denkbar, und ich werde Ihnen dies recht auffällig an der allo-

---

*) Meine Ansicht über die verhältnissmässige Stärke der Ausstrahlung des Moleküls als eines Ganzen und der Atome, aus denen es besteht, möchte ich noch nicht aussprechen.

tropen Form unseres sehr empfindlichen Sauerstoffs
nachweisen.

428. In Wirklichkeit ist der Lampenruss aber nicht
so undurchdringlich, als Sie denken mögen. Melloni
hat gezeigt, dass er in einem unerwarteten Maasse durchlässig für strahlende Wärme ist, die von einer Quelle
von niederer Temperatur ausströmt, und der hier vorbereitete Versuch wird den seinen bestätigen. Diese Steinsalzplatte, die über eine rauchende Lampe gehalten wurde,
ist dadurch so dick mit Russ überzogen worden, dass sie
keinen Lichtschimmer von der blendendsten Gasflamme
hindurchlässt. Zwischen der berussten Platte und diesem
Gefäss mit kochendem Wasser, das uns als Wärmequelle
dienen soll, steht ein Schirm. Die thermo-elektrische
Säule ist auf der anderen Seite der berussten Platte. Sowie der Schirm fortgezogen wird, bewegt sich die Nadel
augenblicklich auf Null, ihre letzte und permanente Abweichung ist 52⁰. Ich will jetzt das Salz vollständig reinigen und die Ausstrahlung durch die unberusste Platte
bestimmen: sie ist 71⁰. Nun ist der Werth der Ablenkung
52⁰, in unserer gewöhnlichen Einheit ausgedrückt gleich
85, und der Werth von 71⁰ oder die gesammte Ausstrahlung ist ungefähr 222. Daher verhält sich die Ausstrahlung durch den Russ zu der ganzen Ausstrahlung wie

$$222 : 85 = 100 : 38$$

das heisst, 38 Procent der auffallenden Wärme sind durch
die Schicht von Lampenruss durchgelassen worden.

429. Wir müssen uns später noch mit viel schlagen-
deren Beispielen für die Diathermansie dunkler Körper
beschäftigen, als dem Verhalten von Kienruss. Wir wollen sie hier kurz erwähnen. Methyljodid wird durch die
Verbindung des Elementes Jod mit dem Radical Methyl
gebildet. Wird dasselbe dem Licht ausgesetzt, so wird

gewöhnlich ein Theil des Jods frei und färbt die Flüssigkeit tiefbraun.   In einer Reihe von Versuchen über die
Ausstrahlung von Wärme durch Flüssigkeiten verglich ich
die Durchlässigkeit einer tiefgefärbten Probe von Methyljodid mit der einer vollkommen durchsichtigen; es zeigte
sich kein Unterschied zwischen ihnen. Das Jod, das eine
so grosse Wirkung auf das Licht hervorbrachte, berührte
kaum merklich die strahlende Wärme.   Hier sind die
Zahlen, die die Procente der gänzlichen Ausstrahlung
ausdrücken, welche von der durchsichtigen und gefärbten
Flüssigkeit aufgefangen wurden:

Absorption Proc.

Methyljodid (durchsichtig) . . . 53,2

„   (stark mit Jod gefärbt) 53,2

Die Wärmequelle war in diesem Falle eine Spirale von
Platindraht, die durch einen elektrischen Strom hell-
rothglühend gemacht worden war.   Sah man durch die
gefärbte Flüssigkeit, so war die rothglühende Spirale
sichtbar. Die Farbe wurde daher absichtlich durch einen
Zusatz von Jod verdunkelt, bis die Lösung von genügender Undurchsichtigkeit war, um das Licht einer hellen
Gasflamme vollständig abzuschneiden.   Die Durchsichtigkeit der Flüssigkeit für die strahlende Wärme war durch
den Zusatz des Jods nicht merklich verändert. Die leuchtende Wärme war natürlich abgeschnitten; aber diese
war im Vergleich zu der ganzen Ausstrahlung so gering,
dass sie bei den Versuchen unmerkbar war.

430. Es ist bekannt, dass sich Jod leicht in Schwefelkohlenstoff auflöst; die Farbe der Lösung ist in dünnen
Schichten ein glänzendes Purpurroth, doch in Schichten
von mässiger Dicke kann sie vollkommen undurchsichtig
für das Licht gemacht werden.   Es wurde eine so grosse
Quantität Jod in der Flüssigkeit aufgelöst, dass sie in

einer Glaszelle von 0,07 Zoll Dicke das Licht einer sehr hellen Gasflamme auslöschte. Als ich die undurchsichtige Lösung mit dem durchsichtigen Schwefelkohlenstoff verglich, erhielt ich folgende Resultate:

Absorption.

Schwefelkohlenstoff (undurchsichtig)   12,5

„   (durchsichtig)   12,5

Hier war die Gegenwart einer Menge Jod, die für das glänzendste Licht vollkommen undurchsichtig war, ohne messbare Wirkung auf die Wärme, die unsere Platinspirale ausströmte.

431. Dieselbe Flüssigkeit wurde in eine Zelle von 0,27 Zoll Dicke gebracht; d. h. eine Lösung, die für das Licht bei einer Dicke von 0,07 Zoll vollkommen undurchsichtig war, wurde in einer fast viermal so dicken Schicht benutzt. Folgendes sind die Resultate:

Absorption.

Schwefelkohlenstoff (durchsichtig)   18,8

„   (undurchsichtig)   19,0

Der Unterschied zwischen beiden Messungen liegt innerhalb der Beobachtungsfehler.

432. Das Licht der elektrischen Lampe ist schon in Ihrer Gegenwart zerlegt und das Spectrum des Lichts auf den hinter mir befindlichen Schirm geworfen. Für diesen Zweck benutzen wir ein Prisma von durchsichtigem Schwefelkohlenstoff. Die Flüssigkeit ist in einer keilförmigen Flasche mit ebenen Glasseiten enthalten; sie zieht die Farben sehr weit von einander und bringt eine schönere Wirkung hervor, als man durch ein Glasprisma erhalten könnte. Ich werfe jetzt ein kleines Spectrum auf diesen schmalen Schirm, hinter den ich meine thermoelektrische Säule aufgestellt habe, die mit dem grossen Galvanometer vor dem Tische verbunden ist. Das Spec-

trum ist, wie Sie sehen, ungefähr $1\frac{1}{2}$ Zoll breit und 2 Zoll
lang; seine Farben sind durch Concentration sehr lebhaft
gemacht worden. Würde der Schirm entfernt werden, so
würde das Roth und das ultrarothe Ende des Spectrums
auf die dahinter stehende Säule fallen, und sicher einen
thermo-elektrischen Strom hervorrufen. Es soll nichts
von dem Licht auf das Instrument fallen, denn ich möchte
Ihnen zeigen, dass wir auch ein Spectrum haben, das Sie
nicht sehen können, und dass Sie das nichtleuchtende
Spectrum vollkommen von dem leuchtenden loslösen
können. Hier ist nun ein zweites Prisma, das mit einer
Lösung von Jod in Schwefelkohlenstoff gefüllt ist. Ich
entferne das durchsichtige Prisma und stelle das undurchsichtige genau an seine Stelle. Das Spectrum ist
verschwunden; es ist kein Lichtstreif mehr auf dem
Schirm, ein Wärmespectrum ist aber doch noch da. Die
dunkeln Strahlen der elektrischen Lampe sind durch die
undurchsichtige Flüssigkeit hindurchgegangen, sind gleich
den leuchtenden gebrochen worden und fallen jetzt, obgleich unsichtbar, auf den vor Ihnen stehenden Schirm. Ich
kann dies beweisen, indem ich den Schirm entferne; kein
Licht fällt auf die Säule, aber die auf sie fallende Wärme
lenkt die Nadel unseres grossen Galvanometers heftig
seitwärts ab.

433. Die Wirkung von Gasen auf strahlende Wärme
ist schon mit unserer gläsernen Versuchsröhre und mit
unserer neuen Wärmequelle gezeigt worden. Lassen Sie
mich nun auf die Wirkung von Dämpfen, die mit demselben Apparat untersucht wurden, zurückkommen. Hier
sind mehrere Glasflaschen, deren jede mit einem messin-
genen Deckel versehen ist, an den ein Hahn angeschraubt
werden kann. In jede giesse ich eine Menge einer flüchtigen Flüssigkeit, verwende aber für jede Flüssigkeit eine

Absorption durch verschiedene Dämpfe. 411

besondere Flasche, so dass ich die Vermischung der Dämpfe unmöglich mache. Aus jeder Flasche wird die Luft vorsichtig entfernt, nicht nur die Luft oberhalb der Flüssigkeit, sondern auch die in ihr aufgelöste Luft; die letztere entfernt sich in Blasen, sowie die Flasche ausgepumpt wird. Ich befestige nun meine Flasche an der entleerten Versuchsröhre und lasse den Dampf eintreten, ohne dass dabei die Flüssigkeit ins Sieden kommt. Die Quecksilbersäule der Pumpe sinkt, und wenn der erforderliche Druck erreicht worden ist, wird der fernere Zutritt des Dampfes abgeschlossen. Auf diese Art sind die Dämpfe der in der folgenden Tabelle angeführten Substanzen bei dem Druck von 0,1, 0,5 und 1 Zoll nacheinander untersucht worden.

	Absorption durch die Dämpfe bei einem Drucke von		
	0,1	0,5	1,0
Schwefelkohlenstoff	15	47	62
Methyljodid	35	147	242
Benzol	66	182	267
Chloroform	85	182	236
Methylalkohol	109	390	590
Amylen	182	535	823
Schwefeläther	300	710	870
Alkohol	325	622	
Ameisenäther	480	870	1075
Essigäther	590	980	1195
Propionsaures Aethyloxyd	596	970	
Borsäureäther	620		

434. Diese Zahlen beziehen sich auf die Absorption einer ganzen Atmosphäre von trockner Luft als Einheit; das heisst, Schwefelkohlenstoffdampf von $1/10$ Zoll Druck wirkt 15mal so stark als atmosphärische Luft bei 30 Zoll Druck; während Dampf von Borsäureäther von $1/10$ Zoll Druck 620 mal so stark wirkt, als eine ganze At-

mosphäre atmosphärischer Luft. Wenn wir Luft beim
Druck von 0,01 mit Boräther bei demselben Druck vergleichen, so ist die Absorption des letzteren wahrscheinlich 180,000mal grösser als die der ersteren.

434 a. Es ist leicht, im Allgemeinen die Absorption
der strahlenden Wärme durch Dämpfe zu zeigen. Eine
offene Röhre entspricht diesem Zwecke, wenn wir keine
quantitativen Resultate erhalten wollen. Selbst die Röhre
kann entbehrt werden, und der Dampf durch einen Spalt
in die freie Luft zwischen der Säule und der Quelle gelassen werden. Einige wenige, auf diese einfache Art erhaltene Resultate werden zur Erläuterung der Methode
genügen. Es wurden zwei Würfel voll kochendem Wasser angewendet, und die Nadel wurde auf die gewöhnliche Weise auf Null gebracht. Aus einem Kautschuk-
sack (ein gewöhnlicher Blasebalg würde auch dem Zweck
entsprechen) wurde dann trockene Luft durch eine mit
Glasstückchen gefüllte U-Röhre geleitet, die mit der
Flüssigkeit befeuchtet worden waren, deren Dampf untersucht werden sollte. Die mit dem Dampf gemischte Luft
strömte nun in die freie Luft der Säule gegenüber aus,
und die äusserste Grenze des Ausschlags der Nadel des
Galvanometers wurde notirt.

Dampf, der in die freie Luft ausströmte.	Grenze des Ausschlags der Nadel.
Schwefeläther	118°
Ameisenäther	117
Essigäther	92
Amylen	91
Schwefelkohlenstoff	61
Baldrianäther	32
Benzol	31
Alkohol	31

Der Einfluss der Flüchtigkeit macht sich hier bemerkbar. Die Wirkung hängt natürlich von der Menge des herausgelassenen Dampfes ab, eine Quantität, die direct durch die Flüchtigkeit der Flüssigkeit bestimmt ist. In Folge seiner grösseren Flüchtigkeit übertrifft daher Schwefelkohlenstoff den weit wirksameren Alkohol.

Anhang zum zehnten Kapitel.

Ich gebe hier eine Methode an, um das Galvanometer zu graduiren, die Melloni empfiehlt, da sie an Leichtigkeit, Geschwindigkeit und Genauigkeit nichts zu wünschen übrig liesse. Seine eigene Angabe der Methode, in „La Thermochrose", pag. 59, ist folgende:

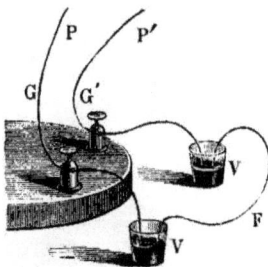

Man füllt zwei kleine Gefässe VV' bis zur Hälfte mit Quecksilber, und verbindet sie durch zwei Drähte mit den Enden GG' des Galvanometers. Die so angeordneten Gefässe und Drähte verändern nichts an der Wirkung des Instruments, und der thermoelektrische Strom wird unbehindert, wie vorher, durch die gewöhnlichen Drähte PP' von der Säule dem Galvanometer zugeführt. Wenn man aber vermittelst eines Drahtes F eine Verbindung zwischen beiden Gefässen herstellt, so wird ein Theil des Stromes durch diesen Draht gehen und nach der Säule zurückkehren; die Elektricitätsmenge, die durch das Galvanometer strömt, wird dadurch vermindert, und mit ihr die Ablenkung der Nadel.

Nehmen wir an, dass wir durch diesen Kunstgriff die galvanometrische Ablenkung auf ein Viertel oder Fünftel zurückführen; oder nehmen wir, mit anderen Worten, an, dass die

Nadel, die unter der Einwirkung einer ständigen Wärmequelle, die in gewisser Entfernung von der Säule sich befand, auf 10 oder 12 Grad zeigte, auf 2 oder 3 Grad sinkt, wenn ein Theil des Stromes durch den äusseren Draht abgelenkt wird; so haben wir, wenn wir die Entfernung von der Quelle ändern und jedesmal die gänzliche und die verminderte Ablenkung beobachten, alle Angaben, um das Verhältniss zwischen den Ablenkungen der Nadel und den sie bewirkenden Kräften zu bestimmen.

Um die Erklärung deutlicher zu machen und um zu gleicher Zeit ein Beispiel des Verfahrens zu geben, will ich die auf die Anwendung dieser Methode bezüglichen Zahlen für einen meiner Thermomultiplicatoren geben.

Der äussere Schliessungskreis wurde unterbrochen, die Wärmequelle weit genug von der Säule entfernt, um am Galvanometer nur eine Ablenkung von 5 Grad zu erzeugen, und nun der Draht zwischen V und V' eingeschaltet; die Nadel fiel dabei auf $1,5^0$. Nachdem die Verbindung der beiden Gefässe von Neuem unterbrochen worden war, wurde die Wärmequelle so weit genähert, dass man nach einander die Ablenkungen erhielt:

$$5^0.\ 10^0.\ 15^0.\ 20^0.\ 25^0.\ 30^0.\ 35^0.\ 40^0.\ 45^0.$$

Wenn man nach jeder Ablenkung denselben Draht zwischenfügte, erhielt man folgende Zahlen:

$$1,5^0.\ 3^0.\ 4,5^0.\ 6,3^0.\ 8,4^0.\ 11,2^0.\ 15,3^0.\ 22,4^0.\ 29,1^0.$$

Nehmen wir also an, dass die Kraft, durch welche die Nadel um einen Grad abgelenkt wird, gleich Eins sei, und innerhalb der ersten Grade die Ablenkung der ablenkenden Kraft proportional ist, so werden wir zuerst 5 als Ausdruck der Kraft bei der ersten Beobachtung haben. Die anderen Kräfte erhält man leicht durch die Proportion:

$$1,5 : 5 = a : x,\ \text{also}\ x = \frac{5}{1,5}\,a = 3,333\,a\ {}^*).$$

---

*) Das heisst, unser verminderter Strom verhält sich zu dem ganzen Strom, dem er entspricht, wie jeder andere verminderte Strom zu seinem entsprechenden totalen Strom.

a stellt die Ablenkung der Nadel dar, wenn der äussere Schliessungskreis geschlossen ist. Man wird also erhalten:

$$5. \quad 10. \quad 15,2. \quad 21. \quad 28. \quad 37,3.$$

für die Kräfte, die den Ablenkungen

$$5^0. \quad 10^0. \quad 15^0. \quad 20^0. \quad 25^0. \quad 30^0.$$

entsprechen.

Bei diesem Instrumente sind die Kräfte also mit den Bogen bis auf 15 Grad ziemlich proportional. Weiter hinauf hört die Proportionalität auf und der Unterschied wächst, wenn die Ablenkung grösser wird. Darum hat man die Rechnung nicht über den 30sten Grad geführt, da dann der Werth von a die Grenze der Proportionalität übersteigt.

Die Kräfte, die den dazwischen liegenden Graden entsprechen, sind leicht zu bestimmen, entweder durch Rechnung, oder durch graphische Construction, die für diese Bestimmungen vollkommen ausreichend ist.

Auf diese Art finden wir:

Grade . . . . 13^0. 14^0. 15^0. 16^0. 17^0. 18^0. 19^0. 20^0. 21^0.
Kräfte . . . . 13. 14,1. 15,2. 16,3. 17,4. 18,6. 19,8. 21. 22,2.
Unterschiede . . 1,1. 1,1. 1,1. 1,2. 1,2. 1,2. 1,2. 1,3.

Grade . . . . 22^0. 23^0. 24^0. 25^0. 26^0. 27^0. 28^0. 29^0. 30^0.
Kräfte . . . . 23,5. 24,9. 26,4. 28. 29,7. 31,5. 33,4. 34,3. 37,3.
Unterschiede . 1,4. 1,5. 1,6. 1,7. 1,8. 1,9. 1,9. 2.

Es ist in dieser Tabelle keine Rede von den Graden, die dem 13ten vorausgehen, da die jedem von ihnen entsprechende Kraft genau denselben Werth wie die Ablenkung hat.

Da wir die Kräfte kennen, die den 30 ersten Graden zugehören, so ist nichts leichter, als die Werthe der entsprechenden Kräfte bei 35, 40 und 45 Graden und weiter hinauf zu bestimmen.

Die verminderten Ablenkungen dieser drei Bogen sind:

$$15,3^0. \quad 22,4^0. \quad 29,7^0.$$

Wir wollen sie getrennt betrachten und bei der ersten anfangen.

Es sind also zuerst 15 Grad nach unserer Tabelle gleich 15,2; wir erhalten den Werth der Decimale 0,3, indem wir diesen Bruch mit dem Unterschiede 1,1 multipliciren, der zwischen dem 15ten und 16ten Grade besteht; denn wir haben augenscheinlich das Verhältniss

$$1 : 1{,}1 = 0{,}3 : x, \text{ also } x = 0{,}3.$$

Der Werth der verminderten Ablenkung, die dem 35sten Grade entspricht, wird also nicht $15{,}3^0$ sein, sondern $15{,}2^0$ $+ 0{,}3 = 15{,}5^0$. Man wird vermöge ähnlicher Betrachtungen finden $23{,}5^0 + 0{,}6^0 = 24{,}1^0$, statt $22{,}4$, und $35{,}1^0 + 1{,}4^0$ $= 36{,}7^0$ statt $29{,}7^0$ für die verminderten Ablenkungen von 40 und 45 Grad.

Es bleibt jetzt nur noch übrig, den Werth der Kräfte zu berechnen, die den drei Ablenkungen $15{,}5^0$, $24{,}1^0$ und $36{,}7^0$, zugehören. Durch den Ausdruck $3{,}333$ a erhält man

die Kräfte 51,7.   80,3.   122,3;
die Grade 35.   40.   45.

Wenn wir diese Zahlen mit denen der vorigen Tabelle vergleichen, so sehen wir, dass die Empfindlichkeit unseres Galvanometers bedeutend abnimmt, wenn man Ablenkungen benutzt, die grösser als 30 Grad sind.

Elftes Kapitel.

Wirkung wohlriechender Substanzen auf strahlende Wärme. — Wirkung
von Ozon auf strahlende Wärme. — Bestimmung der Ausstrahlung
und Absorption der Gase und Dämpfe ohne irgend eine ausserhalb
des gasförmigen Körpers liegende Wärmequelle. — Dynamische Ausstrahlung und Absorption. — Strahlung durch die Atmosphäre der
Erde. — Einfluss der Wasserdämpfe der Atmosphäre auf strahlende Wärme. — Beziehung des Strahlungs- und Absorptionsver-
mögens der Wasserdämpfe zu den meteorologischen Erscheinungen.
Anhang: Weitere Einzelheiten über die Wirkung der feuchten Luft.

435. Wohlgerüche und schlechte Dünste haben im
Allgemeinen schon lange die Aufmerksamkeit denkender
Männer auf sich gelenkt, und sie haben beliebte Beispiele
für die „Theilbarkeit der Materie" gegeben. Nie hat ein
Chemiker den Duft der Rose gewogen; wir haben aber in
der strahlenden Wärme einen genaueren Prüfstein als die
Wage des Chemikers. Nach den Resultaten, die Sie im
vorigen Kapitel kennen gelernt haben, werden Sie sich
nicht wundern, wenn ich behaupte, dass die Menge der
flüchtigen Substanz, welche aus einem Fläschchen mit
Riechsalz entweicht, wenn jemand von Ihnen nur einmal
daran riecht, eine kräftigere Wirkung auf die strahlende
Wärme ausüben würde, als die ganze Menge von Sauerstoff und Stickstoff, die dieses Zimmer enthält. Wir wollen

diese Probe an anderen Gerüchen machen und sehen, ob sie nicht auch, trotz ihrer fast unendlichen Verdünnung, einen messbaren Einfluss auf strahlende Wärme ausüben.

436. Wir wollen auf folgende einfache Weise verfahren. Eine Anzahl kleiner und gleicher viereckiger Stücke Filtrirpapier sind zu kleinen Cylindern von je zwei Zoll Länge aufgerollt worden; jeder Papiercylinder wird nun angefeuchtet; indem ich das eine Ende in ein ätherisches Oel tauche, das Oel verbreitet sich vermöge der capillaren Attraction durch das Papier und jetzt ist die ganze Rolle feucht. Die Rolle wird in ein Glasrohr eingeführt, welches so weit ist, dass der Papiercylinder es füllt, ohne gedrückt zu werden, und zwischen den Trockenapparat und die Versuchsröhre wird die Röhre gebracht, die das wohlriechende Papier enthält. Die Versuchsröhre ist jetzt entleert und die Nadel auf Null; wird dieser Hahn aufgedreht, so streicht trockne Luft langsam durch die Falten des gesättigten Papiers. Die Luft nimmt den Duft des ätherischen Oels auf und führt ihn in die Versuchsröhre. Wir nehmen die Absorption einer Atmosphäre trockner Luft als Einheit an, und jede hinzukommende Absorption, die diese Versuche zeigen, muss dem Wohlgeruch zugeschrieben werden, der die Luft begleitet.

437. Die folgende Tabelle wird eine gedrängte Uebersicht von der Absorption der darin angeführten Substanzen mit Bezug auf die oben angenommene Einheit geben.

Wohlgerüche.

Namen.	Absorption.
Patchouli	30
Sandelholz	32
Geranium	33
Nelkenöl	33,5
Rosenöl	36,5
Bergamott	44
Neroli	47
Lavendel	60
Citronenöl	65
Orangenöl	67
Thymian	68
Rosmarin	74
Lorbeeröl	80
Kamillen	87
Cassiaöl	109
Spike	355
Anis	372

438. Die Zahl der Luftatome hier in der Röhre muss
als fast unendlich gross im Vergleich mit denen der Ge-
rüche angesehen werden; und doch haben die letzteren,
so sparsam sie zerstreut sind, beim Patchouli eine 30mal
so grosse Wirkung als die Luft; Rosenöl wirkt 36mal so
stark als Luft, Thymian 74mal; Spike 355mal und Anis
372mal. Es würde thöricht sein, über die Menge der
Materie zu speculiren, die bei diesen Versuchen angewendet wird. Wahrscheinlich müsste sie millionenmal
genommen werden, um den Druck der gewöhnlichen Luft
zu erreichen. So verdankt

Der milde Südwind,

Der über einem Veilchenbeete athmet,

Düfte nehmend und gebend,

seinen süssen Wohlgeruch einem Agens, welches, obgleich
fast unendlich verdünnt, doch die irdische Strahlung
kräftiger verhindern kann, als die ganze Atmosphäre vom
Himmel bis zur Erde.

439. Neben diesen Versuchen über die ätherischen Oele wurden noch andere über aromatische Kräuter gemacht. Einige derselben erhielt ich vom Covent Garden Markt; sie waren, nach der gewöhnlichen Ausdrucksweise, trocken, d. h. sie waren nicht grün, sondern verwelkt. Und doch fürchte ich, dass die mit ihnen erhaltenen Resultate wegen der möglichen Beimischung von Wasserdämpfen nicht als rein betrachtet werden können. Die aromatischen Theile der Pflanzen wurden in eine Glasröhre von 18 Zoll Länge und ein Viertel Zoll Durchmesser gestopft. Ehe sie mit der Versuchsröhre verbunden wurden, wurden sie an der Luftpumpe befestigt, und trockne Luft auf einige Minuten durch sie geführt. Sie wurden dann mit der Versuchsröhre verbunden und wie die wohlriechenden Oele behandelt; der einzige Unterschied war, dass die Kräuter eine Länge von 18 Zoll statt von 2 Zoll einnahmen.

Thymian zeigte hierbei eine 33mal grössere Wirkung als die über ihn geleitete Luft.

Pfeffermünz wirkte 34mal so stark als die Luft.

Frauenmünze wirkte 38mal so stark als die Luft.

Lavendel wirkte 32mal so stark als die Luft.

Wermuth wirkte 41mal so stark als die Luft.

Zimmet wirkte 53mal so stark als die Luft.

Wie ich schon andeutete, können diese Resultate durch die Einwirkung der Wasserdämpfe complicirt worden sein; ihre Menge muss indess unmerklich sein.

440. Es giebt noch eine Substanz von grossem Interesse für den Chemiker, die wir der Probe der strahlenden Wärme aussetzen können. Wir können sie indess nur in so kleinen Mengen erhalten, dass sie fast der Messung entgehen. Ich meine die merkwürdige Substanz, das Ozon. Man weiss, dass dieser Körper an der positiven

Elektrode frei wird, wenn Wasser durch einen elektrischen Strom zersetzt wird. Drei verschiedene Zersetzungszellen wurden construirt, um die Wirkung des Ozons zu untersuchen. Bei der ersten (Nro. 1) hatten die als Elektroden benutzten Platinplatten eine Oberfläche von ungefähr vier Quadratzoll; die Platten der zweiten (Nro. 2) hatten zwei Quadratzoll Oberfläche, während die Platten der dritten (Nro. 3) nur einen Quadratzoll Oberfläche hatten.

441. Der Grund, weshalb ich Elektroden von verschiedener Grösse benutzte, war folgender: Als ich zuerst strahlende Wärme bei der Untersuchung von Ozon anwandte, construirte ich eine Zersetzungszelle, in der ich, um den Widerstand des Stromes zu vermindern, sehr grosse Platinplatten anwandte. Der so gewonnene Sauerstoff, der doch das Ozon enthalten sollte, zeigte kaum irgend eine Reaction auf diese Substanz. Er entfärbte kaum Jodkalium und war fast ohne Wirkung auf die strahlende Wärme. Bei Benutzung eines zweiten Zersetzungsapparates mit kleineren Platten war die Wirkung, sowohl auf Jodkalium als auf strahlende Wärme sehr entschieden. Da es unmöglich war, diese Verschiedenheit einer anderen Ursache zuzuschreiben, als der verschiedenen Grösse der Platten, so stellte ich eine gründlichere Untersuchung an, indem ich mit den vorherbeschriebenen drei Zellen arbeitete. Nennen wir die Wirkung des reinen elektrolytischen Sauerstoffs Eins, so giebt die folgende Tabelle die des ihn begleitenden Ozons:

Zelle.	Absorption.
Nro. 1	20
Nro. 2	34
Nro. 3	47

442. So wirkte die kleine Menge des Ozons, das den

Sauerstoff begleitete, und im Vergleich zu dem es fast verschwindet, bei den ersten Platten 20mal so stark, als der Sauerstoff selbst, während bei dem dritten Plattenpaar das Ozon 47mal stärker wirkte, als der Sauerstoff. Durch diese Versuche wird der Einfluss der Grösse der Platten oder, in anderen Worten, der Dichtigkeit des Stromes, wo er in die Flüssigkeit eintritt, auf die Bildung von Ozon überzeugend dargelegt.

443. Theile von den Platten der Zelle Nro. 2 wurden dann abgeschnitten, so dass sie noch kleiner wurden, als die von Nro. 3. Die Verkleinerung der Platten war von einer Zunahme der Wirkung auf die strahlende Wärme begleitet; die Absorption stieg auf einmal von 34 auf

65.

Die verkleinerten Platten von Nro. 2 übertreffen hier die von Nro. 3, die bei den ersten Versuchen die grösste Wirkung ausübten.

Die Platten von Nro. 3 wurden dann verkleinert, so dass sie die kleinsten von allen wurden. Das nun durch Nro. 3 entwickelte Ozon übte eine Absorption von

85

aus. So sehen wir, dass die Wirkung auf strahlende Wärme mit der Abnahme der Grösse der Elektroden zunimmt.

Es ist bekannt, dass die Wärme sehr zerstörend auf Ozon wirkt, und da ich vermuthete, dass sich bei den kleinen zuletzt benutzten Elektroden der Zelle Wärme entwickelte, so umgab ich die Zelle mit einer Mischung von gestossenem Eis und Salz. Bei dieser Kälte stieg die Absorption des entwickelten Ozons auf

136.

444. Diese Resultate entsprechen vollkommen denen, die die Herren de la Rive, Soret und Meidinger erhalten haben, obgleich zwischen unseren Versuchsmetho-

den keine Aehnlichkeit besteht. Eine solche Uebereinstimmung erhöht mit Recht unser Vertrauen in die strahlende Wärme bei der Erforschung der molekularen Beschaffenheit*).

445. Die Mengen des Ozons, die bei den vorhergehenden Versuchen in Thätigkeit treten, müssen durch gewöhnliche Mittel ganz unmessbar sein. Und doch ist seine Wirkung auf strahlende Wärme so gross, dass es

---

*) Herr Meidinger fängt seinen Aufsatz damit an, dass er den Mangel an Uebereinstimmung zwischen Theorie und Versuch bei der Zersetzung des Wassers nachweist; die Abweichung zeigte sich sehr entschieden in einem Mangel an Sauerstoff, wenn der Strom stark war. Er fand, dass bei der Erwärmung seines Elektrolyten diese Verschiedenheit verschwand, da dann die richtige Menge von Sauerstoff frei wurde. Er schloss sogleich, dass dieser Mangel an Sauerstoff von der Bildung von Ozon abhinge; aber wie wirkte die Substanz, um eine Abnahme des Sauerstoffs hervorzurufen? War der Mangel der grossen Dichtigkeit des Ozons zuzuschreiben, so müsste die Zerstörung dieser Substanz durch Wärme dem Sauerstoff sein wahres Volum zurückgeben. Doch brachte starke Erwärmung, die das Ozon zerstörte, keine Veränderung des Volums hervor, woraus Herr Meidinger schloss, dass die Wirkung, die er beobachtete, nicht von dem Ozon herrührte, das mit dem Sauerstoff gemischt blieb. Er schloss endlich und bewies seine Schlüsse durch befriedigende Versuche, dass der Verlust an Sauerstoff der Bildung von Wasserstoffsuperoxyd im Wasser durch das Ozon zuzuschreiben ist; der Sauerstoff würde so der Röhre entzogen, in die er gehörte. Er, wie auch Herr de la Rive vor ihm, experimentirte mit Elektroden von verschiedener Grösse und fand den Verlust an Sauerstoff bei einer kleinen Elektrode bei weitem bedeutender als bei einer grösseren, woraus er schloss, dass die Bildung von Ozon durch die Vermehrung der Dichtigkeit des Stromes an der Stelle, wo Elektrode und Elektrolyt sich begegnen, erleichtert würde. Zu demselben Schluss kommt man durch die obigen Versuche über strahlende Wärme. Es giebt nichts verschiedeneres als diese zwei Methoden. Herr Meidinger suchte den verschwundenen Sauerstoff und fand ihn in der Flüssigkeit; ich untersuchte den freigewordenen Sauerstoff und fand, dass das ihm beigemischte Ozon an Menge zunahm, wenn die Elektrode an Grösse abnahm. Ich kann noch hinzufügen, dass, seitdem ich Herrn Meidinger's Abhandlung gelesen habe, ich die Versuche mit meinen eigenen Zersetzungszellen wiederholt und gefunden habe, dass die, die mir die grösste Absorption gaben, auch den grössten Mangel an freigewordenem Sauerstoff zeigten.

als absorbirender Körper neben ölbildendes Gas oder
Borsäureäther gestellt werden kann. Bei gleicher Masse
möchte es beide übertreffen. Keines von den elementaren
Gasen, die ich untersucht habe, verhält sich nur annähernd
wie Ozon. Bei seinen Schwingungen durch den Aether
muss er dieses Medium stark erschüttern. Wenn es Sauerstoff wäre, so müssten es Sauerstoffatome sein, die in Gruppen vereinigt sind. — Auf die folgende Art versuchte ich
die Frage zu lösen, ob es Sauerstoff sei oder eine Verbindung von Wasserstoff. Wärme zerstört das Ozon. Wäre es
Sauerstoff allein, so würde die Wärme es in gewöhnliches
Sauerstoffgas überführen. Wäre es eine Wasserstoffver-
bindung, wie einige Chemiker meinen, so würde die
Wärme es in Sauerstoff und Wasserdampf verwandeln.
Das Gas allein würde in der Versuchsröhre die neutrale
Wirkung des Sauerstoffs geben, aber das Gas plus Wasserdampf würde wahrscheinlich eine merklich stärkere
Wirkung ausüben. Ich liess zuerst das getrocknete elek-
trolytische Gas durch eine bis zur Rothglühhitze erwärmte
Glasröhre und dann, ohne es zu trocknen, direct in die
Versuchsröhre gehen. Dann aber wurde es getrocknet,
ehe es in die Versuchsröhre eingelassen wurde. Bisher
konnte ich keinen Unterschied zwischen getrocknetem
und nicht getrocknetem Gase mit Sicherheit feststellen.
Wenn daher die Erwärmung Wasserdämpfe entwickelte,
so waren die bis jetzt angewendeten experimentellen Hülfsmittel noch nicht genügend, sie zu entdecken. Für jetzt
halte ich daher den Glauben aufrecht, dass das Ozon
durch die Vereinigung der Atome von elementarem Sauerstoff zu schwingenden Gruppen gebildet wird, dass die Erwärmung den Verband löst und den Atomen gestattet,
einzeln zu schwingen. Sie würden dadurch unfähig
werden, Bewegung sowohl aufzufangen als auch zu er-

regen, was sie indess sehr wohl bei ihrer Vereinigung zu
Systemen zu thun vermöchten*).

446. Ihre Aufmerksamkeit soll jetzt auf eine Reihe
von Thatsachen gelenkt werden, die mich überraschten
und verwirrten, als sie beobachtet wurden. Ich liess
bei einer Gelegenheit eine Menge von Alkoholdampf,
die genügend war, die Quecksilbersäule um 0,5 eines
Zolls niederzudrücken, in die Versuchsröhre eintreten;
sie bewirkte eine Ablenkung von 72^0. Während die Nadel auf diese hohe Zahl zeigte und ehe ich den Dampf
auspumpte, liess ich trockne Luft in die Röhre strömen
und sah, als sie eintrat, auf das Galvanometer.

447. Die Nadel fiel zu meinem Erstaunen auf Null
und ging bis 25^0 nach der anderen Seite. Der Eintritt der
unwirksamen Luft neutralisirte nicht nur die vorher beobachtete Absorption, sondern liess die Wagschale bedeutend zu Gunsten der Seite der Säule steigen, die der
Wärmequelle zugekehrt war. Bei der Wiederholung dieses
Versuches ging die Nadel von 70^0 auf Null und bis 38^0
auf die andere Seite. In gleicher Weise rief eine kleine
Menge Schwefelätherdampf eine Ablenkung von 30^0 hervor;
als ich die Röhre mit trockner Luft füllte, ging die Nadel schnell auf Null und schwang bis 60 auf der entgegengesetzten Seite aus.

Als ich diese ausserordentliche Wirkung sah, war
mein erster Gedanke, dass sich die Dämpfe in undurch-
lässigen Häutchen auf den Steinsalzplatten niedergeschla-

---

*) Der vorhergehende Schluss in Betreff der Beschaffenheit der
Atome wurde zu einer Zeit gezogen, als die grössten Autoritäten das
Ozon als aus einzelnen Atomen bestehend betrachteten und den gewöhnlichen Sauerstoff als eine Gruppe von Atomen. Chemische Untersuchungen haben seitdem die Ansicht begründet, die aus den obigen Untersuchungen über strahlende Wärme abgeleitet wurde.

gen hätten, und dass die trockne Luft bei ihrem Eintritt
diese Häutchen entfernt und der Wärme von der Quelle
freien Durchgang verschafft hätte.

448. Ein kurzes Nachdenken genügte, um das Irrige
dieser Vermuthung zu erkennen. Das Wegräumen dieser
Häutchen konnte höchstens die Lage der Dinge vor dem
Eintritt des Dampfes wieder herstellen. Es könnte möglicher Weise die Nadel wieder auf 0 Grad bringen, aber
nicht eine negative Ablenkung bewirken. Dessen ungeach-
tet zerlegte ich meine Röhre und unterwarf die Salzplatten
einer genauen Prüfung. Ich konnte keinen Niederschlag
wie den vermutheten beobachten. Das Salz blieb während der Berührung mit dem Dampf vollkommen durchsichtig. Welchen Grund kann man nun für die Wirkung
angeben?

449. Wir haben schon die Wärmewirkung kennen
gelernt, die eintritt, wenn Luft in ein Vacuum strömt.
Wir wissen, dass die Luft durch ihren Stoss gegen die
Seiten des Recipienten erwärmt wird. Wäre es möglich,
dass die so erzeugte Wärme durch die Luft dem Alkohol
und den Aetherdämpfen mitgetheilt und von ihnen gegen
die Säule ausgestrahlt wird und für die Absorption einen
mehr als genügenden Ersatz giebt? Das entscheidende
Experiment bietet sich hier gleich von selbst dar. Wenn
die beobachtete Wirkung der Erwärmung der Luft beim
Eintritt in den luftverdünnten Raum, in dem der Dampf
vertheilt ist, zuzuschreiben wäre, so müssten wir dieselbe
Wirkung erhalten, wenn wir die bisher benutzten Wärmequellen vollständig entfernten. Wir werden so zu dem
neuen und im ersten Augenblicke vollständig paradox
erscheinenden Problem geführt, die Ausstrahlung und
Absorption eines Gases oder Dampfes ohne eine

428   Wärme als Art der Bewegung.

**Wärmequelle zu bestimmen, die ausserhalb des gas-
förmigen Körpers selbst liegt.**

450. So wollen wir nun unseren Apparat aufstellen
und unsere beiden Wärmequellen verlassen. Hier ist
unsere Glasröhre, die am einen Ende durch eine Steinsalzplatte, an dem anderen aber durch eine Glasplatte
geschlossen ist, denn wir bedürfen des Wärmedurch-
gangs durch dieses Ende jetzt nicht. Vor dem Salz
steht die mit dem Galvanometer verbundene Säule. Obgleich jetzt eine besondere Wärmequelle auf die Säule
wirkt, so sehen Sie doch, dass die Nadel nicht ganz bis
auf Null kommt; in der That sind die Wände dieses Zimmers, die Menschen, die herumsitzen, ebenso viele Wärmequellen, so dass ich, um diese zu neutralisiren und die
Nadel genau auf Null zu bringen, die zu kalte Seite der
Säule ein wenig erwärmen muss. Dies geschieht ohne
irgend eine Schwierigkeit durch einen Würfel mit lau-
warmem Wasser, der in einiger Entfernung aufgestellt
wird; die Nadel steht jetzt auf Null.

451. Nachdem die Versuchsröhre ausgepumpt ist,
kann jetzt Luft eintreten, bis sie gefüllt ist. Diese Luft
ist jetzt warm; jedes ihrer Atome schwingt, und besässen
die Atome eine merkliche Kraft, ihre Bewegung dem
Lichtäther mitzutheilen, so würden wir von jedem Atom
aus einen Wellenzug haben, der auf die Fläche der Säule
träfe. Sie bemerken aber kaum eine Bewegung des Galvanometers und können daraus schliessen, dass die Wärmemenge, die von der Luft ausgestrahlt wird, ausserordentlich klein ist. Die Ablenkung beträgt 7⁰.

452. Aber diese 7⁰ sind nicht einmal der Ausstrahlung
der Luft zuzuschreiben. Und wem sonst? Ich öffne das eine
Ende der Versuchsröhre und lege ein Stückchen schwarzes
Papier wie ein Futter hinein; das Papier bildet nur einen

Ring, der die innere Oberfläche der Röhre auf die Länge
von 12 Zoll bedeckt. Wir wollen jetzt die Röhre schliessen
und den letzten Versuch wiederholen. Die Luft tritt
jetzt ein; aber sehen Sie die Nadel: sie ist schon durch
einen Bogen von 7° geflogen. Sie sehen hier den Einfluss
dieses Stückchens papiernen Futters vor sich; es wird von
der Luft erwärmt, und strahlt in so reichlichem Maasse
gegen die Säule aus. Die innere Oberfläche der
Röhre muss dasselbe, obgleich in geringerem Maasse,
thun, und der Ausstrahlung dieser Oberfläche, und nicht
der der Luft selbst, haben wir, nach meiner Meinung, die
eben erhaltene Ablenkung von 7° zuzuschreiben.

453. Wenn das Stück Papier aus der Röhre genommen worden ist, lassen wir statt der Luft Stickoxydul in
dieselbe strömen; die Nadel schwingt auf 28° und zeigt
so, um wieviel grösser die ausstrahlende Kraft dieses
Gases ist, als die der Luft. Wird mit der Pumpe gearbeitet, so kühlt sich das Gas in der Versuchsröhre
ab und die Wärme von der Säule strömt in dasselbe ein:
ein Ausschlag von 20° in der entgegengesetzten Richtung
ist die Folge.

454. Anstatt Stickoxydul lasse ich ölbildendes Gas in
die entleerte Röhre eintreten. Wir haben schon gesehen,
dass dieses Gas eine sehr bedeutende Absorption und Ausstrahlung besitzt. Seine Atome sind jetzt erwärmt und jedes
von ihnen bezeugt seine Kraft; die Nadel schwingt durch
einen Bogen von 67°. Ich lasse es seine Wärme abgeben
und die Nadel auf Null zurückgehen. Beim Auspumpen
bringt die daraus entspringende Abkühlung des Gases in
der Röhre eine Ablenkung von 40° auf Seiten der Kälte
hervor. Hier haben wir sicher einen Schlüssel zur Erklärung der räthselhaften Wirkungen, die wir bei dem
Alkohol und dem Aetherdampf beobachtet haben.

455. Der Bequemlichkeit halber können wir die Erwärmung des Gases beim Eintritt in das Vacuum dynamische Erwärmung nennen, seine Ausstrahlung dynamische Ausstrahlung, und seine Absorption, wenn es
durch das Auspumpen erkältet wurde, dynamische Absorption. Nehmen wir diese Ausdrücke an, so erklärt
sich die folgende Tabelle von selbst. In derselben ist die
äusserste Grenze angegeben, bis zu der die Nadel beim
Eintritt des Gases in die Versuchsröhre ausschlug.

Dynamische Ausstrahlung der Gase.

Namen.	Grenze des ersten Ausschlags.
Luft	7^0
Sauerstoff	7
Wasserstoff	7
Stickstoff	7
Kohlenoxyd	19
Kohlensäure	21
Stickoxydul	31
Oelbildendes Gas	63

456. Wir bemerken, dass die Ordnung dieser ausstrahlenden Kräfte bei dieser neuen Bestimmung dieselbe
ist, wie die, die wir durch eine vollkommen verschiedene Methode früher erhalten hatten. Man darf nicht
vergessen, dass die Entdeckung der dynamischen Ausstrahlung ganz neu ist, und dass die Bedingungen für
vollkommene Genauigkeit noch nicht ermittelt sind; es
ist indess gewiss, dass diese Versuchsmethode bis zum
höchsten Grade der Genauigkeit gebracht werden kann.

457. Wir wollen jetzt zu unseren Dämpfen zurückkehren, und ich will mich dabei bemühen, zwei Wirkungen
zu vereinen, die im ersten Augenblick vollkommen
entgegengesetzt erscheinen. Wir haben schon gesehen,

dass eine polirte Metalloberfläche eine ausserordentlich
schwache Ausstrahlung besitzt, dass aber, wenn dieselbe Oberfläche mit Firniss bedeckt wird, die Ausstrahlung sehr reichlich ist. Bei der Mittheilung von Bewegung an den Aether des Weltenraumes*) brauchen
die Atome des Metalls einen Zwischenträger und diesen
finden sie im Firniss. Sie können eine metallische
Oberfläche mit einem Häutchen eines wirksamen Gases überfirnissen. Vermittelst der Einrichtung vor Ihnen kann ich einen dünnen Strom ölbildenden Gases aus dem Gasbehälter G (Fig. 89) durch

Fig. 89.

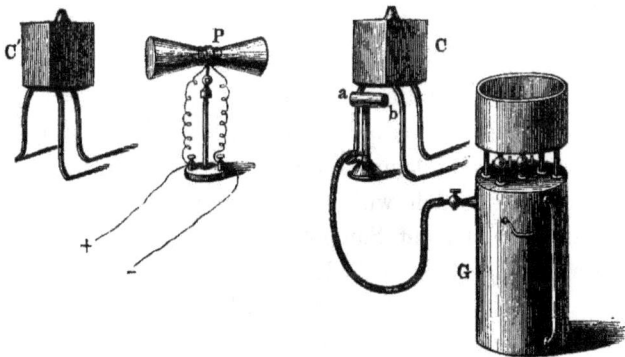

die gespaltene Röhre ab, und über die erwärmte Oberfläche des Würfels C führen. Jetzt tritt kein Gas aus
und die Ausstrahlung von C wird jetzt durch die von C'

---

*) Könnten wir entweder den Namen ändern, der dem Medium im
Weltenraum, oder den, der gewissen flüchtigen Flüssigkeiten von den Chemikern gegeben worden ist, so würde dies sehr zweckmässig sein. Es ist
schwer, Verwechselungen im Gebrauch desselben Ausdrucks für so gänzlich
verschiedene Gegenstände zu vermeiden.

neutralisirt; ich lasse aber jetzt das Gas von G über den Würfel C strömen, und, obgleich die Oberfläche entschieden durch den Vorbeigang des Gases abgekühlt worden ist, denn das Gas musste durch das Metall erwärmt werden, so wirkt es doch durch eine bedeutende Vermehrung der Ausstrahlung; so wie das Gas anfängt zu strömen, beginnt die Nadel sich zu bewegen, bis sie eine Ablenkung von 45^0 erreicht.

458. Wir haben hier ein Metall mit einem Firniss von Gas bedeckt, aber ein interessanterer und feinerer Versuch ist der, einen gasförmigen Körper mit einem anderen zu firnissen. Diese Flasche enthält etwas Essigäther, eine flüchtige und, wie Sie wissen, sehr stark absorbirende Substanz. Ich befestige die Flasche an der Versuchsröhre und lasse den Dampf in sie eintreten, bis die Quecksilbersäule um einen halben Zoll niedergedrückt worden ist. Es ist jetzt Dampf unter einem halben Zoll Druck in der Röhre. Ich will diesen Dampf als Firniss benutzen; das Element Sauerstoff ist jetzt statt der Elemente Gold, Silber oder Kupfer die Substanz, für die mein Dampf als Firniss angewendet werden soll. In diesem Augenblick steht die Nadel auf Null; tritt nun trockner Sauerstoff in die Röhre ein, so wird das Gas dynamisch erwärmt, indess wir wissen, dass es seine Wärme kaum auszustrahlen vermag; aber nun kommt es in Berührung mit dem Dampf des Essigäthers, und indem es seine Wärmebewegung dem Dampf durch directen Anstoss mittheilt, kann der letztere die Bewegung weiter zur Säule senden. Beobachten Sie die Nadel: sie wird durch die Ausstrahlung der Dampfmoleküle bis zu einem Ausschlage von 70^0 getrieben. Ich brauche nicht die Thatsache festzustellen, dass

der Dampf bei diesem Versuch genau dieselbe Beziehung zum Sauerstoff hat, wie der Firniss zum Metalle bei unseren früheren Versuchen.

459. Wir wollen ein wenig warten und den Dampf erst die Wärme ausgeben lassen: er ist der Entlader der durch den Sauerstoff erzeugten Wärmebewegung; die Nadel steht wieder auf Null. Wird mit der Pumpe gearbeitet, so erkältet sich der Dampf in der Röhre und nun schwingt die Nadel fast auf 45⁰ nach der anderen Seite von Null. Auf diese Weise sind die dynamischen Ausstrahlungen und Absorptionen der in der folgenden Tabelle angeführten Dämpfe bestimmt worden; indess war Luft, statt Sauerstoff, die zur Erwärmung des Dampfes angewendete Substanz. Der erste Ausschlag der Nadel ist, wie vorher, angegeben worden.

Dynamische Ausstrahlung und Absorption der Dämpfe.

		Ablenkungen.	
		Ausstrahlung.	Absorption.
1.	Schwefelkohlenstoff	14⁰	6⁰
2.	Jodmethyl	20	8
3.	Benzol	30	14
4.	Jodäthyl	34	16
5.	Methylalkohol	36	18
6.	Amylchlorid	41	23
7.	Amylen	48	26
8.	Alkohol	50	28
9.	Schwefeläther	64	34
10.	Ameisenäther	69	38
11.	Essigäther	70	43

460. Wir haben hier elf verschiedene Arten von Dampf als Firniss für unsere Luft benutzt, und wir finden, dass die dynamische Ausstrahlung und Absorption genau

in derselben Ordnung zunimmt, wie bei den Versuchen
mit äusseren Wärmequellen.

Wir sehen auch, wie genau dynamische Ausstrahlung
und Absorption einander entsprechen, und wie die eine
mit der anderen zu- und abnimmt.

461. Die geringe Menge von Materie, die bei einigen
von diesen Wirkungen auf strahlende Wärme in Betracht
kommt, ist schon angeführt worden, und ich will nun
einen Versuch beschreiben, der Ihnen dafür ein schlagen-
deres Beispiel geben wird, als die bisherigen. Die Absorption durch den Dampf des Borsäureäthers übertrifft
(siehe §. 433) die Absorptionsfähigkeit aller bisher erwähnten Substanzen, und es kann angenommen werden, dass
seine dynamische Ausstrahlung dem entspricht. Wir pumpen die Versuchsröhre so vollkommen als möglich aus und
lassen dann in dieselbe eine Menge von Borsäureäther
ein, die genügt, um die Quecksilbersäule um $1/_{10}$ Zoll
niederzudrücken. Das Barometer steht heute auf 30 Zoll,
daher ist der Druck des Aetherdampfes in unserer
Röhre jetzt $1/_{300}$ einer Atmosphäre.

Strömt trockne Luft in die Röhre ein, so wird der
Dampf erwärmt, und die dynamische Ausstrahlung bringt
eine Ablenkung von 56⁰ hervor.

Durch Arbeiten mit der Pumpe bringe ich den Rückstand von Luft darin auf den Druck von 0,2 Zoll oder
$1/_{150}$ einer Atmosphäre zurück. Ein Rückstand von Borsäureäther bleibt natürlich in der Röhre; der Druck dieses
Rückstandes ist $1/_{150}$ von dem des Dampfes, der zuerst in
die Röhre eintrat. Tritt trockne Luft ein, so wird die
dynamische Ausstrahlung dieses zurückgebliebenen Dampfes durch die Ablenkung von 42⁰ ausgedrückt.

Wir wollen wieder mit der Pumpe arbeiten, bis dass
der Luftdruck 0,2 Zoll ist; die Menge des jetzt in der

Röhre befindlichen Aetherdampfes ist $^1/_{150}$ von der beim letzten Versuch. Die dynamische Ausstrahlung dieses Rückstandes giebt eine Ablenkung von 20⁰.

Zwei weitere Versuche, die in derselben Weise gemacht wurden, gaben Ablenkungen von 14⁰ und 10⁰. Die Frage ist jetzt, welches war die Dichtigkeit des Borsäureätherdampfes, als diese letzte Ablenkung erhalten wurde? Die folgende Tabelle enthält die Antwort auf diese Frage.

Dynamische Ausstrahlung von Borsäureäther.

Druck in Theilen einer Atmosphäre.	Ablenkung.
$\dfrac{1}{300}$	56^0
$\dfrac{1}{150} \times \dfrac{1}{300} = \dfrac{1}{45000}$	42
$\dfrac{1}{150} \times \dfrac{1}{150} \times \dfrac{1}{300} = \dfrac{1}{6750000}$	20
$\dfrac{1}{150} \times \dfrac{1}{150} \times \dfrac{1}{150} \times \dfrac{1}{300} = \dfrac{1}{1012500000}$	14
$\dfrac{1}{150} \times \dfrac{1}{150} \times \dfrac{1}{150} \times \dfrac{1}{150} \times \dfrac{1}{300} = \dfrac{1}{151875000000}$	10

462. Die Luft selbst, die das Innere der Röhre erwärmt, bringt, wie wir gesehen haben, eine Ablenkung von 7⁰ hervor; daher können wir die Ablenkung von 10⁰ nicht ganz allein der Ausstrahlung des Dampfes zuschreiben. Ziehen wir 7⁰ ab, so bleiben uns noch 3⁰. Dürfen wir aber das letzte Experiment gänzlich fortlassen, so können wir nicht zweifeln, dass wenigstens die Hälfte der Ablenkung von 14⁰ dem Rückstand des borsauren Aetherdampfes zuzuschreiben sei; wir finden durch genaue Messungen, dass dieser Werth mit 1000 Millionen multiplicirt werden müsste, damit er dem Drucke der gewöhnlichen atmosphärischen Luft entspricht.

463. Wir kommen hierbei auf eine andere beachtens-
werthe Frage. Wir haben die dynamische Ausstrahlung
von ölbildendem Gase gemessen, indem wir das Gas in
unsere Röhre eintreten liessen, bis die letztere ganz gefüllt war. Wir wollen den Zustand der warmen ausstrahlenden Säule von ölbildendem Gase bei diesem Versuche betrachten. Es ist klar, dass die Theile derselben,
die am meisten von der thermo-elektrischen Säule entfernt sind, durch das Gas vor ihnen strahlen müssen,
und in diesem vorderen Theile der Gassäule eine grosse
Menge der Strahlen, die von dem hinteren Theile ausgehen, absorbirt werden. Es unterliegt keinem Zweifel,
dass, wenn wir unsere Säule genügend lang machten, die
vorderen Theile als ein vollkommen undurchdringlicher
Schirm für die Ausstrahlung der hinteren wirken würden. Wenn wir also den Theil der gasförmigen Säule,
der von der thermo-elektrischen Säule am entferntesten
ist, abschnitten, würden wir nur in sehr geringem Grade
die Menge der Strahlen vermindern, die die Säule erreichen.

464. Wir wollen jetzt die dynamische Ausstrahlung
eines Dampfes mit der des ölbildendes Gases vergleichen.
Bei dem Dampfe benutzen wir nur 0,5 Zoll Druck, daher
sind die ausstrahlenden Moleküle des Dampfes weit mehr
von einander entfernt, als die des ölbildenden Gases unter
dem 60 fachen Druck, und folglich wird die Ausstrahlung
der hinteren Theile der Dampfsäule einen verhältnissmässig freien Weg finden, auf dem sie die Säule erreichen
kann. Diese Betrachtungen zeigen, dass bei dem Dampf
eine grössere Länge der Röhre für die Ausstrahlung
mitwirkt, als beim ölbildenden Gase. Dies führt ferner
zu dem Schlusse, dass, wenn wir die Röhre kürzen, die
Ausstrahlung bei dem Dampfe stärker vermindert wird,

als beim Gase. Wir wollen jetzt unsere Schlussfolgerungen durch den Versuch prüfen.

465. Wir haben beobachtet, dass die dynamische Ausstrahlung der vier folgenden Substanzen, wenn die ausstrahlende Säule 2 Fuss 9 Zoll lang war, durch die beigefügten Ablenkungen dargestellt wurde:

Oelbildendes Gas 63⁰
Schwefelätherdampf 64
Ameisenäther 69
Essigäther 70

Hier gab ölbildendes Gas die geringste dynamische Ausstrahlung.

466. Experimente, die in ganz gleicher Weise mit einer Röhre von 3 Zoll Länge, $\frac{1}{11}$ der früheren, angestellt wurden, gaben folgende Ablenkungen:

Oelbildendes Gas 39⁰
Schwefelätherdampf 11
Ameisenäther 12
Essigäther 15

Die Begründung unserer Schlussfolgerung ist somit vollständig. Es ist bewiesen, dass die dynamische Ausstrahlung des Dampfes die des Gases in der langen Röhre übertrifft, während in der kurzen die dynamische Ausstrahlung des Gases die des Dampfes übertrifft. Der Erfolg beweist, wenn ein Beweis noch nöthig wäre, dass die Dampfmoleküle, obgleich sie in der Luft zerstreut sind, wirklich die Mittelpunkte der Ausstrahlung sind.

467. Bis jetzt habe ich absichtlich jede Beziehung auf den für uns wichtigsten Dampf vermieden — den Wasserdampf. Dieser Dampf ist immer, wie Sie wissen, in der Atmosphäre verbreitet. Der klarste Tag ist nicht frei von ihm; ja in den Alpen ist oft der klarste Himmel der verrätherischste, da das Blau mit der Menge des Wasser-

dampfes in der Luft dunkler wird. Es ist also nicht
nöthig, daran zu erinnern, dass, wenn die Rede von
Wasserdampf ist, nichts Sichtbares damit gemeint wird;
es ist kein dicker Nebel, es ist keine Wolke, es ist keinerlei
Art Dunst. Diese sind aus Dampf gebildet, der zu Wasser verdichtet worden ist; aber der rechte Dampf, mit
dem wir zu thun haben, ist ein unsichtbares durchsichtiges Gas. Es ist allüberall durch die Atmosphäre, wenn
auch in verschiedenen Verhältnissen, vertheilt.

468. Um das Vorhandensein von Wasserdampf in der
uns umgebenden Luft nachzuweisen, ist vorn auf den
Tisch ein kupfernes Gefäss gestellt, das vor einer Stunde
mit einer Mischung von gestossenem Eis und Salz angefüllt worden war. Die Oberfläche des Gefässes war damals
schwarz, jetzt ist sie weiss, sie ist ganz mit Reif bedeckt,
der durch die Verdichtung und das nachherige Gefrieren
des Wasserdampfes auf der Oberfläche entstanden ist.
Diese weisse Masse kann abgeschabt werden; so wie der
gefrorene Dampf entfernt ist, erscheint die schwarze
Oberfläche des Gefässes wieder; jetzt ist eine genügende
Menge vorhanden, um einen ordentlichen Schneeball zu
machen. Wir wollen einen Schritt weiter gehen. Ich
lege diesen Schnee in eine Mulde und drücke ihn vor
Ihnen zu einem Eisklumpen zusammen, und so haben wir,
ohne das Zimmer zu verlassen, durch einen Versuch die
Bildung der Gletscher von Anfang bis zu Ende erklärt.
Auf der Glasplatte, die zum Bedecken des Gefässes benutzt wurde, ist der Dampf nicht gefroren, sondern nur
stark verdichtet, so dass, wenn die Platte seitwärts gehalten wird, das Wasser in einem Strome abfliesst.

469. Die Menge dieses Dampfes ist gering. Aus
Sauerstoff und Stickstoff bestehen ungefähr $99\frac{1}{2}$ Procent

unserer Atmosphäre; von den übrigbleibenden 0,5 sind
ungefähr 0,45 Wasserdampf*), der Rest ist Kohlensäure.
Wären wir nicht schon mit der Wirkung der fast unendlich geringen Mengen von Materie auf strahlende Wärme
bekannt, so könnten wir fast daran verzweifeln, ob wir
eine messbare Wirkung des Wasserdampfes unserer Atmosphäre beobachten könnten. Ich habe in der That
eine Zeitlang die Wirkung dieser Substanz vernachlässigt
und konnte kaum meinem ersten Resultate trauen, als ich
die Wirkung des Wasserdampfes unseres Laboratoriums
15mal grösser fand, als die der Luft, in der er vertheilt
war. Dies spricht indess noch in keiner Weise das wirkliche Verhältniss zwischen Wasserdampf und trockner
Luft aus.

470. Um diesen Punkt aufzuklären, ist unsere erste
Einrichtung (Tafel I.) wieder aufgenommen worden und
eine Messingröhre und zwei Wärmequellen, die auf die
entgegengesetzten Seiten der Säule wirken, dazu benutzt.
Der Versuch mit trockner Luft wird zuerst wiederholt,
indem ich sie in den Versuchscylinder einlasse. Die Nadel
bewegt sich nicht merklich. Wären Sie ganz nahe, so
würden Sie eine Bewegung von ungefähr einem Grade
beobachten. Könnten wir unsere Luft ganz rein erhalten,
so würde die Wirkung noch geringer sein. Wir wollen
noch einmal auspumpen und die Luft dieses Zimmers in
den Versuchscylinder direct eintreten lassen, ohne sie

---

*) Diese geringe Dichtigkeit des Wasserdampfes in der Atmosphäre be-
wog Prof. Magnus, als er seine ersten Versuche über den Wasserdampf
machte, zu sagen, „dass es schon von vornherein klar sei, dass solcher Dampf
keinen bemerkbaren Einfluss haben könnte." Hätte der sonst so vorsichtige
Naturforscher den Gegenstand so untersucht, wie wir in den vorhergehenden Versuchen, so würde er, glaube ich, diese Behauptung nicht ausgesprochen haben.

durch den Trockenapparat zu führen. Sie sehen, die
Nadel bewegt sich, sowie die Luft eintritt, und die letzte
Ablenkung ist 48⁰. Die Nadel wird fest auf diese Zahl
zeigen, so lange wie die Wärmequellen constant bleiben
und so lange die Luft in der Röhre bleibt. Diese 48⁰
entsprechen einer Absorption von 72; d. h. der Wasserdampf, der heute in der Atmosphäre dieses Zimmers enthalten ist, übt eine 72mal stärkere Wirkung auf die
strahlende Wärme aus, als die Luft für sich.

471. Dieses Resultat ist sehr leicht, aber doch nur
bei grosser Sorgfalt zu erhalten. Wenn wir trockne mit
feuchter Luft vergleichen, so müssen die Substanzen unbedingt rein sein. Sie können Monate lang mit unvoll-
kommenen Trockenapparaten arbeiten und erhalten niemals Luft, die diesen fast gänzlichen Mangel von Wirkung auf strahlende Wärme zeigt. Eine Menge organischer
Unreinheit, die zu gering ist, um mit dem Auge gesehen
zu werden, genügt, um die Wirkung der Luft auf das
50fache zu vermehren. Da Sie die Wirkung kennen, die
eine fast unendlich kleine Menge von Materie in gewissen
Fällen hervorbringen kann, so sind Sie besser auf diese
Thatsachen vorbereitet wie ich, als sie zum ersten Mal
meine Aufmerksamkeit erregten. Das soeben erhaltene
experimentelle Resultat wird, wenn es richtig ist, einen
so bedeutenden Einfluss auf die Wissenschaft der Meteorologie haben, dass wir es erst nach der sorgfältigsten
Prüfung annehmen dürfen. Vor allen Dingen sehen
Sie sich dieses Stück Steinsalz an, das aus dem anderen Zimmer gebracht worden ist, wo es einige Zeit
neben einem Wassergefäss gelegen hat, aber nicht in
Berührung mit der sichtbaren Feuchtigkeit kam. Das
Salz ist nass; es ist eine hygroskopische Substanz und
verdichtet leicht Feuchtigkeit auf seiner Oberfläche.

Hier ist eine polirte Platte von derselben Substanz, die
jetzt ganz trocken ist; ich hauche sie an, und sogleich
bewirkt ihre Verwandtschaft zur Feuchtigkeit, dass der
Dampf meines Athems ihre Oberfläche in einem Häutchen bedeckt, welches die Farben der dünnen Blättchen
sehr schön zeigt*). Wir wissen aus der Tabelle §. 353,
wie undurchlässig eine Lösung von Steinsalz für die
Wärmestrahlen ist, und daher regt sich die Frage, ob wir
bei dem obigen Versuche mit ungetrockneter Luft nicht
die Wirkung einer dünnen Schicht solcher Lösung gemessen haben, die auf unseren Salzplatten niedergeschlagen war, statt der reinen Wirkung des Wasserdampfes
auf die Luft.

472. Arbeiten wir unvorsichtig, oder ist es unsere
besondere Absicht, die Salzplatten zu netzen, so können
wir leicht einen Niederschlag von Feuchtigkeit erhalten.
Ueber diesen Punkt wird sich jeder erfahrene Experimentator bald klar sein; aber die Hauptsache beim
guten Experimentiren besteht darin, dass man die Um-
stände ausschliesst, die die klaren und einfachen Fragen, die wir an die Natur richten wollen, unklar und
complicirt machen. Um den hier erregten Zweifel zu
lösen, müssen wir zuerst unsere Salzplatten untersuchen; ist das Experiment ordentlich gemacht, so darf
sich keine Spur von Feuchtigkeit auf der Oberfläche

---

*) Wenn der Strahl der elektrischen Lampe von der polirten Salz-
platte so aufgefangen wird, dass er das Licht auf einen Schirm zurückwirft, und eine Linse so vor das Salz gestellt wird, dass man ein Bild
seiner polirten Oberfläche auf dem Schirm erhält, und man dann durch
eine Glasröhre gegen das Salz haucht, so treten augenblicklich Ringe in
den schönsten Regenbogenfarben auf, die von Hunderten zugleich gesehen
werden können. Die Reihenfolge der Farben ist die der Newton'schen
Ringe.

finden. Um den Erfolg dieses Versuchs noch sicherer zu
machen, will ich etwas an der Einrichtung unseres Apparats verändern. Bisher hatten wir die thermo-elektrische
Säule und ihre beiden Reflectoren gänzlich ausserhalb
des Versuchscylinders. Ich nehme jetzt diesen links-
stehenden Reflector von der Säule ab, entferne diese Steinsalzplatte und führe den Reflector in den Versuchscylinder ein. Der hohle reflectirende Kegel ist an seiner
Basis *ab* (Fig. 89) aufgeschnitten (dies ist unsere frühere Aufstellung, Tafel I, mit dem einzigen Unterschiede,
dass der eine der Reflectoren der Säule *P* jetzt in der
Röhre ist), so dass er durch seinen eigenen Druck fest

Fig. 89.

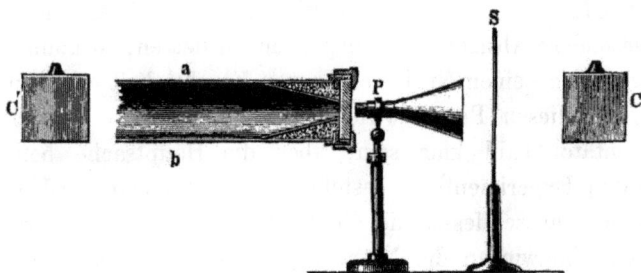

gegen die innere Oberfläche gehalten wird. Der Raum
zwischen der äusseren Oberfläche des Reflectors und der
inneren der Röhre ist mit Stückchen von geschmolzenem
Chlorcalcium angefüllt, die ein kleiner Schirm von Draht-
gaze am Herausfallen hindert, und dann ist die Salzplatte
wieder befestigt worden. Gegen die innere Oberfläche
des Salzes stösst jetzt das enge Ende des Reflectors an.
Bringe ich die Oberfläche der Säule dicht an die Platte,
wenn auch nicht in directe Berührung mit ihr, so ist
unsere Aufstellung vollständig.

473. Es muss zuerst noch bemerkt werden, dass die

zunächst der Wärmequelle gestellte Salzplatte niemals
feucht ist, wenn nicht die Versuche sehr unvollkommen
sind. In Folge ihrer Nähe an der Quelle vermag die
Wärme jede Spur von Feuchtigkeit von ihrer Oberfläche
zu verjagen. Die entfernte Platte ist der Gefahr ausgesetzt, und darum haben wir den äusseren Rand durch
das Chlorcalcium vollkommen trocken erhalten. Jetzt kann
keine feuchte Luft den Rand der Platte erreichen, während wir auf ihren inneren Theil, der ungefähr einen
Quadratzoll Flächeninhalt hat, unsere ganze Ausstrahlung concentrirt haben. A priori müssten
wir schliessen, dass ein Feuchtigkeitshäutchen sich hier
ganz unmöglich ansammeln könnte; und dieser Schluss
wird durch die Thatsache bestätigt. Prüfen wir, wie
vorher, die trockne und die nichtgetrocknete Luft dieses
Zimmers, so finden wir, dass, wie beim früheren Versuche,
die letztere 70mal mehr Wirkung hervorbringt als die
erstere. Die Nadel ist jetzt durch die Absorption der
ungetrockneten Luft abgelenkt; lassen wir diese Luft in
der Röhre, schrauben die Salzplatte ab und untersuchen
ihre Oberfläche. Wir können sogar eine Taschenlupe für
diesen Zweck benutzen, doch müssen wir sehr Acht geben,
dass dabei der Athem nicht die Platte trifft. Sie war
sorgfältig polirt, als sie an der Röhre befestigt worden
war; sie ist noch vollkommen polirt. Die Oberflächen von
Glas oder Bergkrystall könnten nicht freier von irgend
einer Spur Feuchtigkeit sein. Fahre ich mit einem
trockenen, über meinen Finger gelegten Taschentuch
über die Oberfläche, so hinterlässt es keine Spur. Es ist
nicht der geringste Niederschlag von Feuchtigkeit vorhanden, und doch sehen wir, dass Absorption stattgefun-
den hat. Dieser Versuch ist entscheidend gegen die
Hypothese, dass die beobachteten Wirkungen einem Häut-

chen Salzwasser und nicht dem Wasserdampf zuzuschreiben seien.

474. Man könnte aber immer noch glauben, dass, obgleich es uns unmöglich ist, eine Spur von Feuchtigkeit
zu entdecken, dieselbe dennoch vorhanden wäre. Dieser
Zweifel wird in der folgenden Weise gelöst: Ich nehme
die Versuchsröhre von der Vorkammer fort und entferne
die beiden Steinsalzplatten; die Röhre ist jetzt an beiden
Enden offen, und ich will nun trockne und feuchte
Luft in diese offene Röhre einlassen und ihre Wirkungen auf die Ausstrahlung vergleichen. Und hier muss,
wie in allen anderen Fällen, die Geschicklichkeit des
Experimentators sich geltend machen. Die Quelle auf
der einen Seite und die Säule auf der anderen sind nun
der Luft frei ausgesetzt; eine ganz geringe Erschütterung,
die auf die eine oder die andere wirkte, würde die Wirkung, die wir suchen, entweder verhindern oder gänzlich verbergen. Die Luft muss also in die offene Röhre
ohne die geringste Erschütterung, weder in der Nähe der
Wärmequelle, noch in der der Säule, eingeführt werden.
Die Versuchsröhre ist jetzt 4 Fuss 3 Zoll lang; der Hahn C
(Fig. 90) ist mit einem Kautschukbeutel verbunden, der
gewöhnliche Luft enthält und durch ein Gewicht einem

Fig. 90.

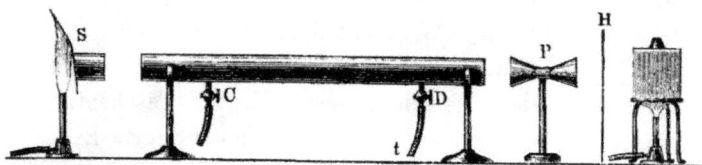

leichten Druck unterworfen ist; bei D ist ein zweiter
Hahn, der durch eine biegsame Röhre t mit der Luftpumpe verbunden ist. Zwischen dem Hahn C und dem

Kautschukbeutel werden unsere Trockenröhren eingeführt, und wenn der Hahn geöffnet ist, wird die Luft
langsam durch die Trockenröhren in den Versuchscylinder eingelassen. An der Luftpumpe wird zu gleicher Zeit
langsam gearbeitet, wodurch die trockne Luft gegen D
hingezogen wird. Die Entfernung von C bis zur Quelle S
beträgt 18 Zoll, und die Entfernung von D von der Säule
P 12 Zoll; der Compensationswürfel C und der Schirm
H dienen zu demselben Zweck wie vorher. Indem wir so
den mittleren Theil der Röhre isoliren, können wir trockne
Luft durch feuchte ersetzen, oder feuchte Luft durch
trockne, ohne dass irgend eine Bewegung weder die Quelle
noch die Säule erreicht.

475. Jetzt ist die Röhre mit gewöhnlicher Luft aus
dem Laboratorium angefüllt und die Nadel des Galvanometers zeigt beständig auf Null. Ich lasse nun Luft
durch den Trockenapparat gehen und in die offene Röhre
bei C eintreten, während, wie schon beschrieben, an der
Pumpe gearbeitet wird. Beobachten Sie die Wirkung.
Wenn die trockne Luft eintritt, fängt die Nadel an sich
zu bewegen und die Richtung ihrer Bewegung zeigt, dass
mehr Wärme als vorher durchgeht. Der Eintritt von
trockner Luft an Stelle der Luft des Laboratoriums hat
die Röhre für die Wärmestrahlen durchlässiger gemacht.
Die letzte so erhaltene Ablenkung ist 45°. Hier bleibt
die Nadel stationär, und über diesen Punkt hinaus kann
sie durch kein weiteres Einziehen von trockner Luft bewegt werden.

476. Wir wollen jetzt den Zutritt der trocknen Luft
abschliessen und aufhören mit der Pumpe zu arbeiten;
die Nadel fällt aber sehr langsam, indem sie eine entsprechend langsame Verbreitung des Wasserdampfes der
äusseren Luft in der trocknen Luft der Röhre angiebt.

Wird mit der Pumpe gearbeitet, so wird die Entfernung
der trocknen Luft beschleunigt, und die Nadel sinkt
schneller; sie zeigt jetzt auf Null. Der Versuch kann
100mal hinter einander gemacht werden, ohne die geringste
Abweichung des Resultats; bei dem Eintritt der trocknen
Luft geht die Nadel unabänderlich auf 45⁰ und zeigt
vermehrte Durchlässigkeit an; bei dem Eintritt der nicht-
getrockneten Luft sinkt die Nadel auf Null Grad und
zeigt vermehrte Absorption an.

477. Aber die Atmosphäre ist heute nicht mit Feuchtigkeit gesättigt; denn wäre sie gesättigt, so könnten wir eine
stärkere Wirkung erwarten. Ich entferne den Trockenapparat und setze an seine Stelle eine U-Röhre voll Glasstückchen, die mit destillirtem Wasser befeuchtet sind.
Durch diese Röhre wird Luft aus dem Kautschukbeutel
gepresst, indem mit der Pumpe wie vorher gearbeitet
wird. Wir ersetzen jetzt die feuchte Luft des Laboratoriums durch noch feuchtere; sehen Sie jetzt die Wirkung.
Die Nadel bewegt sich in einer Richtung, die ihre vermehrte Undurchlässigkeit anzeigt; die letzte Ablenkung
ist 15⁰.

478. Hier haben Sie wesentlich dasselbe Resultat, wie
damals, als wir unsere Röhre mit Steinsalzplatten geschlossen hatten; deshalb kann die Wirkung nicht einem Häutchen von Feuchtigkeit, das auf der Oberfläche der Platten
niedergeschlagen ist, zugeschrieben werden. Und es sei
hier bemerkt, dass nicht die leiseste Laune oder Unbe-
stimmtheit in diesen Versuchen herrscht, wenn sie richtig
gemacht werden. Sie wurden zu verschiedenen Tages- und
Jahreszeiten angestellt; die Röhre ist abgenommen und
wieder zusammengesetzt worden; den Andeutungen berühmter Männer, die die Versuche in der Absicht gesehen
haben, um ihre Resultate zu prüfen, ist Rechnung getragen

worden; es konnte aber keine Abweichung von den mitgetheilten Wirkungen beobachtet werden. Der Eintritt
jeder Art von Luft ist jedes Mal von der ihr eigenthümlichen Wirkung begleitet; die Nadel ist unter der voll-
ständigsten Controle; kurz, kein bis jetzt mit festen oder
flüssigen Körpern gemachtes Experiment ist so sicher
in seiner Ausführung, wie die vorhergehenden Versuche
mit trockner und feuchter Luft.

479. Wir können leicht die Procente der gänzlichen
Ausstrahlung berechnen, die von der gewöhnlichen Luft
zwischen den Punkten C und D absorbirt werden. Wird
dieser zinnerne Schirm zwischen den Versuchscylinder und
die Säule eingeführt, so ist die eine der Wärmequellen
vollständig ausgeschlossen. Die Ablenkung, die von der
anderen Quelle bewirkt wird, zeigt die totale Strahlung an. Diese Ablenkung entspricht ungefähr 780 von
den bisher angenommenen Einheiten; eine Einheit ist die
Wärmemenge, durch welche die Nadel von 0^0 auf 1^0 bewegt wird. Die Ablenkung von 45^0 entspricht 62 Einheiten,
von 780 sind daher 62 in diesem Falle von der feuchten
Luft absorbirt worden. Die folgende Proportion giebt
uns die Absorption in Procenten:

$$780 : 100 = 62 : 7,9.$$

Eine Absorption von fast 8 Procent wurde daher von dem
atmosphärischen Dampfe bewirkt, der die Röhre zwischen
C und D ausfüllte. Vollkommen gesättigte Luft giebt
eine bei weitem grössere Absorption.

480. Diese Absorption fand statt, obgleich die Wärme
schon theilweise auf ihrem Wege von der Quelle nach C
und von D zur Säule gesiebt war. Die feuchte Luft
wurde wahrscheinlich überdies nur zum Theil durch
trockne ersetzt. Bei anderen Versuchen fand ich mit
einer innen polirten Röhre von 4 Fuss Länge, dass der

atmosphärische Dampf an einem Tage von besonderer
Trockenheit über 10 Procent der Ausstrahlung von unserer Quelle absorbirte. Betrachten wir die Erde als eine
Wärmequelle, so werden zum wenigsten 10 Procent
ihrer Wärme innerhalb 10 Fuss von der Oberfläche aufgefangen*). Diese einzige Thatsache macht
uns auf den ungeheuren Einfluss aufmerksam, den die
neuentdeckte Eigenschaft des Wasserdampfes für die Erscheinungen der Meteorologie haben muss.

480a. Wir haben aber noch nicht alle Einwendungen
beseitigt. Man hat mich darauf aufmerksam gemacht,
dass die Luft unseres Laboratoriums unrein sein könne;
man hat auch auf die in der Londoner Luft vertheilten
Kohlentheilchen als eine mögliche Ursache der Absorption des Wasserdampfes hingedeutet. Indess wurden die
Resultate auch erhalten, wenn der Apparat aus dem Laboratorium entfernt worden war; man erhielt sie auch in
diesem Zimmer. Ueberdies wurde Luft in undurchdringlichen Beuteln von folgenden Orten geholt: Hyde Park,
Primrose Hill, Hampstead Heath, Epsom Downs; von
einem Felde bei Newport auf der Insel Wight; St. Ca-
tharine's Down auf der Insel Wight; von der Seeküste
bei Black Gang Chine. Der Wasserdampf der Luft von
allen diesen Localitäten übte, auf die gewöhnliche Weise
untersucht, eine 70mal grössere Absorption aus, als die
Luft, in der der Dampf vertheilt war.

481. Ich experimentirte nun in folgender Weise. Die
Luft des Laboratoriums wurde getrocknet und gereinigt,
bis ihre Absorption unter Eins sank; die gereinigte Luft
wurde dann durch eine U-Röhre geführt, die mit Stücken

---

*) Ich habe alle Ursache zu glauben, dass die Absorption unter ge-
wissen Bedingungen diese Grösse bedeutend übersteigt.

von vollkommen reinem, mit destillirtem Wasser ange-
feuchteten Glase gefüllt war. Die getrocknete Luft
zeigte keine Wirkung, ein Beweis, dass alle störenden
Substanzen aus ihr entfernt worden waren; beim Durchgang durch die U-Röhre konnte sie nichts als reinen
Wasserdampf aufnehmen. Der so in die Versuchsröhre
eingeführte Dampf hatte eine 90mal grössere Wirkung
als die Luft, die ihn mit sich führte.

482. Aber für eine richtige und logische Kritik wird
auch dies noch nicht hinreichen. Die Röhre, mit der
diese Versuche angestellt worden sind, ist innen polirt,
und man könnte vermuthen, dass der Dampf der feuchten
Luft bei seinem Eintritt sich auf der inneren Oberfläche
der Röhre niederschlüge, so ihre reflectirende Kraft verminderte und eine scheinbar gleiche Wirkung wie die
Absorption hervorriefe. Hierauf kann zuerst geantwortet
werden, dass die aufgefangene Wärmemenge der Menge
der vorhandenen Luft proportional ist. Dies wird durch
die folgende Tabelle gezeigt, die die Absorption der
feuchten Luft bei einem Druck von 5 bis 30 Zoll Quecksilber giebt:

Feuchte Luft.

Druck in Zollen.	Absorption	
	beobachtet	berechnet
5	16	. . . 16
10	32	. . . 32
15	49	. . . 48
20	64	. . . 64
25	82	. . . 80
30	98	. . . 96

483. Die dritte Columne dieser Tabelle ist nach der
Annahme berechnet, dass die Absorption der Dampfmenge

in der Röhre proportional sei, und die Uebereinstimmung der berechneten und beobachteten Resultate zeigt, dass dies innerhalb der Grenzen der Beobachtung der Fall ist. Es kann nicht vorausgesetzt werden, dass so regelmässige Wirkungen, wie diese, welche so vollkommen mit den mit kleinen Mengen anderer Dämpfe und selbst mit kleinen Mengen permanenter Gase erhaltenen übereinstimmen, der Verdichtung des Dampfes an der inneren Oberfläche zuzuschreiben sind. Wenn überdies der Druck der Luft in der Röhre 5 Zoll betrug, so war weniger als $1/6$ des Dampfes darin, der erforderlich ist, um den Raum zu sättigen. Selbst am trockensten Tage ist mehr Feuchtigkeit in der Luft. Dass Verdichtung, besonders eine Verdichtung, welche durch ihre Wirkung auf den inneren Reflector Wärmemengen zerstören würde, die den Mengen der eingeführten Materie ganz genau proportional wären, hier auftreten könnte, ist kaum denkbar.

484. Es war indess mein Wunsch, diese wichtige Frage ganz dem Bereich der reinen Reflexion zu entziehen, so folgerichtig sie auch sein mochte. Es wurde daher beschlossen, nicht nur die Salzplatten zu verlassen, sondern auch die Versuchsröhre, und einen Theil der freien Atmosphäre durch einen anderen zu ersetzen. Zu diesem Zwecke wurde die folgende Einrichtung getroffen: C (Fig. 91), ein Würfel voll kochendem Wasser, ist unsere Wärmequelle. Y ist ein hohler aufrecht stehender Messingcylinder, von 3,5 Zoll Weite und 7,5 Zoll Höhe. P ist die thermo-elektrische Säule und C' ein Compensationswürfel. Zwischen C' und P steht ein Regulirungsschirm, um die Wärmemenge zu regeln, die auf die hintere Oberfläche der Säule fällt. Die ganze Einrichtung war von einer Hülle umgeben, deren innerer Raum durch Zinnblätter in Abtheilungen getheilt worden war, die lose

mit Papier oder Rosshaar vollgestopft waren. Diese Vorsichtsmaassregeln, die erst allmählich gefunden wurden,
waren nöthig, um die Bildung von localen Luftströmen
zu verhüten, und um die unregelmässige Wirkung der

Fig. 91.

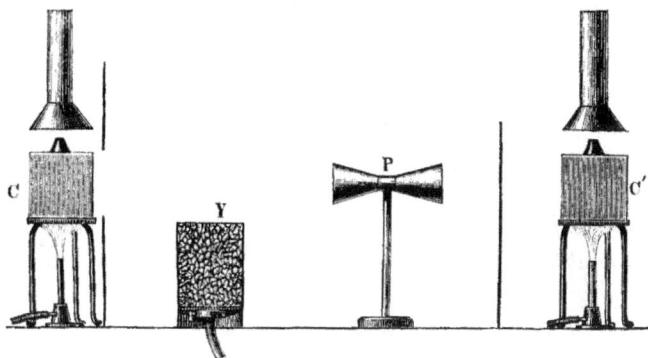

äusseren Luft zu verhindern. Die hier zu messende Wirkung ist sehr klein und daher muss man alle Ursachen
von Störung entfernen, die möglicher Weise ihre Klarheit und Reinheit beeinträchtigen könnten.

485. Ein ringförmiger Brenner r wurde unter das
untere Ende des Cylinders Y gestellt, und von ihm ging
eine Röhre zu einem Kautschukbeutel, der Luft enthielt.
Der Cylinder Y war zuerst mit Stückchen Bergkrystall
angefüllt, die mit destillirtem Wasser befeuchtet worden waren. Unterwarf man den Kautschukbeutel einem
Drucke, so wurde die Luft langsam zwischen die Quarzstückchen gepresst, und nachdem sie sich dort mit Dampf
gesättigt hatte, in den Raum zwischen dem Würfel C
und der Säule getrieben. Vorher stand die Nadel auf
Null; bei dem Austritt der gesättigten Luft aus dem Cylinder bewegte sich aber die Nadel und nahm eine schliess-
liche Ablenkung von 5 Grad an. Die Richtung der Ab-

29*

lenkung zeigte, dass die Undurchlässigkeit des Raumes
zwischen der Quelle *C* und der Säule durch die gesättigte
Luft vermehrt wurde.

486. Die Quarzstückchen wurden jetzt entfernt, und
der Cylinder mit Stückchen von frischem Chlorcalcium
angefüllt, durch die die Luft, gerade wie beim vorigen
Versuche, langsam geführt wurde. Beim Durchgang durch
das Chlorcalcium wurde ihr indess jetzt zum grossen
Theil ihr Wasserdampf entzogen und die so getrocknete
Luft ersetzte die gewöhnliche Luft zwischen der Quelle
und der Säule. Die Nadel bewegte sich bis zu einer
beständigen Ablenkung von 10 Grad; die Richtung der
Ablenkung zeigte, dass die Durchlässigkeit des Raumes
durch das Zwischentreten der trocknen Luft vermehrt
wurde. Wenn man den Eintritt der Luft richtig abmaass,
so konnte der Ausschlag der Nadel auf 15 bis 20 Grad
gesteigert werden. Die Wiederholung zeigte keine Abweichung von diesem Resultate; die gesättigte Luft vermehrte jedes Mal die Undurchlässigkeit, die trockne
Luft die Durchlässigkeit des Raumes zwischen der Quelle
und der Säule. Es sind also nicht nur die Steinsalzplatten verlassen worden, sondern auch die Versuchsröhre
selbst, und die Resultate stimmen alle vollkommen überein, so weit sie die Wirkung von Wasserdampf auf strahlende Wärme betreffen.

486 a. Der ausgezeichnete Meteorologe Ingenieur Oberst
Richard Strachy hat viele merkwürdige Beobachtungen,
die mit diesen Anschauungen übereinstimmen, bekannt
gemacht. Sein Zeugniss ist um so werthvoller, als es
auf Beobachtungen beruht, die lange vorher angestellt
wurden, ehe man etwas von der hier entwickelten Eigenschaft des Wasserdampfes wusste. Ich erwähne nur eine
charakteristische Reihe von Beobachtungen aus seiner

wichtigen Abhandlung in dem Philosophical Magazine (Juli 1866), die zwischen dem 4. und 25. März 1850 angestellt worden waren; in welcher Zeit „der Himmel vollkommen klar blieb, während grosse Veränderungen in der Quantität des Wasserdampfes eintraten." Die erste Zahlenreihe giebt die Spannung des Wasserdampfes an und die zweite das Sinken des Thermometers von $6^h 40^m$ Nachmittags bis $5^h 40^m$ Morgens.

Spannung des Dampfes	Sinken des Thermometers
0,888 Zoll	6,0⁰
0,849 „	7,1
0,805 „	8,3
0,749 „	8,5
0,708 „	10,3
0,659 „	12,6
0,605 „	12,1
0,554 „	13,1
0,435 „	16,5

Das allgemeine Resultat ist hier nicht misszuverstehen. Das Sinken des Thermometers in klaren Nächten, welches die Stärke der Ausstrahlung ausdrückt, wird durch die Menge des durchsichtigen Wasserdampfes in der Luft bestimmt. Das Dasein des Dampfes hindert den Verlust durch Ausstrahlung, während seine Entfernung die Ausstrahlung begünstigt und die nächtliche Kälte fördert.

487. Wir wollen später noch einen anderen gewichtigen Beweis den hier gegebenen beifügen. Ich würde bei diesem Gegenstande nicht so lange verweilen, wenn er nicht so sehr wichtig wäre. Ich hielt es für meine Pflicht, jedem Einwurf entgegen zu treten, damit die Meteorologen ohne die geringste Sorge die Resultate der Versuche verwerthen könnten. Die Anwendungen dieser

Resultate auf ihre Wissenschaft müssen unzählige sein,
und ich kann hier nur bedauern, dass die Unvollständig-
keit meines Wissens mich verhindert, die geeigneten Anwendungen selbst zu machen. Ich möchte indess doch
um Ihre Erlaubniss bitten, einige Punkte zu berühren,
mit denen die soeben festgestellten Thatsachen mehr
oder weniger eng verbunden sind.

488. Zuerst muss bemerkt werden, dass der Dampf,
der so begierig Wärme absorbirt, sie auch reichlich ausstrahlt. Diese Thatsache muss in den Tropen von
grossem Einfluss sein. Wir wissen, dass die Sonne aus
dem äquatorialen Ocean ungeheure Dampfmengen aufzieht, und dass gerade unter ihr, in der Region der
Windstille, der durch die Verdichtung des Dampfes ent-
standene Regen in Strömen sich ergiesst. Man hat dies
bisher der Abkühlung zugeschrieben, die die Ausdehnung
der aufsteigenden Luft begleitet, und gewiss muss dieselbe, als die wahre Ursache, die entsprechende Wirkung
hervorbringen. Die Ausstrahlung des Dampfes selbst
muss aber auch einen Einfluss ausüben. Denken Sie
sich eine Säule von gesättigter Luft, die von dem äquatorialen Ocean aufsteigt; für kurze Zeit ist der in dieser
Luft verbreitete Dampf von fast vollkommen gesättigter
Luft umgeben. Der aufsteigende Dampf strahlt aus, aber
nur gegen den umgebenden Dampf, und für die Ausstrahlung von irgend einem Dampf ist derselbe Dampf,
wie Kirchhoff bewiesen hat, besonders undurchlässig.
Daher wird die Ausstrahlung unserer aufsteigenden Säule
anfangs aufgefangen und zum grossen Theil von dem
umgebenden Dampf zurückgeworfen; es kann unter solchen Umständen keine Verdichtung eintreten. Aber die
Menge des Wasserdampfes in der Luft vermindert sich
schnell, sowie wir in die Höhe steigen. Die Abnahme

seiner Spannung, wie sie durch die Beobachtungen von
Hooker, Strachy und Welsh bewiesen worden ist,
ist viel schneller als die der Luft; und zuletzt ist unsere
Dampfsäule über den schützenden Schirm erhoben, der
während der ersten Zeit ihres Aufsteigens über ihr aus-
gebreitet war. Sie ist jetzt in dem dampfleeren Raume,
und in den Raum strömt sie ihre Wärme aus ohne Hinderniss und ohne Ersatz. Dem erzeugten Wärmeverlust
muss die Verdichtung des Dampfes und sein Niederfallen
in dichten Regenschauern gewiss zum Theil zugeschrieben
werden.

489. Aehnliche Bemerkungen beziehen sich auf die
Bildung von Haufenwolken in unseren Breitegraden; sie
sind die Häupter von Dampfsäulen, die von der Erdoberfläche aufsteigen und verdichtet werden, sowie sie eine
gewisse Höhe erreicht haben. So bildet die sichtbare
Wolke das Kapitäl einer unsichtbaren Säule von dampf-
erfüllter Luft. Sicher muss der Gipfel einer solchen Säule,
wenn er über den niederen Dampfschirm, der die Erde
umschliesst, emporragt und sich frei dem Raum darbietet,
durch die Ausstrahlung abgekühlt werden; in dieser Wirkung allein haben wir die physikalische Ursache für die
Bildung der Wolken.

490. Die Berge wirken wie Condensatoren, zum Theil,
ohne Zweifel, durch die Kälte ihrer eigenen Massen;
diese Kälte verdanken sie ihrer Erhebung. Ueber ihnen
breitet sich kein Dampfschirm von genügender Dichtigkeit aus, um ihre Wärme aufzufangen, die daher ohne
Ersatz in den Raum ausströmt. Wenn die Sonne fort ist,
zeigt sich dieser Verlust durch das schnelle Sinken des
Thermometers. Dieses Sinken ist nicht der Ausstrahlung der Luft, sondern der Ausstrahlung der Erde oder
des Thermometers selbst zuzuschreiben. So muss der

Unterschied zwischen einem Thermometer, das, gut ver-
wahrt, die richtige Temperatur der Nachtluft angiebt,
und zwischen einem, frei gegen den Raum ausstrahlenden, grösser auf hohen als auf niederen Erhebun-
gen sein. Dieser Schluss wird durch die Beobachtung
vollkommen bestätigt. Auf dem Grand Plateau des Mont
Blanc haben z. B. die Herren Martins und Bravais
den Unterschied zwischen zwei solchen Thermometern
gleich 13,3⁰ C. gefunden, während nur ein Unterschied
von 5,6⁰ in Chamouni beobachtet wurde.

491. Die Berge wirken aber auch als Condensatoren
durch die Ablenkung der feuchten Winde nach oben und
die darauf folgende Ausdehnung der Luft. Die so hervorgebrachte Abkühlung ist dieselbe, die die directe Erhebung
einer Säule von warmer Luft in der Atmosphäre begleitet; die aufgestiegene Luft vollbringt Arbeit, und ihre
Wärme wird dem entsprechend verzehrt. Zu diesen Ursachen müssen wir noch die ausstrahlende Kraft der so
aufwärts steigenden feuchten Luft mit in Betracht ziehen. Sie wird dadurch über den Schutz der wässerigen
Schicht hinausgehoben, die dicht über der Erde liegt,
strömt daher ihre Wärme frei in den Raum aus und
bewirkt so ihre eigene Verdichtung. Ich denke, es
kann kein Zweifel darüber walten, dass die ausserordentliche Ausstrahlungskraft des Wassers in allen seinen
Aggregatzuständen eine grosse Rolle in den Bergregionen
spielen muss. Es strahlt als Dampf seine Wärme in den
Raum und befördert die Verdichtung; als Flüssigkeit
strahlt es seine Wärme in den Raum und befördert das
Gefrieren; als Schnee strahlt es seine Wärme in den
Raum und verwandelt so die Oberflächen, auf die es fällt,
in bei weitem kräftigere Condensatoren, als sie sonst gewesen wären. Von den vielen wunderbaren Eigenschaften

des Wassers ist seine ausserordentliche Fähigkeit, Wärmebewegung dem Aether im Weltenraum mitzutheilen, nicht
die unwichtigste.

492. Ueberhaupt würde die Wärme von der Erdoberfläche ähnlich wie von den Dampfmassen in grossen Höhen leicht entweichen können, wäre der Wasserdampf aus der Luft über der Erde entfernt. Die Atmosphäre verhält sich in der That bei der Durchlassung
der strahlenden Wärme wie ein Vacuum. Entfernt sich
die Sonne von irgend einer Region, über der die Atmosphäre trocken ist, so muss schnell ein Gefrieren folgen.
Durch die Wirkung dieser einzigen Ursache wird der
Mond für Wesen gleich uns vollkommen unbewohnbar
gemacht; der Unterschied zwischen seinem monatlichen
Maximum und Minimum muss bei einer Ausstrahlung,
die durch keinen Wasserdampf gehindert wird, ungemein
gross sein. Der Winter in Thibet ist aus demselben
Grunde fast unerträglich. Sehen Sie, wie die isothermi-
schen Linien vom Norden aus im Winter nach Asien sich
hinabbiegen, ein Beweis für die niedere Temperatur
dieser Region. Humboldt hat die erkältende Kraft der
centralen Theile dieses Continents hervorgehoben und
der Ansicht widersprochen, dass dieselbe durch ihre
Erhebung zu erklären sei, da grosse Landstriche nicht
sehr hoch über der Meeresfläche lägen und doch eine
sehr niedrige Temperatur hätten. Da aber Humboldt
den Einfluss nicht kannte, den wir jetzt betrachten, so
vernachlässigte er, wie ich glaube, die wichtigste Ursache
der Kälte. Die Abkühlung bei Nacht ist ausserordentlich
gross, wenn die Luft trocken ist. Die Entfernung der
Wasserdämpfe aus der Atmosphäre über England würde
schon in einer einzigen Sommernacht von der Vernichtung aller Pflanzen begleitet sein, die die Gefriertempe-

ratur tödtet. In der Sahara, wo „der Boden Feuer und
der Wind Flamme ist", ist die Abkühlung Nachts oft
schwer zu ertragen. Es bildet sich sogar Eis über Nacht
in dieser Gegend. Auch in Australien ist der tägliche
Wechsel der Temperatur sehr gross, er steigt gewöhnlich
auf 40 und 50 Grad. Kurz, es kann mit Sicherheit vorher gesagt werden, dass überall da, wo die Luft trocken
ist, der tägliche Temperaturwechsel gross sein wird.
Dies heisst jedoch ganz etwas anderes, als wenn ich
sagte, der Temperaturwechsel wird dort gross sein, wo
die Luft klar ist. Grosse Klarheit für das Licht ist
vollkommen verträglich mit grosser Undurchlässigkeit
für Wärme; die Atmosphäre kann mit Wasserdampf
erfüllt sein, während ein tiefblauer Himmel sich über uns
wölbt, und in solchen Fällen würde die Erdausstrahlung,
trotz der „Klarheit", aufgefangen werden.

493. Und hier kommen wir leicht zu der Erklärung
einer Thatsache, die Sir John Leslie augenscheinlich ver-
wirrte. Dieser berühmte Gelehrte construirte ein Instrument, das er Aethrioskop nannte, und das dazu dienen
sollte, die Ausstrahlung gegen den Himmel zu bestimmen.
Es bestand aus zwei Glaskugeln, die durch eine senkrechte, so enge Glasröhre verbunden waren, dass eine
kleine Flüssigkeitssäule in der Röhre durch ihre eigene
Adhäsion getragen wurde. Die untere Kugel D (Fig. 92)
wurde durch eine metallische Umhüllung geschützt und
nahm die Temperatur der Luft an; die obere Kugel B
war geschwärzt und von einer Metallschale C umgeben,
die die Kugel gegen die Erdausstrahlung schützte.

494. „Dieses Instrument," sagt der Erfinder, „wird,
wenn es bei klarem Wetter der freien Luft ausgesetzt
wird, zu allen Zeiten, bei Tag und Nacht, die Wirkung
der von den höheren Regionen niedergesendeten Kälte

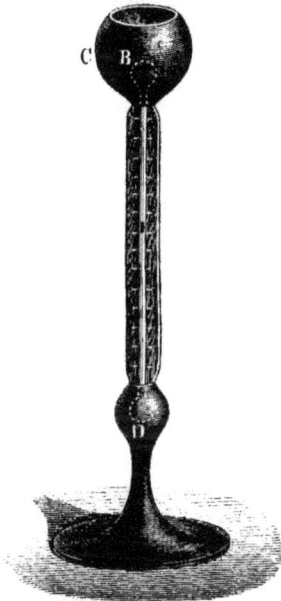

angeben … Die Empfindlichkeit dieses Instruments ist
sehr überraschend, denn die Flüssigkeit steigt und fällt
augenblicklich bei jeder vor-
beiziehenden Wolke. Die Ursache der Veränderungen erscheint aber nicht jedes Mal
so klar. Das Aethrioskop
zeigt bisweilen bei schönem
blauen Himmel eine Kälte von
$^{50}/_{1000}$ Grad an; und doch ist
an anderen Tagen, wenn die
Luft gleich klar erscheint,
die Wirkung kaum $^{30}/_{1000}$ Grad.“
Diese Anomalie ist einfach dem
Unterschiede des Wasserdampfes in der Atmosphäre zuzuschreiben. In der That fasst
Leslie selbst die Wirkung des
Wasserdampfes in diesen Worten zusammen: „Der Druck
der hygrometrischen Feuchtigkeit in der Luft afficirt wahr-
scheinlich das Instrument.“ Es ist indess nicht der
„Druck“ *), der wirksam ist; das Dasein von unsichtbarem
Dampf unterbrach die Ausstrahlung vom Aethrioskop,
während dasselbe bei seiner Abwesenheit seine Ausstrahlung frei in den Raum entsenden konnte. In Betreff der
Versuche über Erdausstrahlung muss eine neue Bestimmung für „einen klaren Tag“ gegeben werden; es steht
z. B. fest, dass bei den Versuchen mit dem Pyrhelio-

*) Möglicherweise ist das Wort „Druck“ (pressure) ein Druckfehler
für „Gegenwart“ (presence).

Fig. 92.

meter *) zwei Tage von scheinbar gleicher Klarheit ganz
verschiedene Resultate geben können.   Wir wissen auch,
dass die Ausstrahlung dieses Instruments oft aufgefangen
wird, wenn auch keine Wolke zu sehen ist. Könnten wir
indess die Bestandtheile der Atmosphäre, den Dampf
mit eingeschlossen, sichtbar machen, so würden wir den
Grund für dieses Resultat schon sehen können.

495. Ein anderer interessanter Punkt, der zu diesem
Gegenstande in naher Beziehung steht, ist die Theorie des
Regens ohne Wolken. „Viele Schriftsteller," schreibt Melloni, „schreiben der Kälte, die von der Ausstrahlung der
Erde herkommt, den ausserordentlich feinen Regen zu,
der öfter bei klarem Himmel in der schönen Jahreszeit
kurz nach Sonnenuntergang fällt." — „Aber," fährt er
fort, „da noch kein sicherer Beweis für die ausstrahlende
Kraft reiner und durchsichtiger elastischer Flüssigkeiten **)
bekannt ist, so scheint es mit entsprechender," etc. etc.
Wenn die hier angeführte Schwierigkeit bei der Theorie
des Regens ohne Wolken die einzige wäre, so würde die
Theorie bestehen bleiben, denn es ist jetzt bewiesen, dass
durchsichtige, elastische Flüssigkeiten in der That die
Kraft der Ausstrahlung besitzen, die die Theorie annimmt.
Es ist indess nicht der Ausstrahlung der Luft allein die
Abkühlung zuzuschreiben, sondern auch der Ausstrahlung
des Körpers selbst, dessen Verdichtung den Regen ohne
Wolken hervorbringt.

496. Lassen Sie mich noch hinzufügen, dass, so weit
ich bis jetzt urtheilen kann, Wasserdampf und flüssiges
Wasser dieselbe Art von Strahlen absorbiren; es ist dies

---

*) Siehe Kapitel XIII.

**) Diese Behauptung bezeichnet den Standpunkt der Wärmelehre in
Betreff der gasförmigen Körper bei Beginn der vorliegenden Versuche.

eine andere Form für die Behauptung, dass die Farbe des reinen Wassers auch seinem Dampf zukommt. In Folge der Anwesenheit des Wasserdampfes ist daher die Atmosphäre ein blaues Medium. Es ist schon bemerkt worden, dass das Blau des Firmaments, ebenso wie die Farbe von entfernten Hügeln, mit der Menge des Wasserdampfs in der Luft dunkler wird; aber die Substanz, die eine Veränderung in der Tiefe der Farbe hervorbringt, muss auch selbst als eine Quelle von Farbe wirken. Ob das Blau des Himmels — die schwierigste Frage der Meteorologie — so zu erklären ist, das will ich jetzt nicht zu erforschen suchen*).

----

*) Bei Gelegenheit meiner Untersuchungen über die Ausstrahlung und Absorption der Wärme durch Gase und Dämpfe freut es mich, der schnellen und intelligenten Hülfe erwähnen zu können, die mir Herr Becker, von der Firma Elliott's, West Strand, leistete. Herr Becker kennt die für diese Versuche nöthigen Apparate sehr genau.

Das Bedenken, von meinem Gegenstand zu weit abgeführt zu werden, veranlasst mich, alle Betrachtungen über die Ursache der atmosphärischen Polarisation bei Seite zu lassen. Ich will indess bemerken, dass die Polarisation der Wärme mit Hülfe der Glimmersäulen nachgewiesen wurde, mit denen es zuerst Herrn Professor (jetzt Principal) J. D. Forbes gelang, das Factum der Polarisation festzustellen. (T.)

Die bedeutende Absorptionskraft des Wasserdampfes für strahlende Wärme, welche Herr Tyndall aus seinen Versuchen gefolgert hat, ist von Herrn Magnus durch eine Reihe von experimentellen Untersuchungen in Zweifel gezogen worden. Die Discussion über diesen schwierigen Gegenstand scheint auch jetzt noch nicht ihr Ende erreicht zu haben; es dürfte deshalb an diesem Orte genügen, nur auf die betreffende Literatur zu verweisen. Der Inhalt eines Theiles der unten erwähnten Aufsätze des Herrn Tyndall ist schon recht vollständig in dem vorliegenden Werke wiedergegeben.

Magnus, Verbreitung der Wärme in den Gasen. Poggendorff's Annalen Bd. CXII, S. 497. 1861*.

Tyndall, On the Absorption and Radiation of Heath by Gases and Vapours. Philos. Transactions. 1861. Phil. Mag. Vol. XXII, p. 169. 273. 1861*. Pogg. Annal. Bd. CXII, S. 1*.

462 Wärme als Art der Bewegung.

Tyndall, Remarks on Radiation and Absorption. Phil. Mag. Vol. XXII, p. 377. 1861*. Pogg. Annal. Bd. CXIV, S. 632.

Magnus, Ueber den Durchgang der strahlenden Wärme durch Luft und die hygroskopischen Eigenschaften des Steinsalzes. Pogg. Annal. Bd. CXIV, S. 635. 1861*.

Tyndall, Remarks on Recent Researches on Radiant Heat. Phil. Mag. Vol. XXIII, p. 252. 1862*.

Tyndall, On the Absorption and Radiation of Heat by Gaseous Matter. Philos. Transactions, 1862, pt. I. Phil. Mag. Vol. XXIV, p. 270. 337. 422. 1862*. Pogg. Annal. Bd. CXVI, S. 1. 289*.

Tyndall, On Radiation through the Earth's Atmosphere. Phil. Mag. Vol. XXV, p. 200. 1863*.

Magnus, Ueber die Diathermansie trockner und feuchter Luft. Pogg. Annal. Bd. CXVIII, S. 575. 1863*.

Tyndall, On the Relation of Radiant Heat to Aqueous Vapour. Philos. Transactions, 1863, pt. I; Phil. Mag. Vol. XXVI, p. 30. 1863*.

Tyndall, On the Passage of Radiant Heat through Dry and Humid Air. Phil. Mag. Vol. XXVI, p. 44. 1863*.

Magnus, Ueber die Verdichtung von Dämpfen an der Oberfläche fester Körper. Pogg. Annal. Bd. CXXI, S. 174. 1864*.

Magnus, Ueber den Einfluss der Condensation bei Versuchen über Diathermansie. Pogg. Annal. Bd. CXXI, S. 186. 1864*.

Frankland, Ueber die physikalische Ursache der Eiszeit. Pogg. Annal. Bd. CXXIII, S. 418. 1864* (Anmerkung auf S. 425; für Tyndall's Ansicht).

Magnus, Ueber den Einfluss der Absorption der Wärme auf die Bildung des Thaus. Pogg. Annal. Bd. CXXVII, S. 613. 1866*.

Tyndall, Remarks on the Paper of Professor Magnus. Phil. Mag. Vol. XXXII, p. 118. 1866.

Wild, Ueber die Absorption der strahlenden Wärme durch trockne und durch feuchte Luft. Pogg. Annal. Bd. CXXIX, S. 57. 1866* (für Tyndall's Ansicht).

Magnus, Ueber den Einfluss der Vaporhäsion bei Versuchen über Absorption der Wärme. Pogg. Annal. Bd. CXXX, S. 207. 1867*.

G. Wiedemann.

Anhang zum elften Kapitel.

„Es erhielt niemals Jemand einen Begriff von einer Linie
nach der Definition, die Euclid von ihr gab — Länge ohne
Breite“. Der Begriff wird durch eine wirkliche, physikalische
Linie erhalten, die durch eine Feder oder einen Bleistift gezogen worden ist und daher Breite hat; dieser Begriff ist
nachher durch einen Process der Abstraction mehr mit den
Bedingungen der Definition in Uebereinstimmung gebracht
worden. Ebenso verhielt es sich mit den physikalischen Erscheinungen; wir müssen uns zu dem Begriff des Unsichtbaren
durch geeignete Bilder verhelfen, die dem Sichtbaren entnommen sind, und nachher unsere Begriffe läutern, so weit es
nöthig ist. Bestimmtheit der Begriffe, selbst bei einiger Auf-
opferung der Feinheit, ist vom grössten Nutzen, wenn man
mit physikalischen Erscheinungen zu thun hat. Man könnte
in der That fragen, ob ein in physikalischen Untersuchungen
geübter Forscher sich je zufrieden geben könnte, wenn er
nicht irgend einen Weg gefunden hat, um die Erscheinungen
zu begreifen, die jenseits der Grenzen der Sinne liegen, und
von denen doch die sämmtlichen Erscheinungen ausgehen.

„Wenn wir von der Strahlung durch die Atmosphäre
sprechen, so sollten wir im Stande sein, bestimmte physikalische Begriffe, sowohl mit dem Ausdruck Atmosphäre, als mit
dem Ausdruck Strahlung zu verbinden. Es ist bekannt, dass
unsere Atmosphäre hauptsächlich aus zwei Elementen zusam-

mengesetzt ist, aus Sauerstoff und Stickstoff. Ihre elementaren Atome kann man sich als kleine Kugeln denken, die dicht im Raum verstreut sind, der unsere Erde unmittelbar umgiebt. Sie bilden ungefähr $99^1/_2$ Procent unserer Atmosphäre. Mit diesen Atomen gemischt haben wir andere von vollkommen verschiedenem Charakter; wir haben die Moleküle oder Atomgruppen von Kohlensäure, von Ammoniak und von Wasserdampf. In diesen Substanzen haben sich verschiedene Atome verbunden, die kleine Systeme von Atomen bilden. Das Molekül des Wasserdampfs besteht z. B. aus zwei Atomen Wasserstoff, die mit einem Atom Sauerstoff verbunden sind, und sie mischen sich wie kleine Triaden zwischen die Monaden des Sauerstoffs und Stickstoffs, die die grosse Masse der Atmosphäre bilden.

„Diese Atome und Moleküle sind von einander getrennt, aber von einem gemeinsamen Medium umgeben. Es giebt in unserer Atmosphäre eine zweite und feinere Atmosphäre, in der die Atome von Sauerstoff und Stickstoff wie schwebende Körner hängen. Diese feinere Atmosphäre verbindet nicht nur Atom mit Atom, sondern auch Stern mit Stern, und das Licht aller Sonnen und aller Sterne ist eigentlich nur eine Art Musik, die durch diese zwischenweltliche Luft fortgepflanzt wird. Wenn Sie das Bild klar begriffen haben, können wir einen Schritt weiter gehen. Wir müssen uns unsere Atome nicht nur im Medium schwebend, sondern auch darin schwingend denken. Aus dieser Bewegung der Atome besteht das, was wir ihre Wärme nennen. „Was in uns Wärme ist,“ ist, wie Locke es vortrefflich ausgedrückt hat, „im erwärmten Körper nichts als Bewegung.“ Wir müssen uns nun diese Bewegung dem Medium mitgetheilt denken, in dem die Atome schwingen, und uns vorstellen, dass sie sich in Kräuselungen durch dasselbe mit unglaublicher Geschwindigkeit bis an die Grenzen des Raumes fortpflanzt. Die Bewegung, welche in dieser Weise nicht mit gewöhnlicher Materie verbunden ist, sondern durch das zwischenweltliche Medium eilt, erhält den Namen strahlende Wärme, und wenn sie fähig ist, die Nerven des Auges zu erregen, nennen wir sie Licht.

„Es wurde gezeigt, dass Wasserdampf unsichtbares Gas ist.

Man liess Dampf mit grosser Gewalt horizontal aus einer Röhre ausströmen, die mit einem kleinen Kessel verbunden war. Die Spur der Wolke des verdichteten Stromes war hell vom elektrischen Licht beleuchtet. Was gesehen wurde, war indess nicht Dampf, sondern zu Wasser verdichteter Dampf. Jenseits des sichtbaren Endes des Strahles löste sich die Wolke wieder in rechten Dampf auf. Eine Lampe wurde an verschiedenen Punkten unter den Strahl gestellt; die Wolke war an einem Punkte scharf abgeschnitten, und wenn die Flamme nahe an die Ausflussöffnung gestellt wurde, verschwand die Wolke gänzlich. Die Wärme der Lampe verhinderte den Niederschlag vollständig. Dieser selbe Dampf wurde verdichtet und erstarrte auf der Oberfläche eines Gefässes, das eine Kältemischung enthielt, zu Eis, welches sodann in genügenden Mengen abgekratzt wurde, um einen kleinen Schneeball zu machen. Ueberdies wurde der Strahl der elektrischen Lampe durch einen grossen Recipienten geleitet, der auf einer Luftpumpe stand. Ein einziger Zug mit der Pumpe bewirkte den Niederschlag des im Inneren befindlichen Wasserdampfes, der durch den Strahl schön beleuchtet wurde, während auf einem dahinter stehenden Schirm ein reich gefärbter Hof in Folge der Beugung des Lichtes durch die kleine Wolke im Recipienten hervorstrahlte.

„Die Wärmewellen eilen von unserer Erde durch die Atmosphäre nach dem Weltenraum. Diese Wellen stossen auf ihrem Wege gegen die Atome des Sauerstoffs und Stickstoffs und gegen die Moleküle des Wasserdampfs. Wir könnten kaum glauben, dass, so dünn zerstreut, wie diese letzteren sind, sie dennoch als Schranken gegen die Wärmewellen dienen. Wir könnten glauben, dass die grossen Zwischenräume zwischen den Dampfmolekülen eine offene Thür für den Durchgang der Wellen bildeten, und dass, wenn diese Wellen überhaupt aufgefangen würden, es durch die Substanzen geschehen müsste, die $99\frac{1}{2}$ Procent unserer Atmosphäre bilden. Vor drei oder vier Jahren fand indess der Redner, dass diese kleine Menge Wasserdampf eine 15mal grössere Wärmemenge auffing, als von der ganzen Luft, in der er vertheilt war, aufgehalten wurde. Nachher wurde beobachtet, dass die trockne Luft, mit der die Versuche

gemacht worden waren, nicht ganz rein war, und dass, je
reiner die Luft wurde, sie sich desto mehr dem Charakter
des Vacuums näherte, und dass die Wirkung des Wasser
dampfes, im Vergleich, desto grösser wurde. Es fand sich,
dass der Dampf mit 30, 40, 50, 60, 70 mal grösserer Kraft
wirkte, als die Luft, in der er vertheilt war, und es konnte
kein Zweifel obwalten, dass der Wasserdampf der Luft, die
das Auditorium der Royal Institution während dieses Vor-
trages erfüllte, 90 oder 100 mal mehr strahlende Wärme
absorbirte, als die Hauptmasse der Luft im Zimmer. Betrachten wir die einzelnen Atome, so ist immer ungefähr
1 Wasserdampfatom für je 200 Atome Sauerstoff und Stickstoff
vorhanden. Dieses eine Atom wirkt 80 mal stärker als die
200; und daher können wir schliessen, wenn wir ein einziges
Atom Sauerstoff oder Stickstoff mit einem einzigen Atom
Wasserdampf vergleichen, dass die Wirkung des letzteren
16,000 mal so gross als die des ersteren ist.

„Es kann kein Zweifel über die ausserordentliche Undurchlässigkeit dieser Substanz für Strahlen von dunkler Wärme
obwalten; besonders für solche Strahlen, die von der Erde
ausgegeben werden, nachdem sie von der Sonne erwärmt worden ist. Der Wasserdampf ist eine Decke, die dem Pflanzenleben
Englands nothwendiger ist, als die Kleidung dem Menschen.
Nehmen Sie für eine einzige Sommernacht den Wasserdampf
der Luft, der sich über dieses Land ausbreitet, fort, so würden Sie sicher jede Pflanze zerstören, die durch eine Gefrier-
temperatur zerstört werden kann. Die Wärme unserer Felder
und Gärten würde unersetzt in den Raum ausströmen und die
Sonne würde über einer Insel aufgehen, die fest in dem eiser-
nen Griff des Frostes gehalten wird. Der Wasserdampf bildet
einen localen Damm, durch den die Temperatur auf der Erdoberfläche vermehrt wird; zuletzt wird der Damm aber doch
überströmt und wir geben dem Weltenraum Alles, was wir
von der Sonne empfangen haben.

Die Sonne zieht die Dämpfe des äquatorialen Oceans em-
por; sie steigen auf, für eine Zeit lang breitet sich aber ein
Dampfschirm über und um sie aus. Je höher sie aber steigen,
desto mehr nähern sie sich dem reinen leeren Raum; und

wenn sie, vermöge ihrer Leichtigkeit, durch den Dampfschirm
gedrungen sind, der dicht über der Erdoberfläche liegt, was
geschieht dann?

Wir haben gesagt, dass wenn man Atom mit Atom vergleicht,
die Absorption eines Atoms Wasserdampf 16,000 mal so gross
als die der Luft sei. Nun sind die Kräfte der Absorption und
Ausstrahlung einander vollkommen entsprechend und proportional. Daher wird ein Atom Wasserdampf mit einer 16,000 mal
grösseren Kraft ausstrahlen, als ein Luftatom. Denken Sie sich
nun diesen mächtigen Strahler im Weltenraum, ohne einen
Schirm über sich, der seine Ausstrahlung hemmen kann. Er
strömt seine Wärme in den Raum aus, kühlt sich ab, verdichtet sich und die tropischen Regengüsse sind die Folge dieses
Processes. Ohne Zweifel kühlt ihn auch die Ausdehnung der
Luft ab; wenn aber von Sündfluthen die Rede ist, so muss die
Abkühlung des Dampfes durch seine eigene Ausstrahlung eine
sehr grosse Rolle spielen. Der Regen verlässt als Dampf den
Ocean, und kehrt als Wasser zu ihm zurück. Was ist aus
den grossen Wärmevorräthen geworden, die durch den Uebergang vom Dampf zum flüssigen Zustande frei geworden sind?
Sie sind ohne Zweifel durch Ausstrahlung zum grossen Theil
im Raum verschleudert. Aehnliche Bemerkungen beziehen
sich auf die Haufenwolken unserer Breitegrade. Die erwärmte
Luft, von Dampf erfüllt, steigt in Säulen auf, so dass sie den
Dampfschirm durchdringt, der die Erde umschliesst; im Weltenraum verliert der Gipfel jeder Säule seine Wärme durch
Strahlung und verdichtet sich zu einer Haufenwolke, die das
sichtbare Capitäl einer unsichtbaren Säule von gesättigter Luft
bildet.

Zahllose andere meteorologische Erscheinungen finden ihre
Lösung in der Bezugnahme auf die strahlenden und absorbirenden Eigenschaften des Wasserdampfs.

Die strahlende Kraft des Dampfes ist seiner absorbirenden
Kraft proportional. Versuche über die dynamische Ausstrahlung von getrockneter und ungetrockneter Luft beweisen den
Vorrang der letzteren als Ausstrahler. Der folgende Versuch,
der von Dr. Frankland im Hörsaal der Royal Institution
gemacht wurde, zeigte die Wirkung einer grossen Versamm-

lung. Eine Kohlenpfanne von **14** Zoll Höhe und **6** Zoll
Durchmesser wurde in einer Entfernung von 2 Fuss vor
die thermo-elektrische Säule gestellt. Die Ausstrahlung der
Kohlenpfanne selbst wurde von einem Metallschirm aufgefangen.
Die Ablenkung, die der Ausstrahlung der aufsteigenden Säule
von heisser Kohlensäure zuzuschreiben war, wurde vorsichtig
durch eine beständige Wärmequelle neutralisirt, die gegen die
entgegengesetzte Fläche der Thermosäule strahlte. Ein Strom
von Dampf wurde senkrecht durch die Kohlenpfanne gepresst.
Die Ablenkung des Galvanometers erfolgte schnell und stark.
Wurde der Dampfstrom unterbrochen, so kehrte die Nadel
auf Null zurück. Wenn statt des Dampfstroms ein Luftstrom
durch die Kohlenpfanne gepresst wurde, so zeigte die geringe
Wirkung, dass die Säule abgekühlt, und nicht erwärmt worden
war. Dr. Frankland verglich bei diesem Versuche Wasserdampf nicht mit Luft, sondern mit der bei weitem stärker
wirkenden Kohlensäure, und bewies die Ueberlegenheit des
Dampfes als Ausstrahler *).

Die folgende merkwürdige Stelle aus Hooker's „Himala-
yan Journals" erste Ausgabe Vol. II, p. 407, bezieht sich auch
auf diesen Gegenstand: „Aus einer Menge flüchtiger Beobachtungen schliesse ich, dass bei 7400 Fuss Höhe 52⁰ C. oder eine
Temperaturerhöhung von 37,2⁰ C. über die Lufttemperatur
die mittlere Wirkung der Sonnenstrahlen auf ein Thermometer mit geschwärzter Kugel ist . . . Diese Resultate, obgleich
sie die in Calcutta erhaltenen weit übertreffen, sind nicht viel,
wenn überhaupt grösser, als die auf den Ebenen Indiens beobachteten. Die Wirkung wird durch die Höhe bedeutend vermehrt. Ich sah bei 10,000 Fuss Höhe im December um 9 Uhr
Morgens das Quecksilber auf 55,5⁰C. steigen, während die
Temperatur des dicht daneben liegenden beschatteten Schnees
— 5,6⁰ C. war. Bei 13,000 Fuss Höhe stand es im Januar um
9 Uhr Morgens auf 36,7⁰ C., also 37,9⁰ C., und um 10 Uhr
Morgens auf 45,6⁰ C., also 45,2⁰ C. über dem beschatteten
Thermometer, während das ausstrahlende Thermometer auf
dem Schnee bei Sonnenaufgang auf — 18,2⁰ gefallen war.

---

*) Phil. Mag. Vol. XXVII, p. 326.

Diese grossen Unterschiede zwischen der beschatteten und der unbeschatteten Luft und zwischen der Luft und dem Schnee sind ohne Zweifel der geringen Menge von Wasserdampf auf dieser Höhe zuzuschreiben. Die Luft ist unfähig, die Strahlung der Sonne oder Erde zu hemmen, und darum muss der Abstand zwischen dem Maximum der Wärme in der Sonne und dem Maximum der Kälte im Schatten sehr gross sein. Der gleiche Grund erklärt den Unterschied zwischen Calcutta und den Ebenen Indiens.

Dr. Livingstone hat in seinen „Reisen in Südafrika" merkwürdige Beispiele des Unterschiedes der nächtlichen Abkühlung bei trockner oder mit Feuchtigkeit beladener Luft angegeben. So findet er im südlichen Mittelafrika während des Juni das Thermometer Morgens auf 5,6°C. bis 11,1°C.; um Mittag auf 34,4°C. bis 35,6°C., also einen mittleren Unterschied von 26,6°C. zwischen Sonnenaufgang und Mittag. Der Abstand wäre wahrscheinlich noch grösser gewesen, hätte er das Thermometer nicht in dem Schatten seines Zelts aufgehängt, das unter dem dicksten Baum aufgeschlagen worden war, den er hatte finden können. Er fügt überdies hinzu, „das Gefühl der Kälte nach der Wärme des Tages war empfindlich. Die Balonda verlassen in dieser Jahreszeit vor 9 oder 10 Uhr Morgens ihre Feuer nicht. Da die Kälte hier so empfindlich war, hatte es wahrscheinlich in Linyanti gefroren; ich fürchtete daher, meine jungen Bäume dort der Gefahr auszusetzen" [*]).

Dr. Livingstone reiste nachher durch den Continent und erreichte am Anfang des Jahres den Fluss Zambesi. Hier waren die Temperaturabstände von 26,6 auf 6,6° zurückgegangen. Er beschrieb die Veränderung, die er beim Eintritt in das Thal des Flusses empfand, folgendermaassen: „Wir wurden durch die Thatsache überrascht, dass, sobald wir zwischen die Bergkette kamen, die den Zambesi begleitet, die Regen warm wurden. Bei Sonnenaufgang stand das Thermometer zwischen 27,8 und 30°; zu Mittag, im kühlsten Schatten in meinem kleinen Zelt unter einem schattigen Baume, zwischen 35,6 bis 36,7°, und bei Sonnenuntergang auf 30°.

---

[*]) Livingstone's Travels, p. 484.

Dieses Resultat weicht von allen unseren Beobachtungen im Innern ab" *).

Am 16. Januar, als sie nach der Mündung des Flusses weiter gingen, machte er folgende weitere Beobachtung: „Der Zambesi ist hier (bei Zumbo) sehr breit, bildet aber viele bewohnte Inseln. Wir schliefen am 16. einer gegenüber, Shibanga genannt. Die Nächte waren warm, da die Temperatur nie unter 26,7⁰ sank; bei Sonnenuntergang war sie sogar 32,8⁰. Man kann das Wasser nicht einmal durch ein nasses Tuch um das Gefäss abkühlen . . . **)".

In Mittelaustralien sind die täglichen Temperaturwechsel noch grösser. Der folgende Auszug ist aus einer Abhandlung von Mr. W. S. Jevons, „Ueber einige Data in Bezug auf das Klima von Australien und Neuseeland: . . . ." „Im Inneren des Continents von Australien steigen die Schwankungen der Temperatur ungemein. Die Wärme der Luft, wie sie Capitain Sturt beschreibt, ist während des Sommers erschrecklich; so schreibt er unter 30⁰ 50' südl. Breite und 141⁰ 18' östliche Länge: „Das Thermometer stieg täglich bis 44,4 oder 46,6⁰ im Schatten, während es unter den directen Strahlen der Sonne auf 60 bis 65,4⁰ stieg." Und an einem anderen Orte „um ein Viertel nach drei Uhr Nachmittags, am 21. Januar (1845) war das Thermometer auf 55⁰ im Schatten und auf 67,8⁰ unter den directen Strahlen der Sonne gestiegen,…" Im Winter wurde ein niedriger Thermometerstand von — 4,4 beobachtet, was Abstände von 59,4⁰ giebt.

Die Schwankungen der Temperatur waren oft sehr stark und plötzlich und wurden schwer empfunden. Bei einer Gelegenheit (25. Oktober) stieg die Temperatur während des Tages auf 43,3⁰, da aber ein Wind eintrat, so fiel sie bis zum folgenden Sonnenaufgang auf 3,3⁰; so schwankte sie um 40⁰ in weniger als 24 Stunden . . . Mitchell hatte auf seiner letzten Reise in das nordwestliche Innere sehr kalte, eisige Nächte. Am 22. Mai stand das Thermometer auf — 11,1⁰ in

---

*) Livingstone's Travels, p. 575.

**) Ebendaselbst p. 589.

der freien Luft . . . doch war über Tag die Luft warm und
die täglichen Temperaturwechsel ungeheuer. So stieg am 2.
Juni das Thermometer von — 11,6° bei Sonnenaufgang auf
19,4° bis vier Uhr Nachmittags, oder ging durch einen Abstand
von 31°. Am 12. Juni war der Abstand 29,4° und an vielen
anderen Tagen fast eben so gross.

Selbst in Sydney sind die mittleren täglichen Temperaturwechsel 11,7°, während sie in Greenwich nur 9,4° betragen.
„So scheint es, dass selbst nahe dem Ocean der mittlere tägliche Wechsel des Klimas in Australien sehr bedeutend ist. Er
ist am geringsten im Herbst und am grössten während der
wolkenlosen Tage des Frühlings."

Nachdem Mr. Jevons eine Tabelle der Regenmengen in
Australien für die verschiedenen Jahreszeiten gegeben hat,
bemerkt er, dass „es klar bewiesen ist, dass die regnerischtste
Jahreszeit an der Ostküste der Herbst ist, d. h. die drei Monate März, April, Mai. Das Frühjahr scheint am trockensten
zu sein, Sommer und Winter liegen dazwischen."

Ohne Europa zu verlassen, finden wir Orte, wo die Temperatur am Tage sehr hoch steigt, während die Stunde vor
Sonnenaufgang empfindlich kalt ist. Ich habe dies oft in den
Postwagen in Deutschland erfahren, und man hat mir erzählt,
dass die Bauern in Ungarn, wenn sie in der Nacht im Freien
sind, selbst bei heissem Wetter sich durch schwere Mäntel gegen die nächtliche Abkühlung zu schützen pflegen. Die Beobachtungen der Herren Bravais und Martins auf dem Grand
Plateau des Mont Blanc habe ich schon angeführt. Herr
Martins hat uns erst kürzlich noch weiter belehrt, indem er
Beobachtungen über die Erwärmung des Bodens in grossen
Höhen angestellt, und auf der Spitze des Pic du Midi gefunden
hat, dass die Wärme des der Sonne ausgesetzten Erdbodens
grösser ist als die der Luft, und zwar um doppelt so viel, als
im Thal am Fusse des Berges. „Die bedeutende Erwärmung des
Bodens," schreibt Herr Martins, „im Vergleich zu der der Luft
auf hohen Bergen ist um so bemerkenswerther, als die Abkühlung während der Nacht durch Ausstrahlung dort viel grösser
ist, als in der Ebene." Die Beobachtungen des Herrn Schlag-

intweit bieten, wenn ich mich nicht irre, viele Beispiele für die Wirkung des Wasserdampfs, und ich zweifele nicht, dass, jemehr diese Frage geprüft wird, desto klarer es hervortreten wird, dass die strahlenden und absorbirenden Kräfte dieser Substanz sie eine sehr wichtige Rolle bei den meteorologischen Erscheinungen spielen lassen.

Zwölftes Kapitel.

497. Die Naturwissenschaft der Zukunft wird sich
sicherlich hauptsächlich mit der Erforschung der Beziehungen beschäftigen, die zwischen der gewöhnlichen
Materie des Weltalls und dem Aether bestehen, in den
diese Materie versenkt ist. Was die Bewegungen des
Aethers selbst anbetrifft, so haben die optischen Forschungen der letzten Hälfte des Jahrhunderts nichts zu
wünschen übrig gelassen; was aber die Atome und Moleküle anbetrifft, von denen die Schwingungen des Lichtes
und der Wärme ausgehen, und ihre Beziehung zu dem
Medium, in dem sie sich bewegen, und durch das sie in
Bewegung gesetzt werden, darüber belehren uns diese

Forschungen wenig. Es war der hauptsächliche Zweck
dieser, in kurzem Umriss vor Ihnen entworfenen Unter-
suchungen über die Ausstrahlung und Absorption der
Wärme durch Gase und Dämpfe, dem Ursprung der
Aetherwellen näher zu kommen, und, wenn möglich, durch
Versuche irgend einen Anhaltspunkt für die schwingenden
Atome selbst zu erhalten.

498. Diese Forschungen haben uns die Unterschiede
gezeigt, die zwischen den verschiedenen gasförmigen Molekülen in Bezug auf ihr Emissions- und Absorptionsvermögen für strahlende Wärme bestehen. Wenn ein
Gas zu einer Flüssigkeit verdichtet wird, so nähern sich
die Moleküle und halten einander fest durch Kräfte, die
so lange unmerklich waren, als der gasförmige Zustand
andauerte. Aber obgleich sie so verdichtet und gefesselt
sind, so umgiebt der alles durchdringende Aether doch
diese Moleküle. Wenn nun die Kraft der Ausstrahlung
und Absorption von ihnen selbst abhängt, so können wir
hoffen, dass das Verhalten des freien Moleküls gegen strahlende Wärme sich auch noch erhält, selbst wenn dieses
Molekül seine Freiheit verloren hat und Theil einer Flüssigkeit geworden ist. Wenn auf der anderen Seite der
Aggregatzustand von überwiegendem Einfluss ist, so
können wir bei der Flüssigkeit ein ganz verschiedenes
Verhalten als bei ihrem Dampfe erwarten. Wir haben
jetzt zu untersuchen, welche von diesen Anschauungen
der Wahrheit entspricht.

499. Melloni untersuchte die Diathermansie verschiedener Flüssigkeiten, aber er benutzte für diesen
Zweck die Flamme einer Oellampe, die mit einem Glas-
cylinder bedeckt war. Ueberdies waren seine Flüssigkeiten in Glaszellen enthalten; daher war die Ausstrahlung
bedeutend modificirt, ehe sie überhaupt in die Flüssig-

keit eintrat, da das Glas für einen grossen Theil der
Strahlung undurchdringlich ist. Auch beschäftigte sich
Melloni nicht mit den Fragen der Molekularphysik, die
für uns von grösstem Interesse sind. Bei der Prüfung
der jetzt vor uns liegenden Frage war es mein Wunsch,
so wenig als möglich die ursprüngliche Ausstrahlung zu
beeinträchtigen, und es wurde deshalb ein Apparat construirt, in dem eine Flüssigkeitsschicht von irgend einer
Dicke zwischen zwei polirten Platten von Steinsalz eingeschlossen werden konnte.

500. Der Apparat besteht aus den folgenden Theilen:
ABC (Fig. 93) ist eine Messingplatte von 3,4 Zoll Länge,

Fig. 93.

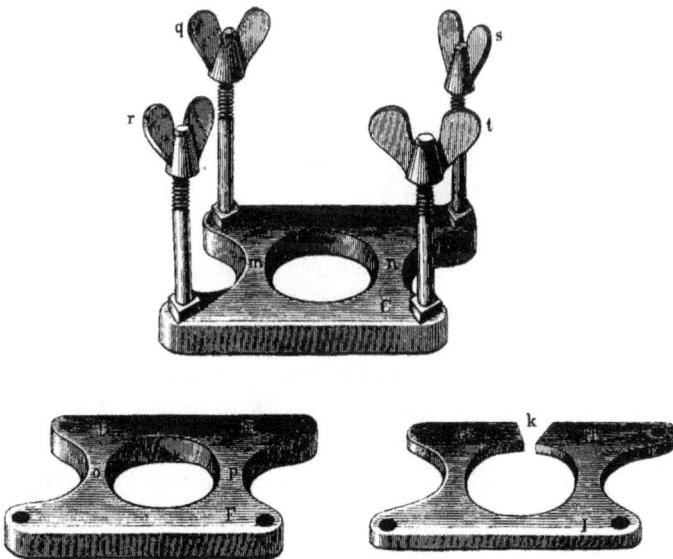

2,1 Zoll Breite und 0,3 Zoll Dicke. An diese sind an
ihren Ecken vier aufrechtstehende Säulen fest angefügt
worden, die an der Spitze mit Schrauben versehen sind,

auf welche sich die Muttern $qrst$ schrauben. DEF ist
eine zweite Messingplatte von derselben Grösse wie die
vorige; sie ist an ihren vier Ecken von Löchern durchbohrt, so dass sie über die vier Säulen der Platte ABC
geschoben werden kann. Diese beiden Platten sind von
ringförmigen Oeffnungen mn und op durchbrochen, die 1,35
Zoll im Durchmesser haben. GHI ist eine dritte Messingplatte von demselben Flächeninhalt wie DEF, und gleich
ihr ist sie in der Mitte und an ihren Ecken durchbohrt.
Die Platte GHI ist dazu bestimmt, die beiden Steinsalzplatten, die die Wände der Zelle bilden sollen, zu trennen,
und ihre Dicke bestimmt die der flüssigen Schicht. Die
Trennungsplatte GHI wurde mit der äussersten Genauigkeit geschliffen, und die Oberflächen des Salzes wurden
mit der grössten Sorgfalt polirt, in der Absicht, die Berührung zwischen Salz und Messing flüssigkeitsdicht zu
machen. Beim Gebrauch fand man es indess doch für
nöthig, dünnes Briefpapier zwischen die Salzplatten und
die Trennungsplatte zu legen.

501. Richtet man die Zelle für den Versuch ein, so
werden die Muttern $qrst$ abgeschraubt und ein Ring von
Kautschuk zuerst auf ABC gelegt. Auf diesen Ring
kommt eine der Steinsalzplatten. Auf die Steinsalzplatte
legt man einen Ring von Briefpapier und auf diesen wieder die Trennungsplatte GHI. Ein zweiter Ring von
Papier wird auf die Platte gelegt, dann kommt die zweite
Salzplatte, auf die ein anderer Kautschukring gelegt
wird. Die Platte DEF wird zuletzt über die Säulen
geschoben und die ganze Einrichtung durch die Muttern
$qrst$ fest zusammengeschraubt.

502. Wenn so die Salzplatten in ihrer Lage sind,
wird ein Cylinder, so lang wie die Platte GHI dick ist,
zwischen ihnen eingeschlossen, und dieser Raum kann

mit irgend einer Flüssigkeit durch die Oeffnung k gefüllt
werden. Der Zweck der Kautschukringe ist, den Druck
zu vermindern, den die Salzplatten erleiden würden, wenn
sie mit dem Messing in directe Berührung kämen, und
der Zweck der Papierringe ist, wie schon erklärt, die
Zelle flüssigkeitsdicht zu machen. Nach jedem Versuche
wird der Apparat auseinandergeschraubt, die Salzplatten
fortgenommen und gründlich gereinigt; die Zelle wird
dann wieder zusammengestellt, und in zwei oder drei
Minuten ist alles für einen neuen Versuch fertig.

503. Demnächst bedurfte ich einer vollkommen constanten Wärmequelle von genügender Intensität, um die
am meisten absorbirende Flüssigkeit so zu durchdringen,
dass sie untersucht werden konnte. Diese wurde in einer
Spirale von Platindraht gefunden, die durch einen elektrischen Strom weissglühend gemacht wurde. Durch den
häufigen Gebrauch dieser Wärmequelle kam ich auf die
Construction der Lampe Fig. 94 (a.f.S.). A ist eine Glaskugel von 3 Zoll Durchmesser, die auf einem Ständer befestigt ist, der höher und niedriger geschraubt werden
kann. Am oberen Theil der Kugel ist eine Oeffnung, in
die ein Pfropfen passt, und durch den Pfropfen gehen
zwei Drähte, deren Enden durch die Platinspirale S verbunden werden. Die Drähte werden zu den Klemmschrau-
ben ab am Fuss des Ständers heruntergeführt, so dass,
wenn das Instrument mit der Batterie verbunden ist, kein
Zug auf die Drähte ausgeübt werden kann, die die Spirale
tragen. Die Enden des dicken Drahtes, an dem die Spirale
befestigt ist, sind ebenfalls von starkem Platin, denn als
dieselbe an Kupferdrähten befestigt worden war, änderte
sich die Intensität des Stromes durch ihre Oxydation. Die
Wärme strömt von der weissglühenden Spirale durch die
Oeffnung d aus, die ein und einen halben Zoll Durch-

messer hat. Hinter der Spirale befindet sich endlich ein
Metallspiegel *r*, der den Wärmestrom vermehrt, ohne seine
Qualität merklich zu verändern. Die rothglühende Spirale

Fig. 94.

ist in der offenen Luft eine capriciöse Wärmequelle; bewundernswerth ist aber ihre Beständigkeit, wenn sie von
der Glaskugel umgeben ist*).

504. Die ganze Einrichtung für den Versuch wird
durch die Zeichnung Fig. 95 sogleich verständlich werden.
A ist die eben beschriebene Platinlampe, die durch einen
Strom einer Grove'schen Batterie von fünf Zoll erhitzt

---

*) Ich hatte auch Lampen anfertigen lassen, in denen sich die
Spirale im Vacuum befand, so dass ihre Strahlen durch eine Steinsalzplatte in den äusseren Raum gehen mussten. Ihre Beständigkeit ist vollkommen.

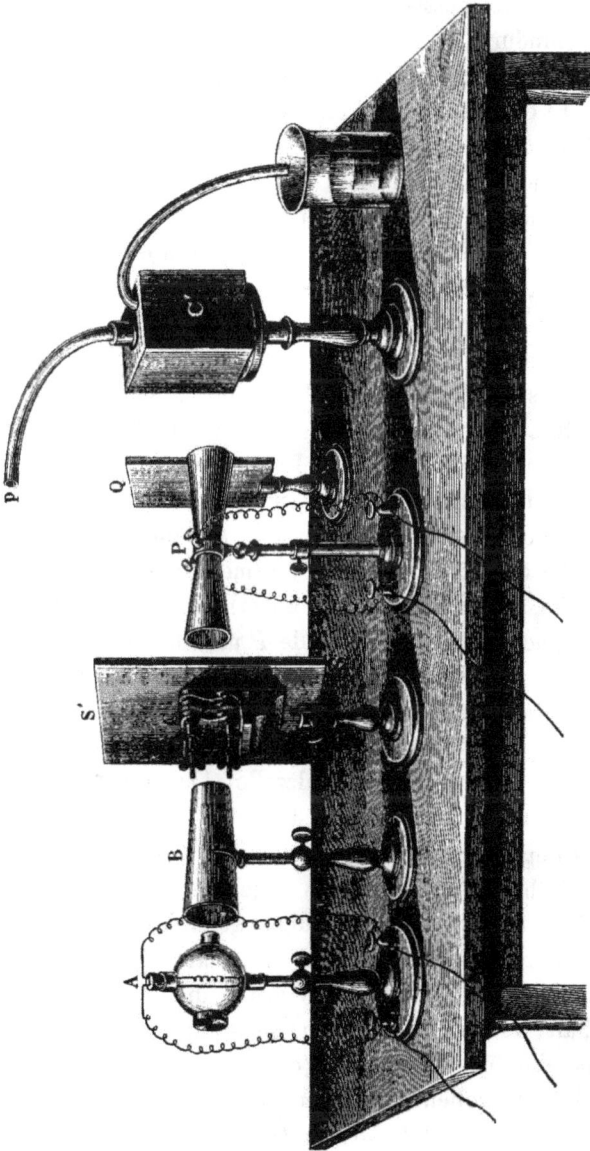

Fig. 95.

wird. Man musste auf Mittel denken, diese Lampe den Tag hindurch vollkommen constant zu erhalten.

Vor der Spirale ist die Röhre B aufgestellt, deren innere Oberfläche als Reflector dient und durch die die Wärme nach der Steinsalzzelle C geht. Diese Zelle ist auf eine kleine Console gestellt, die an die Hinterwand des durchbohrten Schirmes SS' angelöthet ist, so dass die Wärme, nachdem sie durch die Zelle gegangen ist, durch das Loch in dem Schirm geht und dann auf die thermo-elektrische Säule P fällt. Die Säule ist in einiger Entfernung von dem Schirme SS' aufgestellt, so dass die Temperatur der Zelle C selbst nicht von Einfluss ist. C' ist der Compensationswürfel, der Wasser enthält, das durch den Dampfstrom von der Röhre p kochend erhalten wird. Zwischen dem Würfel C' und der Säule P steht der Schirm Q, der die auf die hintere Fläche der Säule fallende Wärmemenge regulirt. Hier ist die ganze Einrichtung unverhüllt aufgestellt; beim Gebrauch aber wird die Säule P und der Würfel C' sorgfältig gegen die capriciöse Wirkung der sie umgebenden Luft geschützt.

505. Die Versuche werden folgendermaassen gemacht. Nachdem die leere Steinsalzzelle C auf ihre Console gestellt ist, wird zuerst ein doppelter versilberter Schirm (auf der Zeichnung nicht angegeben) zwischen das Ende der Röhre B und die Zelle C gebracht; dadurch ist die Wärme der Spirale vollständig abgeschnitten und die Säule der Wirkung des Würfels C' allein ausgesetzt. Mit Hülfe des Schirmes Q wird die Wärme, die die Säule von C' erhält, verändert, bis man die totale Wärme erhalten hat, die für die ganze Versuchsreihe benutzt werden soll; wir wollen annehmen, dieselbe bringe eine Ablenkung von 50 Grad am Galvanometer hervor. Der

doppelte Schirm, der dazu diente, um die Ausstrahlung
der Spirale aufzufangen, wird nun allmählich fortgezogen
bis diese Ausstrahlung die des Würfels C' vollständig
neutralisirt und die Nadel des Galvanometers ständig
auf Null zeigt. Wenn die Stellung der doppelten Schirme
einmal festgestellt ist, so bleibt sie weiterhin unverändert. Im Anfang fallen die Strahlen der Spirale durch
die leere Steinsalzzelle. Ein kleiner Trichter, der von
einem Ständer getragen wird, taucht in die obere Oeffnung der Zelle, und durch diesen wird die Flüssigkeit
eingefüllt. Der Eintritt der Flüssigkeit zerstört das vorher bestandene Gleichgewicht, die Nadel des Galvanometers bewegt sich und nimmt zuletzt eine ständige Ablenkung an. Aus dieser Ablenkung können wir sogleich
die Wärmemenge berechnen, die von der Flüssigkeit absorbirt worden ist, und sie in Procenten der ganzen Ausstrahlung ausdrücken.

506. Die Versuche wurden mit elf verschiedenen
Flüssigkeiten ausgeführt, von denen eine jede in fünf
verschiedenen Dicken angewendet wurde. Die Resultate
sind in der folgenden Tabelle zusammengestellt:

Absorption der Wärme durch Flüssigkeiten. Wärmequelle: Eine Platinspirale, die durch einen galvanischen
Strom rothglühend gemacht worden ist.

Flüssigkeiten.	Dicke der Flüssigkeiten in Theilen eines Zolls.				
	0,02	0,04	0,07	0,14	0,27
Schwefelkohlenstoff	5,5	8,4	12,5	15,2	17,3
Chloroform	16,6	25,0	35,0	40,0	44,8
Methyljodid	36,1	46,5	53,2	65,2	68,6
Aethyljodid	38,2	50,7	59,0	69,0	71,5
Benzol	43,4	55,7	62,5	71,5	73,6
Amylen	58,3	65,2	73,6	77,7	82,3
Schwefeläther	63,3	73,5	76,1	78,6	85,2
Essigäther	—	74,0	78,0	82,0	86,1
Ameisenäther	65,2	76,3	79,0	84,0	87,0
Alkohol	67,3	78,6	83,6	85,3	89,1
Wasser	80,7	86,1	88,8	91,0	91,0

507. Wir finden hier, dass bei einer Dicke von 0,02
Zoll die Absorption von einem Minimum von 5,5 Proc.
beim Schwefelkohlenstoff bis zu einem Maximum von
80,7 Proc. beim Wasser schwankt. Der Schwefelkohlenstoff lässt also 94,5 Proc. durch, während das Wasser —
eine Flüssigkeit, die für das Licht ebenso durchsichtig
ist — nur 19,3 Proc. der totalen Ausstrahlung durchlässt.
Bei allen Dicken behauptet das Wasser, wie man beobachten kann, sein Uebergewicht. Nach ihm kommt als absorbirender Körper der Alkohol; ein Stoff, der ihm auch
chemisch ähnlich ist.

508. Es ist somit gezeigt, dass diese Körper als Flüssigkeiten sehr verschiedene Fähigkeit besitzen, die von

unserer Strahlungsquelle ausgegebene Wärme aufzufangen; und wir müssen nun fragen, ob diese Unterschiede fortdauern, nachdem die Moleküle von den Fesseln der Cohäsion befreit und zu Wasserdampf geworden sind. Wir müssen natürlich die Dämpfe durch Wellen von derselben Länge prüfen, wie die Flüssigkeiten, und dies erreichen wir leicht durch unsere Methode. Da die in einem Draht durch einen Strom von gegebener Stärke erzeugte Wärme unveränderlich ist, so war es nur nöthig, mit Hülfe der Tangentenbussole und des Rheochords den Strom von Tag zu Tag constant zu erhalten, um sowohl in Betreff der Menge als der Qualität eine unveränderliche Wärmequelle zu haben.

509. Die Flüssigkeiten, deren Dämpfe untersucht wurden, wurden, eine jede für sich, in kleine lange Flaschen gefüllt. Nachdem die Luft über und in der Flüssigkeit erst sorgfältig durch die Luftpumpe entfernt worden war, wurde die Flasche an der Versuchsröhre befestigt, in der die Dämpfe untersucht werden sollten. Diese Röhre war von Messing und hatte 49,6 Zoll Länge und 2,4 Zoll Durchmesser; ihre beiden Enden waren durch Steinsalzplatten geschlossen. Ihre innere Oberfläche war polirt. Die Einrichtung war dieselbe wie auf Tafel I., nur mit dem einzigen Unterschiede, dass die Wärmequelle eine rothglühende Platinspirale statt eines Würfels voll heissem Wasser war. Als beim Beginn jedes Versuchs die Messingröhre vollständig ausgepumpt und die Ausstrahlung der Spirale durch die des Compensationswürfels neutralisirt worden war, stand die Nadel auf Null. Der Hahn der Flasche mit der flüchtigen Flüssigkeit wurde dann vorsichtig aufgedreht, und der Dampf konnte langsam in die Versuchsröhre eintreten. Wenn man den Druck von 0,05 Zoll erreicht hatte, wurde der

Dampfzufluss abgeschnitten und die permanente Ablenkung der Nadel notirt. Da wir die totale Wärme kennen, konnte die Absorption in Procenten der totalen Ausstrahlung direct aus der Ablenkung hergeleitet werden. Die folgende Tabelle enthält die Resultate:

Strahlung der Wärme durch Dampf. Wärmequelle: Rothglühende Platinspirale. Druck 0,5 Zoll.

Absorption (Procente).

Schwefelkohlenstoff	4,7
Chloroform	6,5
Methyljodid	9,6
Aethyljodid	17,7
Benzoi	20,6
Amylen	27,5
Alkohol	28,1
Ameisenäther	31,4
Schwefeläther	31,9
Essigäther	34,6
Totale Wärme	100,0

510. Wir sind nun im Stande, die Wirkung einer Reihe von flüchtigen Flüssigkeiten mit der der Dämpfe dieser Flüssigkeiten auf strahlende Wärme zu vergleichen.

Wenn wir mit der Substanz von der geringsten absorbirenden Kraft anfangen und bis zur höchsten aufsteigen, finden wir die folgende Reihefolge:

Flüssigkeiten.	Dämpfe.
Schwefelkohlenstoff.	Schwefelkohlenstoff.
Chloroform.	Chloroform.
Methyljodid.	Methyljodid.
Aethyljodid.	Aethyljodid.
Benzol.	Benzol.
Amylen.	Amylen.
Schwefeläther.	Alkohol.
Essigäther.	Ameisenäther.
Ameisenäther.	Schwefeläther.
Alkohol.	Essigäther.
Wasser.	

511. Die Reihenfolge der Absorption ist hier sowohl
für die Flüssigkeiten, als auch für die Dämpfe, bis zum
Amylen dieselbe. Obgleich indess eine starke Absorption
der Flüssigkeit im Allgemeinen mit einer starken Absorption durch den betreffenden Dampf parallel geht, so ist
doch vom Amylen abwärts die Reihenfolge beider nicht
dieselbe. Es herrscht auch nicht der geringste Zweifel,
dass Alkohol nächst Wasser der stärkste absorbirende
Körper auf der Liste der Flüssigkeiten ist; aber es
herrscht auch eben so wenig ein Zweifel darüber, dass
die Stellung, die er auf der Liste der Dämpfe einnimmt,
die richtige ist. Dies ist durch wiederholte Versuche
bestätigt worden. Essigäther andererseits, obgleich er
gewiss im Dampfzustande der stärkstabsorbirende Körper
ist, bleibt im flüssigen Zustande weit hinter Ameisenäther
und Alkohol zurück. Und doch ist es ganz unmöglich,
diese Resultate zu überblicken und nicht zu der Schlussfolgerung zu kommen, dass die Absorption in der Hauptsache eine molekulare Wirkung ist, und dass die Moleküle ihre Kraft als absorbirende und ausstrahlende
Körper behalten, wenn sie auch ihren Aggregatzustand
verändern. Sollte indess noch irgend ein Zweifel über
die Richtigkeit dieser Schlussfolgerung zurückgeblieben
sein, so wird er schnell verschwinden.

512. Ein kurzes Nachdenken wird zeigen, dass die hier
angeführte Vergleichung nicht richtig ist. Wir haben
die Flüssigkeiten bei einer gemeinsamen Dicke und die
Dämpfe bei einem gemeinsamen Volumen und Druck genommen. Wenn aber die angewendeten Flüssigkeitsschichten ganz in Dampf verwandelt wären, so würden
die erhaltenen Volumen nicht dieselben sein. Daher
sind die Mengen der Materie, die von der strahlenden
Wärme durchstrahlt werden, einander in den beiden

Fällen nicht proportional, und um die Vergleichung exact
zu machen, müssten sie einander proportional sein. Es
ist natürlich leicht, dies zu erreichen; denn da die Flüssigkeiten bei einem constanten Volumen untersucht worden
sind, so giebt uns ihre specifische Schwere die relative
Menge der von der strahlenden Wärme durchstrahlten
Materie; aus dieser letzteren und den Dampfdichten
können wir sogleich die entsprechenden Dampfvolumen
ableiten. Theilen wir in der That die specifische Schwere
unserer Flüssigkeiten durch die Dichten ihrer Dämpfe,
so erhalten wir die folgende Reihe von Dampfvolumen,
deren Gewicht den Massen der angewendeten Flüssigkeit
proportional ist.

Tabelle der proportionalen Volumen.

Schwefelkohlenstoff	0,48
Chloroform	0,36
Methyljodid	0,46
Aethyljodid	0,36
Benzol	0,32
Amylen	0,26
Alkohol	0,50
Schwefeläther	0,28
Ameisenäther	0,36
Essigäther	0,29
Wasser	1,60

513. Führen wir die Dämpfe in den hier angegebenen Volumen in die Versuchsröhre ein, so erhalten wir
die folgenden Resultate:

Strahlung der Wärme durch Dämpfe.   Dampfmenge
der Flüssigkeitsmenge proportional.

Namen des Dampfes.	Druck in Theilen eines Zolles.	Absorption (Procente).
Schwefelkohlenstoff	0,48	4,3
Chloroform	0,36	6,6
Methyljodid	0,46	10,2
Aethyljodid	0,36	15,4
Benzol	0,32	16,8
Amylen	0,26	19,0
Schwefeläther	0,28	21,5
Essigäther	0,29	22,2
Ameisenäther	0,36	22,5
Alkohol	0,50	22,7

514. Stellen wir jetzt die Flüssigkeiten und Dämpfe
in der Ordnung ihrer Absorption neben einander auf, so
erhalten wir das folgende Resultat:

Flüssigkeiten.	Dämpfe.
Schwefelkohlenstoff.	Schwefelkohlenstoff.
Chloroform.	Chloroform.
Methyljodid.	Methyljodid.
Aethyljodid.	Aethyljodid.
Benzol.	Benzol.
Amylen.	Amylen.
Schwefeläther.	Schwefeläther.
Essigäther.	Essigäther.
Ameisenäther.	Ameisenäther.
Wasser.	*)

515. Hier verschwinden die Verschiedenheiten vollständig, die unsere früheren Versuchsreihen gezeigt haben,
und es ist bewiesen, dass für Wärme derselben Qualität
die Ordnung der Absorption für die Flüssigkeiten und

---

*) Nicht mit Luft gemischter Wasserdampf verdichtet sich so leicht,
dass er in unserer Versuchsröhre nicht direct untersucht werden kann.

ihre Dämpfe dieselbe ist. Wir können daher mit Sicherheit schliessen, dass die Stellung des Dampfes als absorbirender und ausstrahlender Körper von der der Flüssigkeit bestimmt wird, aus der er gebildet ist. Geben wir die
Gültigkeit dieses Schlusses zu, so bestimmt die Stellung
des Wassers die des Wasserdampfes. Wir haben aber
gefunden, dass für alle Dicken das Wasser die übrigen
Flüssigkeiten in der Kraft seiner Absorption übertrifft.
Wenn daher kein einziger Versuch für den Wasserdampf
bestände, so würden wir doch genöthigt sein, aus dem Verhalten der Flüssigkeit zu schliessen, dass bei gleichem Gewicht der Wasserdampf alle übrigen Dämpfe in seiner absorbirenden Kraft überträfe. Fügen Sie hierzu die vielen
und directen Versuche, durch die die Wirkung dieser
Substanz auf strahlende Wärme festgestellt worden ist,
so haben wir hoffentlich genügende Beweismittel vor uns,
um diese Frage für immer zu erledigen und die Meteorologen zu bewegen, das Resultat unbedenklich auf die
Erscheinungen ihrer Wissenschaft anzuwenden.

516. Wir müssen uns jetzt den Weg für die Betrachtung einer wichtigen Frage bahnen. Ein Pendel schwingt
mit einer gewissen bestimmten Geschwindigkeit, die von
der Länge des Pendels abhängt. Eine Feder wird mit
einer Geschwindigkeit schwingen, die von dem Gewicht
und der elastischen Kraft der Feder abhängt. Wenn wir
einen Draht zu einer langen Spirale aufwickeln und am
Ende eine Kugel befestigen, so wird die Kugel mit einer
Geschwindigkeit auf- und abschwingen, die von ihrem
Gewicht und von der Elasticität der Spirale abhängt. Eine
Saite hat in gleicher Weise ihre bestimmte Schwingungsdauer, die von ihrer Länge, ihrem Gewicht und ihrer
Spannung abhängt. Ein Balken, der eine Schlucht über-
brückt, hat gleichfalls seine eigene Schwingungsdauer, und

wir können oft, wenn wir unsere Bewegungen nach denen
des Balkens richten, die Anstösse so vermehren, dass wir
seine Sicherheit gefährden. Soldaten schreiten unregel-
mässig, wenn sie über Pontonbrücken gehen, damit die
den Pontons mitgetheilte Bewegung nicht bis zu einer ge-
fährlichen Ausdehnung anwachse. Bisweilen stimmt der
Schritt von Personen, die Wasser in offenen Gefässen auf
ihrem Kopfe tragen, mit den Schwingungen des Wassers
überein, das von einer Seite des Gefässes zur anderen
schwankt, bis durch die Summirung der aufeinander folgenden Anstösse die Flüssigkeit zuletzt über den Rand
strömt. Der Wasserträger wechselt instinktmässig den
Schritt und bringt so die Flüssigkeit zu verhältnissmässi-
ger Ruhe zurück. Sie haben wohl schon gehört, wie eine
bestimmte Fensterscheibe bei einem bestimmten Ton einer
Orgel mittönte; wenn Sie ein Klavier öffnen und hinein-
singen, so wird ebenfalls eine Saite mittönen. Bei der Orgel tönt die Fensterscheibe mit, weil ihre Schwingungszeit
zufällig mit der der Tonwellen zusammentraf, die auf sie
fallen, und beim Klavier tönt diejenige Saite mit, deren
Schwingungsdauer mit der der Stimmorgane des Sängers
zusammenfällt. In beiden Fällen summiren sich die Wirkungen, wie wenn Sie auf der Balkenbrücke stehen und
Ihre Anstösse mit ihrer Schwingungsdauer in Einklang
bringen. Bei den schon besprochenen tönenden Flammen
hatten Sie den analogen Einfluss in sehr überraschender
Weise veranschaulicht gesehen. Sie antworteten der
Stimme nur dann, wenn die Tonhöhe derselben ihrer
eigenen entsprach. Ein höherer und ein tieferer Ton
konnten beide die Flamme nicht in Bewegung setzen.

517. Diese gewöhnlichen mechanischen Thatsachen
werden uns zu einem Einblick in die feineren Erscheinungen des Lichts und der strahlenden Wärme ver-

helfen. Ich habe Ihnen die Durchlässigkeit des Lampenrusses gezeigt und die noch wunderbarere Durchlässigkeit des Jods für die reinen Wärmestrahlen; und wir müssen nun fragen, warum Jod Licht auffängt und Wärme durchlässt. Der einzige Unterschied zwischen Licht und strahlender Wärme ist der der Schwingungsdauer. Die Wellen des einen sind kurz und wiederholen sich schnell, während die der anderen lang sind und sich langsam wiederholen. Die ersteren werden vom Jod aufgefangen und die letzteren durchgelassen. Warum? ich meine, es kann nur eine Antwort auf diese Frage geben: dass die aufgefangenen Wellen diejenigen sind, deren Schwingungen in derselben Zeit erfolgen, in der auch die Atome des aufgelösten Jods zu schwingen vermögen. Die Wellen übertragen ihre Bewegung den Atomen, die mit ihnen gleiche Schwingungsdauer haben. Nehmen wir an, dass Wellen von irgend einer Dauer auf ein System von Molekülen von irgend einer anderen Schwingungszeit fallen, so steht wohl in der Physik fest, dass eine Erschütterung von grösserer oder geringerer Stärke sich unter den Molekülen erheben wird; damit aber die Bewegung sich vermehre, bis eine bemerkliche Absorption hervorgerufen wird, dazu ist eine Uebereinstimmung der Perioden nöthig. Kurz ausgedrückt ist also Durchlässigkeit mit Discord gleichbedeutend, während Undurchlässigkeit gleichbedeutend ist mit Accord zwischen den Perioden der Aetherwellen und denen der Moleküle der Körper, auf die sie fallen. Daher zeigt die Undurchsichtigkeit unserer Jodlösung für das Licht, dass ihre Atome fähig sind, in allen Perioden zu schwingen, die in den Grenzen des sichtbaren Spectrums liegen, während ihre Durchlässigkeit für die jenseits des Roth liegenden

Schwingungen die Unfähigkeit ihrer Atome zeigt, in Einklang mit den längeren Wellen zu schwingen.

518. Der Ausdruck „Qualität" in seiner Anwendung auf strahlende Wärme ist schon erklärt worden; die gewöhnliche Probe für die Qualität ist die Kraft der strahlenden Wärme, durch diathermane Körper zu gehen. Wenn die Wärme von zwei Quellen durch dieselbe Substanz in verschiedenen Mengen durchgelassen wird, so sagt man, die Strahlen sind von verschiedener Qualität. Eigentlich ist diese Frage der Qualität eine Frage der Schwingungsdauer; und wenn die Wärme der einen Quelle mehr oder weniger reichlich durchgelassen wird, als die Wärme einer anderen, so ist der Grund der, dass die von der einen Quelle erregten Aetherwellen in Länge und Dauer von denen der anderen verschieden sind. Erhöhen wir die Temperatur unserer Platinspirale, so verändern wir die Qualität ihrer Wärme. So wie die Temperatur erhöht wird, mischen sich immer kürzere und kürzere Wellen in die Ausstrahlung. Dr. Draper hat durch eine schöne Untersuchung gezeigt, dass, wenn Platin zu leuchten beginnt, es nur rothe Strahlen ausstrahlt; dass aber, so wie seine Temperatur zunimmt, sich orange, gelbe und grüne nach einander der Ausstrahlung hinzufügen; und dass, wenn das Platin so stark erhitzt wurde, dass es weisses Licht ausstrahlte, die Zerlegung dieses Lichts alle Farben des Sonnenspectrums gab.

519. Fast alle Dämpfe, die wir bisher untersucht haben, sind für das Licht durchsichtig, während alle in gewissem Grade für die dunklen Strahlen undurchlässig sind. Dieses beweist die Unfähigkeit der Moleküle dieser Dämpfe, in sichtbaren Perioden zu schwingen, und ihre Fähigkeit, in den langsameren Perioden der Wellen zu

492 Wärme als Art der Bewegung.

schwingen, die jenseits des Roth des Spectrums fallen.
Denken Sie sich nun, dass unsere Platinspirale allmählich
von dem Zustande der dunkeln zu dem Zustande der
leuchtenden Wärme aufsteigt, so würde hierdurch augenscheinlich eine Ungleichheit zwischen den Schwingungen
des ausstrahlenden Platins und der Moleküle unserer
Dämpfe hervorgerufen werden. Und je mehr wir die Temperatur des Platins erhöhen, desto entschiedener wird die
Ungleichheit hervortreten. Wir könnten nun a priori
schliessen, dass die Erhöhung der Temperatur der Platinspirale auch die Fähigkeit ihrer Strahlen vermehren
müsste, durch unsere Dämpfe zu gehen. Dieser Schluss
wird vollständig durch die in den folgenden Tabellen
mitgetheilten Versuche bestätigt.

Strahlung durch Dämpfe. Wärmequelle: Eine Platinspirale, die kaum im Dunkeln sichtbar ist.

Name des Dampfes.	Absorption (Procente).
Schwefelkohlenstoff	6,5
Chloroform	9,1
Methyljodid	12,5
Aethyljodid	21,0
Benzol	25,4
Amylen	35,8
Schwefeläther	43,4
Ameisenäther	45,2
Essigäther	49,6

520. Mit derselben Spirale, die aber weissglühend
gemacht worden war, wurden die folgenden Resultate
erhalten:

Strahlung durch Dämpfe. Wärmequelle: Eine weissglühende Platinspirale.

Name des Dampfes.	Absorption (Procente).
Schwefelkohlenstoff	2,9
Chloroform	5,6
Methyljodid	7,8
Aethyljodid	12,8
Benzol	16,5
Amylen	22,6
Ameisenäther	25,1
Schwefeläther	25,9
Essigäther	27,2

521. Mit derselben Spirale, die ihrem Schmelzpunkt
noch näher gebracht worden war, wurden mit vier Dämpfen
folgende Resultate erhalten:

Strahlung durch Dämpfe. Wärmequelle: Eine Platinspirale bei intensiver Weissglühhitze.

Name des Dampfes.	Absorption.
Schwefelkohlenstoff	2,5
Chloroform	3,9
Ameisenäther	21,3
Schwefeläther	23,7

522. Wenn man die mit den verschiedenen Quellen
erhaltenen Resultate neben einander stellt, so tritt der
Einfluss der Temperatur auf die Durchlassung in sehr
entschiedener Weise hervor:

Absorption der Wärme durch Dämpfe. Wärmequelle:
Eine Platinspirale.

Name des Dampfes.	Kaum sichtbar.	Roth- glühend.	Weiss- glühend.	Nahe dem Schmelzpunkt.
Schwefelkohlenstoff	6,5	4,7	2,9	2,5
Chloroform	9,1	6,3	5,6	3,9
Methyljodid	12,5	9,6	7,8	
Aethyljodid	21,3	17,7	12,8	
Benzol	26,4	20,6	16,5	
Amylen	35,8	27,5	22,7	
Schwefeläther	43,4	31,4	25,9	23,7
Ameisenäther	45,2	31,9	25,1	21,3
Essigäther	49,6	34,6	27,2	

523. Die allmähliche Vermehrung der durchdringenden Kraft mit der Erhöhung der Temperatur ist
hier sehr augenscheinlich. Steigern wir die Wärme der
Spirale von einer kaum sichtbaren zu einer intensiven
Weissglühhitze, so reduciren wir die relative Absorption
beim Schwefelkohlenstoff und dem Chloroform auf weniger
als die Hälfte. Ueberdies gehen bei kaum sichtbarer
Rothglühhitze 56,6 und 54,8 Procent durch Schwefel- und
Ameisenäther, während von der intensiv weissglühenden
Spirale 76,3 und 78,7 Procent durch dieselben Dämpfe
gehen *). So führen wir, wenn wir die Temperatur des
festen Platins erhöhen, Wellen von kürzeren Perioden in
die Ausstrahlung ein, die mit den Perioden der Dämpfe
im Discord sind und deshalb leichter durch sie hindurch
gehen.

524. Ueberblicken wir die Zahlen, die die Absorptionen des Schwefel- und des Ameisenäthers in der letzten Tabelle ausdrücken, so finden wir, dass für die nie-
drigste Temperatur die Absorption des letzteren die des
ersteren übertrifft; für die Rothglühhitze sind beide fast
gleich, obgleich der Ameisenäther noch ein kleines Uebergewicht behält; bei der Weissglühhitze indess überwiegt
der Schwefeläther, und bei der dem Schmelzpunkt nahen
Temperatur ist sein Uebergewicht entschieden. Ich habe
dieses Resultat auf die verschiedenste Art und durch
vielfältige Versuche geprüft und es über allen Zweifel
erhoben. Wir können sogleich daraus schliessen, dass
die Fähigkeit der Moleküle des Ameisenäthers, in schnelle
Schwingungen zu kommen, geringer ist, als die des
Schwefeläthers, und so erhalten wir einen Blick in den

---

*) Die Durchlassung wird gefunden, wenn man die Absorption von
Hundert abzieht.

inneren Zustand dieser Körper. Erhöhen wir die Temperatur der Spirale, so rufen wir Schwingungen von kürzerer Dauer hervor, und je mehr von diesen auftreten, desto undurchlässiger wird der Schwefeläther im Vergleich zum Ameisenäther. Das Atom Sauerstoff, das der Ameisenäther mehr besitzt als der Schwefeläther, macht ihn zu einem langsamer schwingenden Körper. Versuche mit einer Wärmequelle von 100⁰ C. stellen das Uebergewicht des Ameisenäthers bei Schwingungen von längerer Dauer noch entschiedener fest.

Strahlung durch Dämpfe. Wärmequelle: Leslie'scher Würfel mit Lampenruss bedeckt. Temperatur 100⁰ C.

Name des Dampfes.	Absorption (Procente).
Schwefelkohlenstoff	6,6
Methyljodid	18,8
Chloroform	21,6
Aethyljodid	29,0
Benzol	34,5
Amylen	47,1
Schwefeläther	54,1
Ameisenäther	60,4
Essigäther	69,9

Für Wärme, die diese Quelle ausstrahlt, ist die Absorption des Ameisenäthers um 6,3 Procent grösser, als die des Schwefeläthers.

525. Wir sehen aber noch einen anderen Fall der Umkehrung auf dieser Tabelle. Bei allen bisher angeführten Versuchen mit der Platinspirale hat sich das Chloroform als ein schwächer absorbirender Körper als das Methyljodid gezeigt; aber hier zeigt sich das Chloroform als der entschieden stärker wirkende Körper.

Dieses Resultat ist durch wiederholte Versuche ausser allen Zweifel gesetzt. Für die Ausstrahlung des auf 100° C. erwärmten Lampenrusses ist Chloroform entschieden undurchlässiger als Methyljodid.

526. Wir haben uns bisher mit der Ausstrahlung von erwärmten festen Körpern beschäftigt; wir wollen nun zu der Untersuchung der Ausstrahlung von Flammen übergehen. Die ersten Versuche wurden mit einem regelmässigen Gasstrom angestellt, der aus einem kleinen runden Brenner kam, und dessen Flamme lang war und spitz zulief. Die Spitze und der untere Theil der Flamme wurden ausgeschlossen und nur ihr leuchtendster Theil als Wärmequelle benutzt. Die Resultate sind in der folgenden Tabelle angegeben:

Strahlung der Wärme durch Dämpfe.   Wärmequelle:
Eine hellleuchtende Gasflamme.

Name des Dampfes.	Absorption.	Weissglühende Spirale.
Schwefelkohlenstoff	9,8	2,9
Chloroform	12,0	5,6
Methyljodid	16,5	7,8
Aethyljodid	19,5	12,8
Benzol	22,0	16,5
Amylen	30,2	22,7
Ameisenäther	34,6	25,9
Schwefeläther	35,7	25,1
Essigäther	38,7	27,2

527. Da es interessant ist, die von der weissglühenden Kohle ausgestrahlte Wärme mit der zu vergleichen, die das weissglühende Platin ausstrahlt, so sind, um diesen Vergleich zu erleichtern, neben den letzten Resultaten auf der Tabelle auch die einer früheren Beobachtungsreihe notirt worden. Es ist somit bewiesen, dass die Aus-

strahlung der Flamme bei weitem stärker absorbirt wird, als die Ausstrahlung der Spirale. Indess geht ohne Zweifel die Kohle, ehe sie weissglühend wird, durch niedrigere Temperaturstufen hindurch und auf diesen Stufen strömt sie Wärme aus, die mehr mit unseren Dämpfen im Einklange steht. Sie ist auch mit Wasserdampf und Kohlensäure gemischt, die beide ihren Theil zur totalen Ausstrahlung beitragen. Es ist daher wahrscheinlich die grössere Absorption der von der Flamme ausgestrahlten Wärme den langsameren Schwingungen der Substanzen zuzuschreiben, die unfehlbar mit der weissglühenden Kohle gemischt sind.

528. Die dann angewandte Wärmequelle war die Flamme eines Bunsen'schen Brenners*), deren Temperatur bekanntlich sehr hoch ist. Die Flamme hat eine blassblaue Farbe und strahlt ein sehr schwaches Licht aus. Die folgenden Resultate wurden erhalten:

Strahlung der Wärme durch Dämpfe. Wärmequelle: Die blassblaue Flamme eines Bunsen'schen Brenners.

Name des Dampfes.	Absorption.
Chloroform	6,2
Schwefelkohlenstoff	11,1
Aethyljodid	14,0
Benzol	17,9
Amylen	24,2
Schwefeläther	31,9
Ameisenäther	33,3
Essigäther	36,3

529. Die totale Wärme, welche von der Flamme des Bunsen'schen Brenners ausgestrahlt wird, ist bei weitem

---

*) Vergl. Kapitel II.

geringer als wenn sich weissglühende Kohle in der Flamme
befindet. In dem Augenblick, wo sich die Luft mit der
leuchtenden Flamme mischt, fällt die Ausstrahlung so
bedeutend, dass die Abnahme sogleich entdeckt wird,
selbst wenn man nur die Hand oder das Gesicht der
Flamme nähert. Vergleichen wir die beiden letzten Tabellen, so sehen wir, dass die Ausstrahlung des Bunsen'-
schen Brenners im Ganzen weniger stark absorbirt wird,
als die des leuchtenden Gasstrahls. In einigen Fällen,
wie beim Ameisenäther, kommen sie sich sehr nahe;
beim Amylen und einigen wenigen anderen Substanzen
sind sie sehr verschieden. Es zeigt sich aber hier ein
sehr interessanter Fall der Umkehrung. Schwefelkohlenstoff steht, anstatt über, entschieden unter Chloroform.
Bei der leuchtenden Flamme verhält sich die Absorption durch Schwefelkohlenstoff zu der durch Chloroform
wie 100 : 122, während bei der Flamme des Bunsen'-
schen Brenners das Verhältniss wie 100 : 56 ist; die relative Durchlässigkeit des Chloroforms wird durch das
Entfernen der Kohle aus der Flamme mehr als ver-
doppelt. Wir haben hier noch ein anderes Beispiel der
Umkehrung beim Ameisen- und Schwefeläther. Entschieden ist der Schwefeläther für die leuchtende Flamme
am undurchlässigsten; für die Flamme des Bunsen'-
schen Brenners wird er an Undurchlässigkeit vom Ameisenäther übertroffen.

530. Ohne Zweifel sind die am meisten ausstrahlenden Körper in der Flamme eines Bunsen'schen Brenners Wasserdampf und Kohlensäure. Bedeutend erhitz-
ter Stickstoff, der eine merkliche Wirkung hervorbringen
kann, ist auch darin enthalten. Die Hauptquelle der Ausstrahlung ist aber ohne Zweifel der Wasserdampf und die
Kohlensäure. Ich wünschte diese beiden Bestandtheile

getrennt von einander zu untersuchen. Ich konnte die
Ausstrahlung von Wasserdampf durch eine Flamme von
reinem Wasserstoff, die der Kohlensäure durch einen
entzündeten Strahl von Kohlenoxyd erhalten. Die Ausstrahlung der Flamme des Wasserstoffs hatte für mich
ein besonderes Interesse; denn trotz der hohen Temperatur einer solchen Flamme hielt ich es doch für wahrscheinlich, dass in Folge des Einklanges zwischen ihren
Schwingungsperioden und denen des kalten Wasserdampfes
der Atmosphäre der letztere eine besonders starke Absorption auf die Ausstrahlung ausüben würde. Die folgenden Versuche beweisen die Richtigkeit dieser Schlussfolgerung.

Strahlung durch atmosphärische Luft. Wärmequelle:
Eine Wasserstoffflamme.

Absorption.

Trockne Luft 0
Ungetrocknete Luft 17,2

So absorbirte in einer polirten Röhre von 4 Fuss Länge
der Wasserdampf der Luft unseres Laboratoriums 17
Procent von der Ausstrahlung der Wasserstoffflamme.
Als eine Platinspirale, die durch Elektricität einen nicht
höheren Grad von Weissglühhitze erreicht hatte, als wenn
man sie in die Wasserstoffflamme gesenkt hätte, als
Wärmequelle benutzt wurde, fand es sich, dass die ungetrocknete Luft des Laboratoriums

5,8 Procent

ihrer Ausstrahlung absorbirte, oder ein Drittel der Menge,
die bei Anwendung der Wasserstoffflamme absorbirt wurde.

531. Das Einsenken einer Spirale von Platindraht in
die Flamme vermindert ihre Temperatur, führt aber zu derselben Zeit Schwingungen ein, die nicht im Einklange mit

32*

denen des Wasserdampfes stehen; die Absorption der von
dieser zusammengesetzten Quelle ausgestrahlten Wärme
durch gewöhnliche ungetrocknete Luft stieg bis auf
8,6 Procent.
An feuchten Tagen übersteigt die Absorption der von
der Wasserstoffflamme ausgehenden Wärme die oben
angeführte grosse Zahl. Mit derselben Versuchsröhre
und einem neuen Brenner wurden die Versuche einige
Tage später mit dem folgenden Resultate wiederholt:

Strahlung durch Luft. Wärmequelle: Wasserstoffflamme.

Absorption.

Trockne Luft 0
Ungetrocknete Luft 20,3

532. Die physikalischen Ursachen der Durchlässigkeit
und der Undurchlässigkeit sind schon angedeutet worden, und wir können aus der vorhergehenden kräftigen
Wirkung des atmosphärischen Dampfes auf die Ausstrahlung der Wasserstoffflamme schliessen, dass ein Einklang zwischen den schwingenden Molekülen der Flamme
bei einer Temperatur von 3259^{0} C. und den Molekülen
des Wasserdampfs bei $15,5^{0}$ C. herrscht. Die ungeheure
Temperatur der Wasserstoffflamme vermehrt die Weite,
ändert aber nicht die Dauer der Schwingungen.

533. Wir müssen einen Augenblick bei dem hier
benutzten Wort: „Weite" verweilen. Die Höhe eines
Tons hängt allein von der Anzahl der Aetherwellen
ab, welche das Ohr in einer Secunde treffen. Die
Stärke oder die Intensität eines Tons hängt von
der Weite des Weges ab, den die einzelnen
Atome der Luft bei ihren Schwingungen zurück-

legen. Dieser Weg wird die Amplitude (Weite) der
Schwingung genannt. Ziehen wir leise eine Harfensaite
seitwärts und lassen sie wieder los, so wird die Luft nur
wenig gestört; die Weite der schwingenden Luftatome ist
klein und die Intensität des Tones schwach. Ziehen wir
die Saite aber heftig seitwärts, so haben wir, wenn wir
sie wieder loslassen, einen Ton von derselben Höhe wie
vorher, da aber die Amplitude der Schwingung grösser
ist, so ist der Ton intensiver. Während nun die Wellenlänge oder die Periode der Wiederkehr unabhängig von
der Amplitude ist, so ist es die letztere, die die Stärke
des Tons bestimmt.

534. Dasselbe gilt für Licht und strahlende Wärme.
Hier schwingen die einzelnen Aethertheilchen hin und
her, senkrecht gegen die Fortpflanzungsrichtung; und die
Weite ihres Ausschlages wird die Amplitude der Schwingungen genannt. Wir können, wie beim Ton, dieselbe
Wellenlänge mit sehr verschiedenen Amplituden haben,
oder wie beim Wasser hohe und niedrige Wellen mit
derselben Entfernung von Kamm zu Kamm. Wie nun die
Farbe des Lichts und die Qualität der strahlenden Wärme
ganz von der Länge der Aetherwellen abhängen, so wird
die Intensität des Lichts und der Wärme durch die Amplitude bestimmt. Und da wir gesehen haben, dass die
Schwingungsperioden der Wasserstoffflamme mit denen
des kalten Wasserdampfs übereinstimmen, sind wir zu
dem Schluss genöthigt, dass die äusserst hohe Temperatur der Flamme nicht der Schnelligkeit, sondern der
ausserordentlichen Amplitude ihrer molekularen Schwingungen zuzuschreiben sei.

535. Die zweite Substanz, aus der die Flamme des
Bunsen'schen Brenners zusammengesetzt ist, ist Kohlensäure, und die Ausstrahlung dieser Substanz wird direct

durch eine Flamme von Kohlenoxyd erhalten. Von der Ausstrahlung dieser Quelle absorbirt die kleine Menge von Kohlensäure, die in der Luft unseres Laboratoriums vertheilt ist, 13,8 Procent. Diese bedeutende Absorption beweist, dass die Schwingungen der Moleküle der Kohlensäure in der Flamme und der Kohlensäure in der Atmosphäre gleichzeitig sind. Die Temperatur der Flamme ist indess 3042° C., während die der Atmosphäre nur 15,5° C. ist. Wenn aber die hohe Temperatur unfähig ist, die Dauer der Schwingungen zu verändern, so können wir erwarten, dass kalte Kohlensäure in grossen Mengen für die Ausstrahlung der Kohlenoxydflamme sehr undurchlässig sei. Hier folgen die Resultate der Versuche, durch welche diese Schlussfolgerung geprüft wurde.

Strahlung durch trockne Kohlensäure. Wärmequelle: Eine Kohlenoxydflamme.

Druck in Zollen.	Absorption.
1,0	48,0
2,0	55,5
3,0	60,3
4,0	65,1
5,0	68,6
10,0	74,3

Es zeigte sich, dass Kohlensäure für die Strahlen, die von den früher benutzten, erwärmten festen Körpern ausgingen, eine sehr schwache Absorption besitzt; aber hier, wo die auf sie fallenden Strahlen von den Molekülen ihrer eigenen Substanz ausgehen, ist ihr Absorptionsvermögen ungemein gross. Der dreissigste Theil einer Atmosphäre dieses Gases absorbirt die Hälfte der totalen Ausstrahlung, während bei einem Drucke von 4 Zoll 65 Procent der Ausstrahlung aufgefangen werden.

536. Die Wirkung des ölbildenden Gases sowohl als absorbirender, wie auch als ausstrahlender Körper ist Ihnen wohl bekannt. Für die ersten Wärmequellen, von denen wir eben sprachen, ist seine Wirkung bedeutend grösser, als die der Kohlensäure; für die Ausstrahlung der Kohlenoxydflamme aber ist das Absorptionsvermögen des ölbildenden Gases klein, wenn es mit der der Kohlensäure verglichen wird. Dies wird durch die in der folgenden Tabelle angeführten Versuche bewiesen:

Strahlung durch trocknes ölbildendes Gas und trockne Kohlensäure. Wärmequelle: Eine Kohlenoxydflamme.

Druck in Zollen.	Oelbildendes Gas Absorption.	Kohlensäure Absorption.
1,0	23,2	48,0
2,0	34,7	55,5
3,0	44,0	60,3
4,0	50,6	65,1
5,0	55,1	68,6
10,0	65,5	74,3

537. Neben die Absorption durch ölbildendes Gas habe ich die durch Kohlensäure aus der letzten Tabelle gestellt. Die überwiegende Wirkung der Säure ist sehr entschieden und besonders bei geringem Druck; beim Druck eines Zolles ist sie die doppelte von der des ölbildenden Gases. Die Substanzen werden mit Zunahme der Gasmenge einander ähnlicher. In der That nähern sich beide hier der vollkommenen Undurchlässigkeit, und wie sie dieser gemeinsamen Grenze näher kommen, so nähern sich auch ganz naturgemäss ihre Absorptionen.

538. Diese Versuche beweisen, dass die Anwesenheit einer fast unmerklichen Menge von Kohlensäuregas durch seine Wirkung auf die Strahlen einer Kohlenoxydflamme entdeckt werden könnte. Die Wirkung ist z. B. sehr ent-

schieden bei der Kohlensäure, die durch die Lungen ausgeathmet wird.   Ein Kautschukbeutel wurde mit dem
Munde aufgeblasen; er enthielt daher den Wasserdampf
und die Kohlensäure des Athems.   Die Luft des Beutels
wurde dann durch einen Trockenapparat geführt, die
Feuchtigkeit also entfernt, und nun die neutrale Luft und
die thätige Kohlensäure in die Versuchsröhre eingelassen.
Die folgenden Resultate wurden erhalten:

Luft der Lungen, kohlensäurehaltig.   Wärmequelle: Eine
Kohlenoxydflamme.

Druck in Zollen.	Absorption.
1	12,0
3	25,0
5	33,3
30	50,0

539. So fing die mit der trocknen ausgeathmeten Luft
angefüllte Röhre 50 Procent der totalen Ausstrahlung
einer Kohlenoxydflamme auf.   Es ist ganz entschieden,
dass wir hier ein Mittel haben, um mit einer unüber-
troffenen Genauigkeit die Menge der Kohlensäure zu prüfen, die unter verschiedenen Umständen von den Lungen
ausgeathmet wird.

540. Die Anwendbarkeit der strahlenden Wärme zur
Bestimmung der Kohlensäure des Athems ist durch eine
Reihe von Versuchen bewiesen worden, die unter meiner
Leitung von meinem Assistenten Herrn Barrett gemacht
worden sind.   Zuerst wurde die Ablenkung bestimmt, die
durch den von seiner Feuchtigkeit befreiten Athem hervorgerufen wurde.   Künstlich bereitete Kohlensäure wurde
sodann mit vollkommen trockner Luft gemischt, und zwar
in solchem Verhältnisse, dass ihre Wirkung auf die strahlende Wärme dieselbe war, wie die der Kohlensäure aus

dem Athem. Da die Procente der ersteren bekannt
waren, so gaben sie sogleich die der letzteren. Ich gebe
hier die Resultate von drei chemischen Analysen, die von
Dr. Frankland ausgeführt wurden, neben drei physikalischen Analysen meines früheren Assistenten.

Procente der Kohlensäure im menschlichen Athem.

Durch chemische Analyse.	Durch physikalische Analyse.
4,311	4,00
4,66	4,56
5,33	5,22

541. Die Uebereinstimmung beider Resultate ist sehr
befriedigend, und sicher wird bei grösserer Uebung eine
noch genauere Uebereinstimmung erzielt werden können.
Wir werden so in der Menge der ätherischen Bewegung,
die die Kohlensäure aufzufangen vermag, ein genaues und
brauchbares Maass für die von den menschlichen Lungen
ausgeathmete Menge derselben finden.

542. Bei geringer Dicke ist Wasser eine sehr durchsichtige Substanz; d. h. die Schwingungsdauern seiner Moleküle sind nicht im Einklange mit denen des sichtbaren
Spectrums. Es ist auch für die ultra-violetten Strahlen
sehr durchsichtig, so dass wir sicher aus dem Verhalten
dieser Substanz schliessen können, dass es unfähig ist, in
schnelle molekulare Schwingungen zu kommen. Verlassen
wir indess das sichtbare Spectrum und gehen zu den Strahlen jenseits des Roth über, so zeigt sich die Undurchlässigkeit dieser Substanz; in der That ist ihre absorbirende Kraft
für solche Strahlen unerreicht. So ist die Gleichzeitigkeit
der Schwingungen der Wassermoleküle mit denen der ultra-
rothen Wellen bewiesen. Wir haben schon gesehen, dass
ungetrocknete atmosphärische Luft eine ausserordentliche
Undurchlässigkeit für die Ausstrahlung einer Wasser-

506   Wärme als Art der Bewegung.

stoffflamme zeigt, und aus diesem Verhalten schlossen wir
auf den Synchronismus zwischen den Schwingungen des
kalten Dampfes in der Luft und des warmen Dampfes in
der Flamme. Wenn aber die Perioden eines Dampfes
dieselben sind, wie die seiner Flüssigkeit, so müssen wir
Wasser für die Ausstrahlung einer Wasserstoffflamme sehr
undurchlässig finden. Hier sind die Resultate, die mit fünf
verschiedenen Dicken der Flüssigkeit erhalten wurden.

Strahlung durch Wasser. Wärmequelle: Eine Wasserstoffflamme.

Dicke der Flüssigkeit.

	0,02 Zoll	0,04 Zoll	0,07 Zoll	0,14 Zoll	0,27 Zoll
Durchstrahlung (Procente)	5,8	2,8	1,1	0,5	0,0

543. Melloni fand, dass 11 Procent von der Wärme
einer Argand'schen Lampe durch eine Wasserschicht von
0,36 Zoll Dicke hindurchgelassen wurden. Hier verwenden
wir eine Quelle von höherer Temperatur und eine Schicht
Wasser von nur 0,27 Zoll und finden, dass die ganze
Wärme aufgefangen wird. Eine Schicht Wasser von 0,27
Zoll Dicke ist für die Ausstrahlung einer Wasserstoffflamme vollkommen undurchlässig, während eine Schicht
von ungefähr ein Zehntel der Dicke, die Melloni angewandt hat, mehr als 97 Procent der ganzen Ausstrahlung absorbirt. Daraus können wir auf die Uebereinstimmung der Schwingungsperioden zwischen kaltem Wasser
und Wasserdampf schliessen, der auf eine Temperatur
von 3259° C. erwärmt worden ist.

544. Von der Undurchlässigkeit des Wassers für die
Ausstrahlung des Wasserdampfs können wir auf die Undurchlässigkeit des Wasserdampfs für die Ausstrahlung
vom Wasser schliessen und daraus folgern, dass das

durch die Verdichtung des Wassers auf der Erdoberfläche bewirkte nächtliche Gefrieren der Erdausstrahlung
den eigenthümlichen Charakter giebt, der sie besonders
dazu befähigt, von unserer Atmosphäre aufgefangen und
so verhindert zu werden, sich in den Raum zu zerstreuen.

545. Dieser Punkt verdient noch für einen Augenblick unsere Beobachtung. Ich fand, dass ölbildendes
Gas in einer Röhre von 4 Fuss Länge ungefähr 80 Procent von der Ausstrahlung einer dunkeln Quelle absorbirt. Eine Schicht desselben Gases von 2 Zoll Dicke
absorbirt 33 Proc., eine Schicht von 1 Zoll Dicke absorbirt 26 Proc., während eine Schicht von $1/_{100}$ Zoll
Dicke 2 Proc. der Ausstrahlung absorbirt. So nimmt die
Absorption zu und die durchgelassene Menge nimmt ab,
wenn die Dicke der gasförmigen Schicht vergrössert wird.
Wir wollen nun auf einen Augenblick die Wirkung betrachten, die eine Schicht von ölbildendem Gase, die unseren Planeten in einer kleinen Entfernung über seiner
Oberfläche umgäbe, auf die Temperatur unserer Erde haben würde. Das Gas würde für die Sonnenstrahlen durchsichtig sein, indem es sie, ohne merkliche Behinderung,
die Erde erreichen liesse. Hier würde indess die leuchtende Sonnenwärme in nichtleuchtende irdische Wärme
verwandelt werden; wenigstens 26 Procent dieser Wärme
würden von einer Gasschicht von 1 Zoll Dicke aufgefangen und zum grossen Theil der Erde zurückgegeben
werden. Unter einem solchen Ueberhange, so unbedeutend er auch erscheinen mag und so vollkommen durchsichtig er für das Auge ist, würde die Erdoberfläche in
einer erstickenden Temperatur erhalten werden.

546. Vor einigen Jahren erschien ein Werk, welches
sich durch Eleganz des Styls und Genialität gleich

auszeichnete und beweisen sollte, dass die entfernteren
Planeten unseres Systems unbewohnbar seien. Indem
man das Gesetz der umgekehrten Quadrate auf ihre Entfernung von der Sonne anwandte, fand man die Abnahme
der Temperatur so bedeutend, dass man die Möglichkeit
eines menschlichen Lebens auf den entfernteren Gliedern
des Sonnensystems leugnen musste. Es wurde aber bei
diesen Berechnungen der Einfluss einer atmosphärischen
Umhüllung übersehen, und diese Vernachlässigung machte
die ganze Beweisführung fehlerhaft. Es ist sehr möglich, dass man eine Atmosphäre finden könnte, die
die Rolle eines „Widerhakens" für die Sonnenstrahlen
spielte, ihren Zugang zu dem Planeten gestattete, ihre
Entfernung aber verhinderte. So würde z. B. eine Luft-
schicht von 2 Zoll Dicke, die mit Schwefelätherdampf
gesättigt wäre, dem Durchgang der Sonnenstrahlen wenig
Widerstand leisten; ich habe aber gefunden, dass sie volle
35 Procent der planetaren Ausstrahlung auffangen würde.
Es würde keine besondere Verdickung der Dampfschicht
nöthig sein, um ihre Absorption zu verdoppeln, und es ist
vollkommen klar, dass mit einer schützenden Umhüllung
dieser Art, die die Wärme eintreten lässt, ihren Austritt
aber verhindert, eine sehr behagliche Temperatur auf der
Oberfläche unserer entfernteren Planeten erhalten werden könnte.

547. Dr. Miller war der Erste, der aus der Unfähigkeit der Strahlen des brennenden Wasserstoffs, durch
Glasschirme zu gehen, schloss, dass die Schwingungsperioden der Flamme dem Ultra-Roth entsprechen müssten
und dass folglich die Schwingungen des Kalklichtes
schneller sein müssten, als die der Knallgasflamme, dem

es seine Weissglühhitze verdankt*). Wie Dr. Miller bemerkt, giebt das Kalklicht ein Beispiel von erhöhter
Brechbarkeit. Dasselbe zeigt sich auch bei einem in
eine Wasserstoffflamme getauchten Platindraht. Wir
haben in diesem Falle Umwandlung der unsichtbaren
Perioden in sichtbare. Diese Verkürzung der Perioden
muss den Unterschied zwischen der ausstrahlenden Quelle
und unserer Flüssigkeitsreihe (§. 506) vergrössern, deren
Perioden langsam sind, und dadurch ihre Durchlässigkeit
für die Ausstrahlung vermehren. Dieser Schluss wurde
durch Versuche mit Flüssigkeitsschichten von zwei verschiedenen Dicken geprüft und bestätigt:

Strahlung durch Flüssigkeiten. Wärmequellen: 1. Eine
Wasserstoffflamme. 2. Eine Wasserstoffflamme
mit einer Platinspirale.

Durchlassung.

Name der Flüssigkeit.	Dicke der Flüssig-keit 0,04 Zoll.		Dicke der Flüssig-keit 0,07 Zoll.	
	Flamme allein.	Flamme und Spirale.	Flamme allein.	Flamme und Spirale.
Schwefelkohlenstoff	77,7	87,2	70,4	86,0
Chloroform	54,0	72,8	50,7	69,0
Methyljodid	31,6	42,4	26,2	36,2
Aethyljodid	30,3	36,8	24,2	32,6
Benzol	24,1	32,6	17,9	28,8
Amylen	14,9	25,8	12,4	24,3
Schwefeläther	13,1	22,6	8,1	22,0
Essigäther	10,1	18,3	6,6	18,5
Alkohol	9,4	14,7	5,8	12,3
Wasser	3,2	7,5	2,0	6,4

Es zeigt sich hier, dass die Durchlassung jedesmal durch
die Einführung des Platindrahtes bedeutend vermehrt wird.

---

*) Nach Anführung der Untersuchungen von Prof. Stokes über
„verminderte" Brechbarkeit sagt Dr. Miller: „Wärme von geringer

548. Directe Versuche über die Ausstrahlung einer Wasserstoffflamme bestätigen vollkommen die Schlussfolgerung von Dr. Miller. Ich hatte mir einen vollständigen Steinsalzapparat construirt, der statt der gewöhnlichen gläsernen Apparate vor der elektrischen Lampe verwendet werden konnte. Doppelte Steinsalzlinsen, die in die Camera gestellt wurden, machten die Strahlen parallel; sie gingen sodann durch einen Spalt, und andere Steinsalzlinsen ausserhalb der Camera erzeugten in der geeigneten Entfernung ein Bild des Spaltes. Hinter diese Linse wurde ein Prisma von Steinsalz gestellt, während seitwärts die schon §. 309 beschriebene lineare thermoelektrische Säule stand. In die Camera der elektrischen Lampe wurde ein Brenner mit einer einzigen Oeffnung gestellt, so dass seine Flamme an die Stelle der Kohlenspitzen kam. Dieser Brenner war mit einem T-Stück verbunden, von dem zwei Röhren von Kautschuk resp. zu einem grossen Wasserstoffbehälter und zu der Gasleitung des Laboratoriums führten. So konnte ich nach Belieben die Gasflamme oder die Wasserstoffflamme verwenden. Wurde die erstere benutzt, so zeigte sich ein sichtbares Spectrum, in welchem ich die thermo-elektrische Säule in ihre geeignete Stellung zu bringen ver-

---

Brechbarkeit kann indess in solche von hoher Brechbarkeit verwandelt werden. So erzeugt z. B. eine Flamme von gemischtem Sauerstoff- und Wasserstoffgas unter den künstlichen Wärmequellen so ziemlich die höchste Temperatur, und doch giebt sie keine Strahlen aus, die in bedeutenderer Menge durch Glas zu gehen vermögen, selbst wenn man Linsen zu ihrer Ansammlung benutzt. Wird ein Kalkcylinder in den Strahl der brennenden Gase eingeführt, der die Wärmemenge nicht vermehrt, so wird das Licht zu stark, als dass es das unbeschützte Auge ertragen könnte, und die Wärmestrahlen vermögen jetzt das Glas zu durchdringen, wie ihre Wirkung auf ein Thermometer zeigt, dessen Kugel in den Brennpunkt der Linsen gestellt worden ist."
Chemical Physics, 1835, p. 210.

mochte. Um die Wasserstoffflamme zu erhalten, brauchte
ich nur dem Wasserstoffstrom zu der Gasflamme zu leiten,
bis er sich entzündete, und dann den zum Gas führen-
den Hahn zu schliessen. So konnte man in der That die
eine Flamme durch die andere ersetzen, ohne die Thür
der Camera zu öffnen oder irgend eine Veränderung in
den Stellungen der Wärmequelle, der Linsen, des Prismas
und der Säule vorzunehmen.

549. Nachdem das Spectrum der leuchtenden Gasflamme auf den Messingschirm (der, um die Farben sichtbarer zu machen, mit Stanniol bedeckt worden war) geworfen war, wurde die Säule allmählich fortbewegt, bis
die Ablenkung des Galvanometers ihr Maximum erreichte.
Man musste hierzu noch etwas über das Roth des Spectrums hinausgehen; die dann beobachtete Ablenkung war

$$30^0.$$

Wurde die Säule nach irgend einer Richtung von dieser
Stelle aus bewegt, so nahm die Ablenkung ab.

550. Die Gasflamme wurde jetzt durch die Wasserstoffflamme ersetzt; das sichtbare Spectrum verschwand
und die Ablenkung fiel auf

$$12^0.$$

Bei dieser besonderen Brechbarkeit beträgt also die
Ausstrahlung der leuchtenden Gasflamme zwei und ein-
halb mal so viel als die der Wasserstoffflamme.

551. Die Säule wurde wieder hin und her geschoben,
wobei die Bewegung nach beiden Richtungen von einer
Abnahme der Ablenkung begleitet war. Zwölf Grad waren
daher die Maximalablenkung durch die Wasserstoffflamme; und die Stellung der Säule, die vorher durch die
leuchtende Flamme bestimmt worden war, beweist, dass
diese Ablenkung durch die Schwingungen jenseit des Roth
erzeugt war. Ich schob die Säule etwas weiter vor, so

dass die Ablenkung von 12⁰ auf 4⁰ fiel, und dann zündete
ich das Gas wieder an, um mich von der Brechbarkeit
der Strahlen zu überzeugen, die diese kleine Ablenkung
hervorgerufen hatten. Die Vorderfläche der Säule befand sich nun schon im Roth.

Als die Säule nach einander durch die den verschiedenen Farben entsprechenden Stellen des Spectrums bis zu
den Strahlen jenseits des Violett geschoben wurde,
wurde keine messbare Ablenkung durch die Wasserstoffflamme erzeugt.

552. So ist endgültig bewiesen, dass die Ausstrahlung
einer Wasserstoffflamme, so weit man sie durch unsere
empfindlichen Apparate messen kann, jenseit des Roth
liegt. Die anderen Bestandtheile der Ausstrahlung sind
so schwach, dass ihre erwärmende Kraft unmerkbar ist.

553. Wir sind jetzt im Stande, die Antwort auf verschiedene Fragen zu geben, die bisher in den Untersuchungen über strahlende Wärme noch nicht gelöst waren.
Eine Zeit lang wurde allgemein angenommen, dass die
Kraft der Wärme, diathermane Substanzen zu durchdringen, zunähme, so wie die Temperatur der Wärmequelle
höher würde. Knoblauch trat gegen diese Ansicht auf
und zeigte, dass die Wärme, die ein in eine Alkoholflamme
gesenkter Platindraht ausstrahlt, durch gewisse diathermane Substanzen weniger absorbirt wird, als die Wärme
der Flamme selbst, und schloss daraus mit Recht, dass
die Temperatur der Spirale nicht höher sein könnte, als
die des Körpers, von dem sie ihre Wärme bezöge. Als
eine Scheibe von durchsichtigem Glas zwischen seine
weissglühende Platinspirale und die thermo-elektrische
Säule gebracht wurde, fiel die Ablenkung der Nadel von
35⁰ auf 19⁰; während, wenn die Alkoholflamme ohne die
Spirale als Wärmequelle diente, die Ablenkung von 35⁰

auf 16° fiel. Dies bewies, dass die Ausstrahlung der Flamme
stärker als die der Spirale aufgefangen wurde; oder,
mit anderen Worten, dass die vom heissesten Körper ausgestrahlte Wärme die geringste durchdringende Kraft
besass. Melloni bestätigte später diesen Versuch.

554. Die Strahlen des sichtbaren Spectrums können
frei durch durchsichtiges Glas gehen; man weiss aber,
dass es für die Ausstrahlung von dunklen Quellen oder
für Wellen von langer Periode sehr undurchsichtig ist.
Eine Scheibe von 0,1 Zoll Dicke fängt alle Strahlen einer
Quelle von 100°C. auf und lässt nur 6 Procent der Wärme
durch, die von 400°C. warmem Kupfer ausgestrahlt wird.
Die Producte einer Alkoholflamme sind Wasserdampf und
Kohlensäure, deren Wellen, wie wir bewiesen haben, eine
kurze Schwingungsdauer besitzen, also gerade besonders
geeignet sind, durch Glas kräftig aufgefangen zu werden.
Tauchen wir aber einen Platindraht in eine solche Flamme,
so verwandeln wir in der That ihre Wärme in eine Wärme
von grösserer Brechbarkeit; wir verwandeln die langen
Perioden in kürzere und stellen so den Discord zwischen
den Perioden der Quelle und den Perioden des diathermanen Glases her, welcher, wie wir vorher erklärt haben, die physikalische Ursache der Durchlässigkeit ist.
A priori könnten wir daher schliessen, dass die Einführung der Platinspirale die durchdringende Kraft der
Wärme vermehren müsste. Mit einer Glasscheibe fand
Melloni in der That die folgenden Durchlassungen für
die Flamme und die Spirale:

Für die Flamme	Für das Platin
41,2	52,8

Dieselben Bemerkungen beziehen sich auf den von Melloni untersuchten durchsichtigen Selenit. Diese Substanz ist für die ultra-rothen Schwingungen sehr un-

durchlässig; die Ausstrahlung einer Alkoholflamme ist
aber hauptsächlich ultra-roth, und daher kommt die Undurchlässigkeit des Selenits für diese Ausstrahlung. Die
Einführung der Platinspirale verkürzt die Perioden und
vermehrt die Durchlassung. So fand Melloni mit einem
Stücke Selenit folgende Durchlassungen:

Flamme	Platin
4,4	19,5

555. Soweit stimmen die Resultate Melloni's mit
denen des Herrn Knoblauch überein; der italienische
Naturforscher geht aber in der Sache weiter und zeigt,
dass, obgleich die Resultate des Herrn Knoblauch für
die besonderen, von ihm untersuchten Substanzen richtig
sind, sie doch nicht für alle diathermanen Mittel zutreffen.
Melloni weist nach, dass sich beim schwarzen Glase und
beim schwarzen Glimmer eine auffallende Umkehrung der
Wirkung zeigt; durch diese Substanzen wird die Ausstrahlung der Flamme reichlicher als die des Platins
durchgelassen. Er fand folgende Durchlassungen für
schwarzes Glas:

Von der Flamme	Von dem Platin
52,6	42,8

und für eine Scheibe von schwarzem Glimmer:

Von der Flamme	Von dem Platin
62,8	52,5

556. Diese Resultate wurden von Melloni noch nicht
erklärt, aber ihre Begründung ist jetzt leicht. Das schwarze
Glas und der schwarze Glimmer verdanken ihre Schwärze
der in ihnen vertheilten Kohle, und die Undurchsichtigkeit dieser Substanz für das Licht beweist, wie schon bemerkt, den Einklang ihrer Schwingungsdauern mit denen

des sichtbaren Spectrums. Es ist aber gezeigt worden, dass Kohle in einem bedeutenden Grade für die Wellen von langer Dauer durchdringlich ist; d. h. für solche Wellen, die von einer Alkoholflamme ausgestrahlt werden. Die Kohle ist daher dem durchsichtigen Glase vollständig entgegengesetzt, da die erstere die Wärme von langer und das letztere die von kurzer Schwingungsdauer am leichtesten durchlässt. Daher kommt es, dass die Einführung des Platindrahtes, wodurch die langdauernden Schwingungen der Flamme in kurze verwandelt werden, die Durchlassung durch das durchsichtige Glas und den Selenit vermehrt und durch das undurchsichtige Glas und den Glimmer vermindert.

Dreizehntes Kapitel.

Entdeckung der dunklen Sonnenstrahlen. — Herschel's und Müller's
Versuche. — Vermehrung der Intensität mit der Temperatur. —
Wärme des elektrischen Spectrums. — Strahlenfiltrum: Sichtung des
elektrischen Lichtes. — Verwandlung der Strahlen. — Das Wärmebild
leuchtend gemacht. — Verbrennung und Weissglühhitze durch dunkle
Strahlen. — Fluorescenz und Calorescenz. — Dunkle Sonnenstrahlen. —
Dunkle Kalklichtstrahlen. — Franklin's Versuche über Farben. —
Ihre Analyse und Erklärung.

557. Ich versprach Ihnen früher einmal, Sie mit den
Fortschritten der neuesten Forschungen im Gebiete der
unsichtbaren Strahlung bekannt zu machen. Ich hatte
die Hoffnung ausgesprochen, dass es mir gelingen möchte,
die zusammengesetzte Ausstrahlung der elektrischen Lampe
vor Ihren Augen zu sichten, die dunklen Strahlen von den
Lichtstrahlen zu trennen und Ihnen die Wirkung jener
dunklen Strahlen zu zeigen, wenn sie hinreichend stark
und concentrirt würden.

558. Wir wollen in der heutigen Vorlesung versuchen,
unser Versprechen einzulösen und diese Hoffnung zu ver-
wirklichen. Zuerst müssen wir uns einen klaren Begriff
davon machen, was diese dunklen oder unsichtbaren Strahlen eigentlich sind. Wir haben Licht als Wellenbewegung
erklärt; wir wissen, dass die verschiedenen Farben des
Lichts durch Wellen von verschiedener Länge entstehen;

wir wissen auch, dass dicht neben den sichtbaren Strahlen, die die leuchtenden Quellen ausstrahlen, auch unsichtbare Strahlen sind. Das heisst, zugleich mit solchen Wellen, die die Feuchtigkeit des Auges berühren, auf die Retina fallen und den Gesichtssinn reizen, sind auch noch andere da, die entweder die Retina gar nicht erreichen, oder die, wenn sie es thun, nicht die Kraft besitzen, die specifische Bewegung im optischen Nerven zu erwecken, welche das Sehen erzeugt. Ob und in welchem Grade die dunklen Strahlen des elektrischen Lichtes die Retina erreichen, soll nachher entschieden werden; welches aber auch die Ursache ihrer Unzulänglichkeit sei, ob sie in der Feuchtigkeit des Auges absorbirt werden oder ob sie specifisch unfähig sind, den Sehnerv zu wecken, wir nennen alle jene Strahlen, welche die Sehkraft nicht reizen, dunkle oder unsichtbare Strahlen, während alle die Strahlen, die die Sehkraft reizen, sichtbare oder leuchtende Strahlen genannt werden.

559. Wir müssen eingestehen, dass dieser Ausdruck eigentlich unrichtig ist, denn wir können Licht nicht sehen. Wir würden in dem Raume zwischen den Sternen in tiefster Dunkelheit sein, wenn auch die Wellen aller Sonnen und aller Sterne durch ihn eilten. Wir würden die Sonnen und auch die Sterne sehen, aber in dem Augenblick, wo wir den Stern nicht mehr ansehen würden, wo wir uns von ihm hinweg wendeten, würde sein Licht Dunkelheit werden, und wenn auch der Aether rings um uns her von seinen Wellen bewegt würde. Wir können den Aether oder seine Bewegungen nicht sehen, und daher ist es ein sprachlicher Missbrauch, von der Sichtbarkeit oder Unsichtbarkeit seiner Strahlen oder Wellen zu sprechen. Der Ausdruck ist indess gebräuchlich geworden, da er sehr bequem ist, und versteht man unter den Worten: sichtbare

und unsichtbare Strahlen, Wellenbewegungen, die entweder fähig oder unfähig sind, den optischen Nerven zu reizen, so kann kein Missverständniss durch den Gebrauch des Ausdrucks entstehen.

560. Wir haben schon davon gesprochen, dass man die dunklen Strahlen in der Sonnenausstrahlung gefunden hat, und ihre Existenz ist auch in der Ausstrahlung jener Quelle, die an Kraft nach der Sonne kommt, im elektrischen Licht, bewiesen worden. Der Entdecker der dunklen Strahlen der Sonne war, wie Sie schon wissen, Sir William Herschel. Seine Beobachtungsmittel waren weit weniger vollkommen, als die uns jetzt zur Verfügung stehenden; er verstand es aber, ebenso wie Newton, der Natur mit sehr kleinen Hülfsmitteln grosse Erfolge abzulocken.

Er brachte Thermometer in die verschieden gefärbten Theile des Sonnenspectrums und bestimmte so die einer jeden Farbe entsprechende Temperatur. Als er das Thermometer über das äusserste Roth des Spectrums hinausführte, fand er, dass die Strahlung keineswegs an dem sichtbaren Ende des Spectrums aufhört, sondern im Gegentheil jenseits desselben ihr Maximum erreicht. Der Versuch bewies, dass die Sonne ausser leuchtenden Strahlen auch noch andere Strahlen von geringerer Brechbarkeit aussendet, die zwar durch das Auge nicht wahrgenommen werden, aber eine bedeutende erwärmende Kraft besitzen.

561. Das Aufsteigen der Flüssigkeit im Thermometer kann man, wenn das Instrument in irgend eine Farbe des Spectrums gestellt worden ist, durch eine gerade Linie darstellen. Stellt z. B. eine Linie von einer gewissen Länge das Aufsteigen um einen Grad dar, so wird eine Linie von

der doppelten Länge das Steigen um zwei Grad darstellen,
während eine Linie von der halben Länge das Aufsteigen
um einen halben Grad darstellen würde. Um nun die
Wärmevertheilung im Sonnenspectrum zu zeigen, benutzte
Sir William Herschel diese Methode, bei der die Temperaturen durch Linien ausgedrückt werden.

Stellt Linie AE die Länge des Spectrums dar und
errichten wir auf derselben an verschiedenen Stellen Lothe,
welche die Wärmewirkung der einzelnen Theile des Spectrums angeben, so bezeichnet die, die Gipfelpunkte dieser
Lothe verbindende Curve (Fig. 96) die Vertheilung der
Wärme im Sonnenspectrum nach Herschel's Versuchen.

Fig. 96.

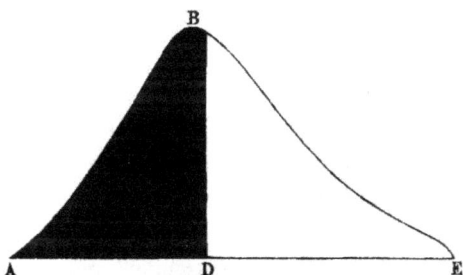

Der Buchstabe E bezeichnet den Punkt im Blau des Spectrums, wo die Wärme zuerst bemerkbar wurde; von E
nach D, das die Grenze des Roth bezeichnet, nimmt die
Temperatur beständig zu, wie es die steigende Höhe der
Curve zeigt. Bei D hörte das sichtbare Spectrum auf,
aber ein unsichtbares erstreckte sich jenseits D bis A, wo
es verschwand. So stellt nach den Beobachtungen von
Sir William Herschel der weisse Raum BDE den
thermischen Werth der sichtbaren Ausstrahlung der Sonne
dar, während der schwarze Raum ABD den thermischen
Werth der unsichtbaren Ausstrahlung darstellt.

562. Mit einem vollkommneren Apparat, der später
von Melloni angegeben wurde, bestimmte Professor Müller in Freiburg die Vertheilung der Wärme im Spectrum, welche hiernach durch Fig. 97 dargestellt wird, in
welcher $ABCD$ die unsichtbare, CDE die sichtbare
Strahlung bezeichnet.

Fig. 97.

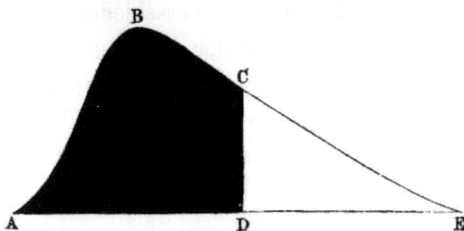

563. Ehe wir zu unseren eigenen Messungen übergehen, müssen wir noch einige Worte über die Erzeugung
und Verstärkung der sichtbaren und unsichtbaren Strahlen sagen. Die Moleküle eines festen Körpers sind bei
der gewöhnlichen Temperatur unserer Luft in Bewegung;
aber die Strahlen, die er aussendet, sind von zu geringer
Brechbarkeit, oder anders gesagt, er erzeugt Wellenbewegungen, die zu lange dauern oder zu selten wiederkehren,
um das Auge zu reizen. Denken Sie sich, dass die Temperatur allmählich zunimmt. Es treten mit der erhöhten
Temperatur schnellere Schwingungen der Moleküle des
Körpers ein, und bei einer bestimmten Temperatur werden die Schwingungen schnell genug, um das Auge als
Licht zu berühren. Der Körper glüht und, wie Dr. Draper bewiesen hat, ist zuerst das Licht rein roth. So wie
die Temperatur steigt, treten orange, gelb, grün und blau
nach einander hinzu.

564. Die Schwingungen, die diesen auf einander folgen-

den Farben entsprechen, sind hauptsächlich neue Schwingungen. Wir haben aber gleichzeitig mit der Einführung jeder neuen und schnellern Schwingung eine Verstärkung aller jener Schwingungen, die ihr vorausgingen. Die Schwingung, die erzeugt wurde, als unsere Kugel die Temperatur der Luft hatte, wird weiter erzeugt, wenn die Kugel weissglühend ist. Während aber so die Periode constant bleibt, wird die Amplitude, von der die Intensität der Ausstrahlung abhängt, ungemein vergrössert. Aus diesem Grunde können die Strahlen, die ein dunkler Körper ausstrahlt, nie die Intensität der dunklen Strahlen von derselben Brechbarkeit erreichen, die ein stark leuchtender ausstrahlt.

565. Ich möchte Ihnen diese Erscheinung noch fester einprägen und zwar durch ein numerisches Beispiel des Steigens der Intensität bei einer besondern Schwingung, während schnellere eingeführt werden. Eine Spirale von Platindraht wurde in die Camera gestellt; vorn an der Camera war ein Spalt. Ein galvanischer Strom wurde durch die Spirale geleitet, aber nicht in hinlänglicher Stärke, um sie zum Glühen zu bringen. Durch Linsen und Prismen von reinem Steinsalz und durch andere entsprechende Mittel erhielt man ein unsichtbares Spectrum von den Strahlen, die der Platindraht ausstrahlte. Ein schmaler Streifen dieses Spectrums fiel auf die Oberfläche der schon beschriebenen linearen thermo-elektrischen Säule. Der Streifen des Spectrums war so schmal und die Ausstrahlung so schwach, dass im ersten Augenblicke die Ablenkung des Galvanometers nur einen Grad betrug. Ohne die Stellung irgend eines Theils des Apparates zu verändern, wurde der Strom allmählich verstärkt, die Temperatur des Drahtes erhöht, bis er zum Glühen kam und endlich zu intensiver Weissglühhitze. Als diese ein-

trat, wurde ein glänzendes Lichtspectrum auf den Schirm geworfen, an dem die Säule befestigt war, aber die Säule selbst war ausserhalb des Spectrums. Sie erhielt nur unsichtbare Strahlen, und während des ganzen Versuchs trafen sie nur diese besonderen Schwingungen, die sie zuerst berührt hatten. Die Schnelligkeit der Schwingungen wurde durch die Stellung der Säule bestimmt; da diese Stellung nun aber fortdauernd unverändert blieb, so blieben es die Schwingungen auch.

566. Die folgende Zahlenreihe zeigt das Steigen der Intensität der dunklen Strahlen, die gerade auf die Säule fallen, sowie die Platinspirale durch die verschiedenen Grade vom Beginn des Glühens bis zur Weissglühhitze hindurch geht.

Aussehen der Spirale	Ausstrahlung von dunklen Streifen.
Dunkel	1
Dunkel	6
Schwach roth	10
Matt roth	13
Roth	18
Stark roth	27
Orange	60
Gelb	93
Ganz weiss	122

So beweisen wir, dass mit dem Eintritt der neuen und schnellen Schwingungen auch die alten intensiver werden, bis dass bei Weissglühhitze die dunklen Strahlen einer bestimmten Brechbarkeit eine Intensität erreichen, die 122 Mal grösser ist als am Anfang. Dieses Festhalten und Vermehren der dunklen Strahlen, wenn die leuchtenden eingeführt werden, kann durch den Namen Beharrlichkeit der Strahlen ausgedrückt werden.

567. Das, was wir hier in Betreff der weissglühenden Platinspirale besprochen haben, gilt auch für das elektri-

sche Licht. Neben diesem Ausfluss von intensiv leuchtenden Strahlen haben wir auch einen entsprechenden Ausfluss von dunklen. Die Temperatur der Kohlenspitzen kann,
wie die der Platinspirale, von dunkler Wärme bis zu einem
sonnenähnlichen Glanze gesteigert werden, und so wie dies
geschieht, steigt auch die dunkle Strahlung ungemein an
Intensität. Die Untersuchung der Vertheilung der Wärme
im Spectrum des elektrischen Lichtes wird uns wichtige
Resultate geben und den Weg für jene Untersuchungen
über unsichtbare Strahlen bahnen, auf die ich später Ihre
Aufmerksamkeit lenken will.

568. Die hierzu benutzte thermo - elektrische Säule
ist dieses schöne, von Ruhmkorff verfertigte Instrument.
Es besteht, wie Sie wissen, aus einer einzigen Reihe von
Elementen, die zweckmässig gefasst und an einem doppelten Messingschirm befestigt sind. Es hat vorn zwei
versilberte Schneiden, die vermöge einer Schraube über
der Säule zusammengeschoben werden können, so dass
man ihre Fläche beliebig bis zur Breite des feinsten Haa-
res verengen oder sie auch ganz abschliessen kann. Vermöge einer kleinen Handhabe und einer langen Schraube
kann die Messingplatte und die daran befestigte Säule
langsam hin und her bewegt werden, und so kann der
verticale Spalt der Säule das ganze Spectrum durchlaufen
oder nach beiden Richtungen darüber hinausgehen. Die
Höhe des Spectrums war in jedem Fall der Länge der
Oberfläche der Säule gleich.

569. Um ein constantes Spectrum des elektrischen
Lichtes zu erzeugen, bediente ich mich des von Duboscq
gearbeiteten Regulators des Herrn Foucault, der ein
bewundernswerth gleichmässiges Licht liefert. Ich hatte

sodann ein vollständiges System von Steinsalzlinsen und
Prismen verfertigen lassen und dasselbe in folgender
Weise angeordnet: In die vordere Oeffnung der die elektrische Lampe umgebenden Kammer wurde eine Linse von
durchsichtigem Bergkrystall eingesetzt, um die von den
Kohlenspitzen ausgehenden divergirenden Strahlen parallel zu machen. Dieselben gingen sodann durch einen
schmalen Spalt, vor dem eine zweite Bergkrystalllinse stand,
die ein deutliches (etwa 0,1 Zoll breites) Bild des Spaltes
in derselben Entfernung entwarf, in welcher das Spectrum
erscheinen sollte. Dicht hinter diese Linse wurde ein,
zuweilen auch zwei Prismen von klarem Steinsalz aufgestellt. Der Lichtstrahl wurde zerlegt, und ein glänzendes
horizontales Spectrum auf dem Schirm entworfen, der die
thermo-elektrische Säule trug. Wurde die schon erwähnte
Kurbel gedreht, so durchlief die Vorderfläche der Säule
das Spectrum, und ein sehr schmaler (0,03 Zoll breiter)
Streif von Licht- oder Wärmestrahlen traf dieselbe an
jeder Stelle. Ein empfindliches Galvanometer, welches
mit der Säule verbunden war, gestattete durch die Ablenkung seiner Nadel, die erwärmende Kraft sowohl der sichtbaren wie der unsichtbaren Theile des Spectrums zu bestimmen.

570. Die Thermosäule wurde in doppelter Weise ver-
schoben. Es genüge hier nur die eine Methode zu beschreiben. Die Vorderfläche der Säule wurde in das vio-
lette Ende des Spectrums gebracht, wo die Wärme unmerklich war, dann durch die Farben hindurch bis zum
Roth, und über das Roth hinaus bis zu der Stelle der
grössten Erwärmung geschoben, und über diese hinaus,
bis die Wärme des unsichtbaren Theiles des Spectrums
allmählich verschwand. Die folgende Tabelle enthält eine

Reihe von derartigen Beobachtungsresultaten. Die Bewegung der Säule ist in derselben in Umdrehungen der Kurbel angegeben, von denen eine jede einer Verschiebung der Vorderfläche der Säule um 1 Millimeter ($^1/_{25}$ Zoll) entspricht. Anfangs, wo die Zunahme der Wärme langsam und gleichmässig stattfand, wurde eine Ablesung der Galvanometernadel nach je zwei Umdrehungen der Kurbel gemacht; jenseits des Roth, wo die Wärme plötzlich zunimmt, nach je einer halben Umdrehung, und in der Nähe des Maximums, wo die Aenderungen am bedeutendsten sind, nach je einer viertel Umdrehung, also nach einer Verschiebung der Säule um $^1/_{100}$ Zoll. Dann wurde die Verschiebung wieder jedesmal durch eine und zwei Umdrehungen bewirkt, bis die erwärmende Kraft unmerklich wurde. Die Ablenkungen der Nadel wurden bei jeder Einstellung notirt.

Setzt man das Maximum der Wärmewirkung im Spectrum gleich 100, so ergiebt sich die in der zweiten Columne der Tabelle angegebene Wärme der übrigen Theile des Spectrums.

Vertheilung der Wärme im Spectrum des elektrischen Lichtes.

Stellung der Säule.	Intensität der Erwärmung; das Maximum = 100.
Im Blau	0
Nach 2 Drehungen der Kurbel (Anfang des Grün)	2
„ „ „ „ „	5
„ „ „ „ „	8
„ „ „ „ „ (Anfang des Roth)	21
„ „ „ „ „ (Aeusserstes Roth)	45
Nach $^1/_2$ Drehung der Kurbel	60
„ „ „ „ „	74
„ „ „ „ „	85
„ „ „ „ „	96
„ „ „ „ „	99

Stellung der Säule.	Intensität der Erwärmung; das Maximum = 100.
Nach ¼ Drehung der Kurbel (Maximum)	100
„ „ „ „ „	97
Nach ½ Drehung der Kurbel	78
„ „ „ „ „	62
„ „ „ „ „	45
„ „ „ „ „	36
Nach 2 Drehungen der Kurbel	18
„ „ „ „ „	9
„ „ „ „ „	7
„ „ „ „ „	5
„ „ „ „ „	3
„ „ „ „ „	2
„ „ „ „ „	2

571. Hier fangen wir, wie schon gesagt, im Blau an
und gehen zuerst durch das sichtbare Spectrum. Verlassen wir es an dem (als äusserstes Roth) bezeichneten
Punkte, so treten wir in das unsichtbare Wärmespectrum
ein und erreichen die Maximalwärme, jenseits welcher die
erwärmende Kraft sinkt, bis dass sie gänzlich verschwindet.

572. Ich machte mehr als ein Dutzend solcher Beob-
achtungsreihen, von denen jede ihre besondere Curve ergab. Als indess die einzelnen Curven über einander gelegt wurden, zeigte sich eine sehr nahe Uebereinstimmung
zwischen ihnen. Die Curve (Fig. 98) stellt als Mittel derselben die Vertheilung der Wärme im Spectrum des durch
50 Grove'sche Elemente erzeugten elektrischen Lichtes
mit grosser Annäherung dar. Die Fläche $ABCD$ entspricht der unsichtbaren, die Fläche CDE der sichtbaren
Strahlung. Wir sehen hier, wie die Wärmewirkung allmählich von dem blauen Ende des Spectrums bis zum
rothen zunimmt. In der Gegend der dunklen Strahlen jenseits des Roth steigt indess plötzlich die Curve steil zu
einem Gipfel, einer Art von Matterhorn, an, gegen den der

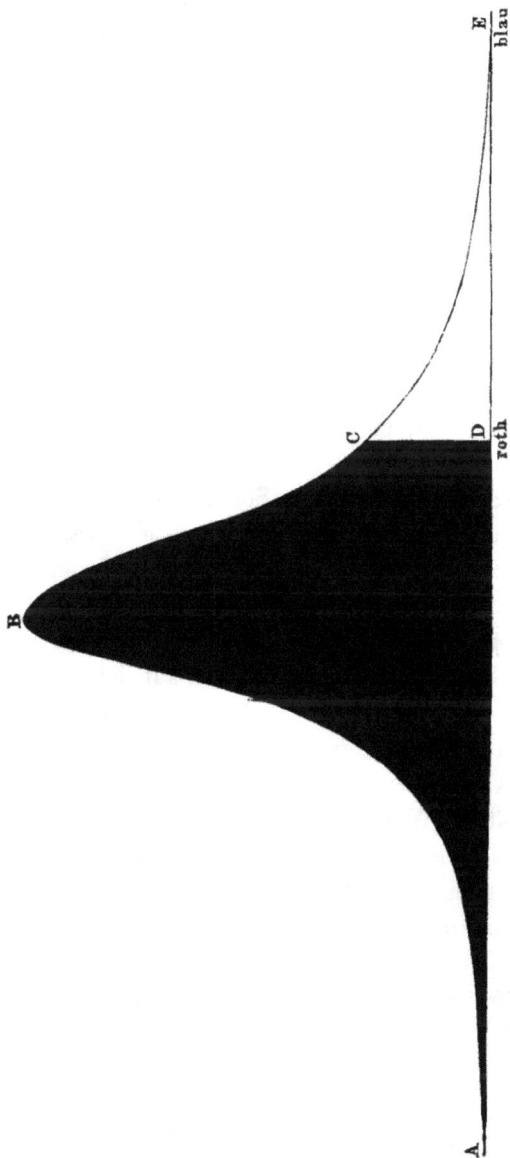

Theil der Figur, welche der sichtbaren Strahlung entspricht, bedeutend zurücktritt.

Fig. 98.

573.   Die Sonnenstrahlen müssen, ehe sie die Erde treffen, durch unsere Atmosphäre hindurchgehen, in welcher sie dem Wasserdampf begegnen, der eine bedeutende Absorption auf die unsichtbaren Strahlen ausübt. Hieraus würde unabhängig von anderen Betrachtungen folgen, dass bei der Sonne das Verhältniss der unsichtbaren zu den sichtbaren Strahlen kleiner sein müsste, als beim elektrischen Licht. In der That rechtfertigt der Versuch diesen Schluss; während nach Fig. 97 die unsichtbare Strahlung der Sonne etwa das Doppelte der sichtbaren ist, beträgt nach Fig. 98 die unsichtbare Strahlung des elektrischen Lichtes nahezu das Achtfache der unsichtbaren.

Lassen wir das Licht der elektrischen Lampe durch eine genügend dicke Schicht Wasser hindurchgehen, so beobachten wir ihre Strahlung nahezu unter denselben Bedingungen, wie die der Sonne; zerlegen wir das elektrische Licht, nachdem es so „abgesiebt" ist, so erhalten wir in dem Spectrum eine Wärmevertheilung, die der im Sonnenspectrum sehr ähnlich ist.

574.   Die Curve der Wärmevertheilung im elektrischen Spectrum fällt am steilsten auf der vom Roth entferntesten Seite desselben ab.   Auf beiden Seiten beobachten wir indess einen continuirlichen Abfall.   Ich habe viele Versuche gemacht, um zu untersuchen, ob die Continuität des Wärmespectrums irgendwie unterbrochen ist; aber alle bisher mit künstlichen Wärmequellen angestellten Messungen zeigen eine allmähliche und continuirliche Zunahme der Wärme von dem Punkte an, wo sie gerade bemerkbar wird, bis zu dem Maximum.

575.   Sir John Herschel hat gezeigt, dass dies bei der Zerlegung der Sonnenstrahlen durch ein Flintglasprisma nicht mehr stattfindet.   Er liess das Sonnenspec-

trum auf einen mit Alkohol befeuchteten schwarzen Papierstreifen fallen und bestimmte durch die Zeit des Trocknens desselben die Wärmewirkung des Spectrums. Er fand, dass die nasse Oberfläche in einer Reihe von Flecken trocknete, die Wärmemaxima darstellten, welche von einander durch Räume von verhältnissmässig geringer Wärmeintensität getrennt waren. Weder in dem Spectrum des elektrischen Lichts, noch in dem eines durch einen galvanischen Strom zur Weissgluth erhitzten Platindrahtes konnten solche Maxima oder Minima beobachtet werden. Es wurden Prismen und Linsen von Steinsalz, Crownglas und Flintglas hierbei benutzt. Bei späteren Versuchen liess man den zu analysirenden Strahl durch verschieden dicke Schichten von Wasser und anderen Flüssigkeiten fallen. Auch wurden verschiedene Gase und Dämpfe in den Weg des Strahles eingeführt. In allen Fällen trat eine allgemeine Abnahme der Wärmewirkung ein, der Abfall der Curve auf beiden Seiten des Maximums war aber continuirlich *).

576. Die Strahlen einer dunklen Quelle kommen in ihrer Intensität den dunklen Strahlen einer leuchtenden Quelle niemals gleich. Ein Körper, der nicht bis zur Weissglühhitze erwärmt ist, kann niemals Strahlen von einer Intensität ausgeben, die denen der Maximalregion des elektrischen Spectrums vergleichbar wäre. Wollen wir daher intensive Wärmewirkungen durch unsichtbare Strahlen erzeugen, so müssen wir solche wählen, die von einer intensiv leuchtenden Quelle ausgestrahlt werden. Dann wirft sich die Frage auf, wie die unsichtbaren Wärmestrahlen von den sichtbaren isolirt werden können.

---

*) Ich hoffe, diese Frage später einer genaueren Untersuchung unterwerfen zu können.

Tyndall, Wärmelehre.   34

577. Man braucht nur einen undurchsichtigen Schirm
vor den sichtbaren Theil des Spectrums des elektrischen
Lichtes zu stellen, um die unsichtbaren Wärmestrahlen
allein zu erhalten und mit ihnen nach Belieben zu arbeiten. So verfuhr Sir William Herschel, als er die unsichtbaren Sonnenstrahlen durch Vereinigung mittelst
einer Linse sichtbar zu machen versuchte. Um aber ein
Spectrum zu bilden, in dem die unsichtbaren Strahlen
gänzlich von den sichtbaren getrennt sind, muss man einen
engen Spalt oder eine kleine Oeffnung anwenden; in Folge
dessen ist die Wärmemenge sehr klein, die man durch das
Prisma absondern kann. Wollen wir die Wirkung stark
concentrirter unsichtbarer Strahlen untersuchen, so müssen wir eine andere Methode finden, um sie von ihren
sichtbaren Begleitern zu trennen. Wir müssen eine Substanz entdecken, die die zusammengesetzte Ausstrahlung
einer leuchtenden Quelle sichten kann, indem sie die sichtbaren Strahlen zurückhält und nur den unsichtbaren freien
Durchgang gestattet.

578. Der Hauptzweck dieser Untersuchungen war, wie
schon erwähnt, die Verwendung der strahlenden Wärme
als Reagenz für die molekulare Beschaffenheit. Der
klar ausgesprochene Unterschied zwischen elementaren
und zusammengesetzten Körpern, welchen die Versuche
enthüllen, ist nach meinem Dafürhalten ein Punkt, der
reich an wichtigen Folgen sein wird. Da sich dieser
Unterschied deutlich bei den Gasen zeigte, wurden die
Flüssigkeiten untersucht und es war wunderbar, wie die
Wirkung derer, die ich untersuchen konnte, dem vorher
beobachteten Verhalten der gasförmigen Körper glich.

Könnten wir einen ganz homogenen, in allen Theilen
optisch continuirlichen einfachen schwarzen Körper darstellen, so sollten wir meinen, dass derselbe die sicht-

baren Strahlen der Sonne und des elektrischen Lichtes
zurückhalten und die unsichtbaren hindurchlassen würde.

579. Kohle in der Gestalt von Russ ist schwarz, aber
seine Theile bilden nicht ein optisch continuirliches Medium. Schwarzes Glas besitzt eine viel vollkommenere
Continuität, und daher lässt es nach Melloni's Versuchen
Wärmestrahlen in bedeutendem Grade hindurch. Das
Gold im Rubinglase oder in dem von Faraday dargestellten gelatinösen Zustand ist für die Wärmestrahlen
bedeutend durchlässig, aber nicht schwarz genug, um die
sichtbaren Strahlen völlig aufzufangen. Das tief braune
flüssige Brom ist für unseren Zweck geeigneter; es zeigt
in so dicken Schichten, dass sie das Licht unserer hell-
sten Flammen nicht hindurchlassen, eine bedeutend grosse
Diathermanität. Jod können wir für sich in flüssigem Zustande nicht anwenden, aber es löst sich leicht in verschiedenen Flüssigkeiten, zuweilen mit einer tief dunklen
Farbe. Hier könnte indess die Wirkung des einfachen
Körpers durch die des Lösungsmittels verdeckt werden.
So geschieht es z. B. bei der Lösung von Jod in Alkohol,
welcher letztere die ultrarothen Strahlen so völlig auffängt, dass die Lösung für Versuche völlig ungeeignet
wäre, bei denen man die dunklen Strahlen erhalten und
nur die sichtbaren abfangen will. Aehnlich verhält es
sich bei vielen anderen Lösungsmitteln für Jod.

580. Das Verhalten des Schwefelkohlenstoffs, sowohl
im flüssigen wie im dampfförmigen Zustande, lässt denselben als ein sehr geeignetes Lösungsmittel erscheinen.
Er ist äusserst diatherman und löst mehr Jod auf, als
irgend eine andere Substanz. Nach früheren Versuchen
(§. 506) gehen von den Strahlen einer rothglühenden Platinspirale 94,5 Proc. durch eine 0,02 Zoll dicke Schicht,

87,5 und 82,5 Proc. durch eine 0,07 und 0,27 Zoll dicke Schicht desselben.

Der folgende Versuch zeigt das Verhalten einer viel dickeren Schicht Schwefelkohlenstoff gegen die intensivere Strahlung des elektrischen Lichtes.

581. Ein cylindrischer Trog von 2 Zoll Länge und 2,8 Zoll Durchmesser war an seinen Enden mit Platten von vollkommen durchsichtigem Steinsalz verschlossen. Derselbe wurde leer vor die elektrische Lampe gestellt und hinter denselben eine mit einem Galvanometer verbundene thermo-elektrische Säule. Der Ausschlag der Nadel des letzteren betrug

73⁰.

Wurde der Trog, ohne seine Lage zu ändern, mit Schwefelkohlenstoff gefüllt, so fiel der Ausschlag auf

72⁰.

Bei einem anderen in gleicher Weise angestellten Versuche ergaben sich in beiden Fällen die Ablenkungen gleich

74 und 73⁰,

Bestimmt man den Werth der Ablenkungen nach einer vorher für die Graduirung des Galvanometers entworfenen Tabelle, so ergiebt sich hieraus, dass die Einführung des Schwefelkohlenstoffs die hindurchgegangene Wärmemenge im Mittel nur im Verhältniss von 100 zu 94,8 vermindert*).

582. Ein allen Anforderungen entsprechendes Lösungsmittel für das Jod würde die totale Strahlung gar nicht ändern; die vorhergehenden Versuche zeigen, dass der Schwefelkohlenstoff dieser Bedingung sehr nahe genügt.

---

*) Die theilweise Vernichtung der Reflexion an den Wänden des Troges durch den hineingegossenen Schwefelkohlenstoff wurde hierbei nicht berücksichtigt.

Derselbe vermag ohne wesentlichen Verlust die ganze
Strahlung des elektrischen Lichtes hindurchzulassen.
Wir wollen jetzt die totale Strahlung zerlegen, indem wir
in dem Schwefelkohlenstoff eine Substanz lösen, die die
sichtbaren Strahlen auffangen und die unsichtbaren hindurchlassen kann. Wir wollen zeigen, dass Jod dies sehr
vollkommen thut.

583. Ein Steinsalztrog, der mit durchsichtigem
Schwefelkohlenstoff gefüllt war, wurde vor die Kammer
gestellt, die die weissglühende Spirale enthielt. Die durchsichtige Flüssigkeit wurde dann abgelassen und statt
ihrer eine Jodlösung eingefüllt. Die beobachteten Ablenkungen waren in den beiden Fällen folgende:

Ausstrahlung des weissglühenden Platin.

Durch die durchsichtige Flüssigkeit.	Durch die undurchsichtige Flüssigkeit.
$73,9^0$	$73,8^0$
$73,0$	$72,9$

584. Alle leuchtenden Strahlen gingen durch den
durchsichtigen Schwefelkohlenstoff, keiner aber durch
die Jodlösung. Und doch sehen wir, wie gering die Wirkung ist, die ihre Beseitigung hervorruft. Das wirkliche
Verhältniss der leuchtenden zu den dunklen Strahlen,
nach den obigen Beobachtungen berechnet, kann so ausgedrückt werden:
Wird die Ausstrahlung eines hellweissglühen-
den Platindrahtes in 24 gleiche Theile getheilt, so
ist einer dieser Theile leuchtend, 23 sind aber
dunkel.

585. Eine helle Gasflamme wurde an Stelle der
Platinspirale gebracht und das obere und untere Ende derselben bedeckt, so dass nur ihr hellster Theil die Strahlen

aussendete. Als Resultat von vierzig Versuchen mit dieser Quelle ergab sich:

Wird die Ausstrahlung des glänzendsten Theiles einer Kohlengasflamme in 25 gleiche Theile getheilt, so ist einer dieser Theile leuchtend, 24 sind aber dunkel.

586. Ich untersuchte dann das Verhältniss der dunklen zu den leuchtenden Strahlen im elektrischen Licht. Es wurde eine Batterie von 50 Elementen benutzt, eine Steinsalzlinse musste die Strahlen der Kohlenspitzen parallel machen. Damit die Ablenkung nicht unbequem gross wurde, mussten die parallelen Strahlen durch eine runde Oeffnung von 0,1 Zoll Durchmesser gehen. Sie wurden nun abwechselnd durch den durchsichtigen Schwefelkohlenstoff und die dunkle Lösung geleitet. Es ist nicht leicht, das elektrische Licht vollkommen constant zu erhalten; aber drei vorsichtig angestellte Versuche ergaben die folgenden Ablenkungen:

Ausstrahlung des elektrischen Lichtes.

	Durch reinen Schwefelkohlenstoff	Durch die dunkle Lösung
Erster Versuch	$72,0^0$	$70,0^0$
Zweiter Versuch	76,5	75,0
Dritter Versuch	77,5	76,5

Berechnen wir nach diesen Messungen das Verhältniss der leuchtenden Wärme zu der dunklen, so können wir das Resultat folgendermaassen aussprechen:

Theilt man die Ausstrahlung des elektrischen Lichtes, das durch eine Grove'sche Batterie von 50 Elementen hervorgerufen wird, in 10 gleiche Theile, so ist einer dieser Theile leuchtend, 9 aber sind dunkel.

Die Resultate, die wir bisher mit verschiedenen Quellen,

die durch Jod strahlen, erhalten haben, können wir
tabellarisch ordnen, wie folgt:

Strahlung durch Jodlösung.

Wärmequelle	Absorption	Durchgegangene Wärme
Dunkle Platindrahtspirale	0	100
Lampenruss (100⁰ C.)	0	100
Rothglühende Platinspirale	0	100
Wasserstoffflamme	0	100
Oelflamme	3	97
Gasflamme	4	96
Weissglühende Platinspirale	4,6	95,4
Elektrisches Licht	10	90

587. Spätere Versuche mit einer Batterie von 50
Elementen ergaben die durchgelassene Wärmemenge zu
89, die absorbirte zu 11 Procent. Stellt die obige Tabelle
die Durchlässigkeit des Jods für Wärme dar, welche von
allen beliebigen weissglühenden Quellen ausgeht, so würde
die Absorption von 11 Procent die calorische Intensität
der leuchtenden Strahlen allein angeben. Durch die
Methode des Filtrirens ergiebt sich also die unsichtbare
Strahlung des elektrischen Lichtes 8 mal so gross als die
sichtbare. Berechnet man die Flächenräume *A B C D*
und *C D E* in Fig. 98, so ist der erstere, der die dunkle
Strahlung darstellt, 7,7 mal so gross, als der letztere. Es
führt also die Zerlegung des Lichtes durch ein Prisma
und die Filtration durch die Jodlösung genau zu demselben Resultat.

588. Es ist durch die Beschreibung der Versuche klar,
dass die vorhergehenden Resultate sich auf die Wirkung
des in dem Schwefelkohlenstoff aufgelösten Jods beziehen.
So zeigt z. B. die Durchlassung von 100 nicht an, dass
die Lösung selbst, sondern dass das Jod in der Lösung
für die Ausstrahlung von den ersten vier Quellen vollkommen diatherman ist.

589. Nachdem wir so in der Jodlösung ein Mittel gefunden haben, um die dunklen von den leuchtenden Wärmestrahlen des elektrischen Lichts zu trennen, können wir nach Belieben mit den ersteren arbeiten. Ich stelle eine Steinsalzlinse so in diese Kammer, dass ich ein kleines Bild der Kohlenspitzen bilden kann. Da eine Batterie von vierzig Elementen verwendet worden ist, so kann die Spur des von der Lampe ausströmenden Lichtkegels deutlich in der Luft gesehen und der Punkt, wo die Strahlen zusammentreffen, leicht bestimmt werden. Befestigen wir das Gefäss mit der dunklen Lösung vor der Lampe, so wird der leuchtende Kegel vollständig abgeschnitten, die unerträgliche Hitze des Focus aber zeigt, wenn die Hand dort hingehalten wird, dass die Wärmestrahlen noch immer durchgelassen werden. Dünne Platten von Blech und Zinn, die nacheinander in den dunklen Brennpunkt gelegt werden, schmelzen sogleich, Streichhölzer entzünden sich, Schiessbaumwolle explodirt und braunes Papier brennt an. Alle diese Resultate werden mit einer Batterie von sechzig Elementen leicht durch die gewöhnlichen Glaslinsen der Dubosq'schen elektrischen Lampe erhalten. Sehr interessant ist es zu beobachten, wie mitten in der Luft einer vollkommen dunklen Stube ein Stück schwarzes Papier plötzlich von den unsichtbaren Strahlen durchbohrt wird, und sich ein brennender Ring nach allen Seiten vom entzündeten Mittelpunkt aus verbreitet.

590. Am 15. November 1864 wurden einige Versuche mit Sonnenlicht gemacht. Der Himmel war nicht wolkenlos und die Londoner Atmosphäre nicht frei von Rauch, so dass im günstigsten Fall nur ein Theil der Wirkung erreicht werden konnte, die ein klarer Tag gegeben haben würde. Da ich zum Glück eine hohle Linse besass,

füllte ich sie mit concentrirter Jodlösung. Wurde sie in den Weg der Sonnenstrahlen gestellt, so drückte sich ein schwacher rother Ring auf einem Blatt weissen Papiers ab, das hinter die Linse gehalten wurde; der Ring zog sich zu einem kleinen rothen Punkt zusammen, wenn der Brennpunkt der Linse erreicht war. Es zeigte sich sogleich, dass dieser Ring durch das Licht erzeugt worden war, das den dünnen Rand der flüssigen Linse durchdrungen hatte. Nachdem ein Streifen schwarzen Papiers um den Rand geklebt war, war der Ring vollkommen verschwunden und keine sichtbare Spur von Sonnenlicht drang durch die Linse. Im Brennpunkt würde jede Spur von Licht neunhundert Mal heller erschienen sein; aber selbst hier war kein Licht sichtbar.

591. Doch so war es nicht bei den dunklen Strahlen der Sonne; der Brennpunkt war brennend heiss. Ein Stück schwarzen Papiers, das man dort hingelegt hatte, war sogleich durchbohrt und in Brand gesteckt; und, wenn man das Papier verschob, bildete sich Loch auf Loch in schneller Folge. Auch Schiesspulver explodirte.

592. Von der Entzündung von Papier und der Schmelzung schmelzbarer Metalle bis zu dem Weissglühen schwer schmelzbarer Metalle durch unsichtbare Strahlen war nur ein Schritt. Die Untersuchung erhielt hier einen neuen Anstoss dadurch, dass aus theoretischen Gründen einige bedeutende Männer daran zweifelten, ob es möglich sei, ein Weissglühen durch unsichtbare Strahlen zu erreichen. Eine kurze Ueberlegung wird es Ihnen klar machen, dass der Erfolg des Versuchs einen Wechsel der Perioden der Wärmewellen bedingte. Denn, wenn Wellen von zu langsamer Wiederkehr, um die Sehkraft zu reizen, ohne Hülfe der Verbrennung einen schmelzbaren Körper leuchtend machen sollten, so konnte es nur

dadurch geschehen, dass man die Moleküle dieses Körpers
zwang, schneller zu schwingen, als die Wellen, die sie
trafen. Man hat lange bezweifelt, ob es möglich sei, diesen Wechsel der Perioden zu erzielen.

593. Die ersten Versuche mit Platinfolie gaben ein
negatives Resultat, und es bedurfte deshalb der Untersuchung, ob wohl die gesammte Strahlung der elektrischen Lampe das Metall zum Weissglühen erhitzen
könnte, ohne dass dabei eine Verbrennung eintritt. Als
nun ein dünnes Platinblech den Kohlenspitzen direct
ohne zwischengestellte Linsen bis auf $\frac{1}{2}$ Zoll genähert
wurde, was ich von hinten durch ein dunkles Glas beobachtete, so begann dasselbe roth zu glühen. Es bedurfte
also nur der Herstellung eines Brennpunktes in grösserer
Entfernung, welcher dieselbe erwärmende Kraft besass,
wie die directen Strahlen in $\frac{1}{2}$ Zoll Entfernung.

594. Zuerst versuchte ich, die directen Strahlen so
viel wie möglich zu benutzen. Ein Stück Platinfolie wurde
einen Zoll weit von den Kohlenspitzen aufgestellt, so dass
es ihre directen Strahlen empfing, und sodann ein kleiner
Hohlspiegel hinter den Kohlenspitzen angebracht, der die
nach hinten fallenden Strahlen auf der Platinfolie concentrirte. Die Wirkung dieses Spiegels compensirte reichlich die Verminderung der Wärmewirkung durch Vermehrung des Abstandes der Folie von den Kohlenspitzen
von $\frac{1}{2}$ Zoll auf 1 Zoll. Selbst bei 2 und 3 Zoll Entfernung von den Kohlenspitzen konnte auf diese Weise die
Platinfolie zum Weissglühen gebracht werden.

595. Bei der letzterwähnten Entfernung konnte ich
zwischen dem Brennpunkt und der Wärmequelle einen
Trog mit Jodlösung einschalten. Die hindurchgelassenen
dunklen Strahlen vermochten noch Papier zu entzünden
und Platinfolie zum Weissglühen zu erhitzen.

596. Diese Versuche sind indess nicht ganz gefahrlos, da der Schwefelkohlenstoff äusserst leicht entzündlich ist. Als ich am 2. November 1864 mit einer sehr kräftigen Batterie und sehr stark erhitzten Kohlenspitzen experimentirte, entzündete sich der Schwefelkohlenstoff in der Lösung und der ganze Apparat stand in Flammen; da er sich indess in einer flachen Schale voll Wasser befand, in welchem der brennende Schwefelkohlenstoff wegen seines grösseren specifischen Gewichtes untersank, so erloschen die Flammen bald. Aehnliche Unfälle wiederholten sich später noch zweimal.

597. Wegen dieser Unfälle versuchte ich den Schwefelkohlenstoff durch andere Lösungsmittel zu ersetzen. Obgleich reines Chloroform nicht so diatherman ist, lässt es die unsichtbaren Strahlen sehr reichlich durch und löst unbehindert Jod auf. In den Schichten von der angewendeten Dicke war die Lösung jedoch nicht dunkel genug, und ihre absorbirende Kraft schwächte die Wirkung. Dasselbe tritt auch bei Jodäthyl und Jodmethyl, bei Benzin, Essigäther und anderen Substanzen ein. Sie lösen alle Jod auf, aber sie schwächen den Erfolg durch ihre Wirkung auf die dunklen Strahlen.

598. Besondere Zellen wurden für Chlor- und Bromschwefel construirt, die beide nicht brennbar sind. Beide sind aber äusserst ätzend und sind ausserdem wegen ihrer, die Augen und Lunge reizenden Dämpfe kaum anzuwenden. Dennoch wurden mit beiden Flüssigkeiten bedeutende Wirkungen erzielt; sie besitzen zwar eine grosse Diathermanität, indess doch nicht die der Jodlösung. Zweifach Chlorkohlenstoff ist nicht brennbar und scheint noch diathermaner zu sein, als Schwefelkohlenstoff, löst aber leider nicht so viel Jod auf, dass mässig dicke Schichten der prächtig purpurgefärbten Lösung völlig undurch-

sichtig erscheinen. Dieselbe könnte indess bei Vorlesungs-
versuchen sehr wohl verwendet werden, wenn sie auch
für entscheidende Untersuchungen über die dunklen
Strahlen nicht geeignet ist.

599. In Folge dieser vergeblichen Versuche bemühte
ich mich, die Gefahren bei Anwendung der Lösung des
Jods in Schwefelkohlenstoff möglichst zu vermindern. Ich
liess eine Zinnkammer verfertigen, in die sowohl die
Lampe als auch der Spiegel gestellt wurden. Durch
eine vorn angebrachte, $2^3/_4$ Zoll weite Oeffnung strömte
der Kegel der reflectirten Strahlen aus und bildete
einen Brennpunkt ausserhalb der Kammer. Unter-
halb dieser Oeffnung war ein Tischchen befestigt, auf
dem sich die Jodlösung befand, und so die Oeffnung
schloss und alles Licht abschnitt. Im Anfang war nichts
zwischen dem Trog und den Kohlenspitzen; aber die
Gefahr, der ich so den Schwefelkohlenstoff aussetzte, liess
mich folgende Verbesserungen machen. Eine vollkommen
durchsichtige, in einer Fassung befindliche Steinsalzplatte
wurde benutzt, um die Oeffnung zu verschliessen, und
durch sie wurde alle directe Verbindung zwischen der
Lösung und den weissglühenden Kohlen abgeschnitten.
Die Oeffnung wurde dann von einem ringförmigen, ungefähr $2^1/_2$ Zoll weiten und $^1/_4$ Zoll tiefen Gefäss umgeben,
durch welches beständig kaltes Wasser floss. Ausserdem
war der die Lösung enthaltende Trog noch mit einer
Hülle umgeben, und das Wasser, welches um die Oeffnung geflossen war, floss dann auch noch um den Trog.
Auf diese Weise wurde der Apparat kühl erhalten. Der
Hals des Troges war durch einen genau passenden Kork
geschlossen; durch diesen ging eine Glasröhre, die, wenn
der Trog auf seinem Tischchen stand, weit über dem Focus
endete. So konnten nun die Versuche über Verbren-

nung im Focus gemacht werden, ohne dass man die Entzündung des Dampfes zu fürchten brauchte, der selbst bei
diesen vollkommenen Vorrichtungen aus dem Schwefelkohlenstoff entweichen konnte.

600. Man übersieht die Einrichtung leicht mit Hülfe
der Fig. 99 und 100, welche eine Vorder- und Seiten-
ansicht der Kammer, der Lampe und des Filtrums geben.

Fig. 99.   Fig. 100.

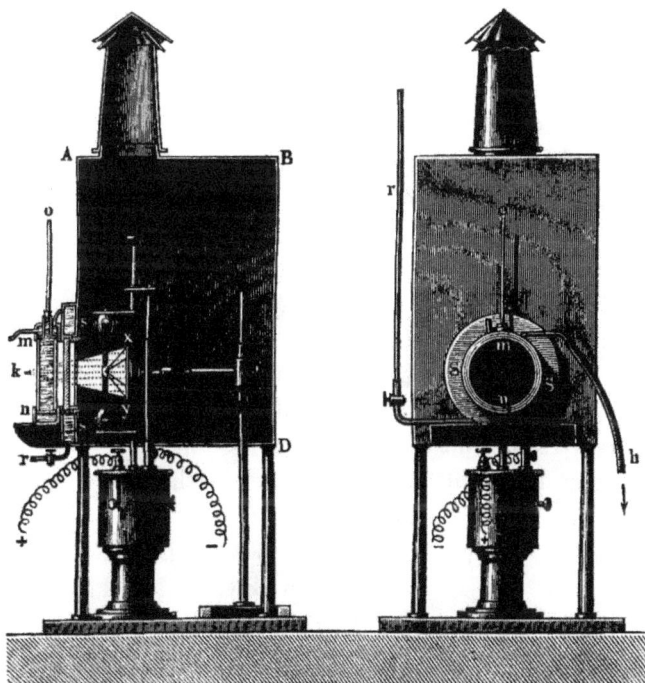

xy ist der Spiegel, von dem der reflectirte Strahlenkegel
ausgeht, zuerst durch das Steinsalzfenster und dann durch
das Jodfiltrum mn. Die Strahlen laufen im Focus k zusammen, wo sie das unsichtbare Bild der untern Kohlenspitze bilden würden; das Bild der obern würde unter-

halb k entstehen. Beide Bilder treten klar hervor, wenn ein Blatt von platinirtem Platin dem Focus ausgesetzt wird. Bei SS, Fig. 99 und 100, sieht man im Durchschnitt und im Grundriss das ringförmige Gefäss, in welches durch das Rohr r kaltes Wasser geleitet wird. Das erwärmte fliesst durch die Röhre h ab.

601. Mit dem so vorgerichteten Apparat und einer Säule von 50 Elementen ergaben sich die folgenden Resultate:

Ein Stück in einem Drahtring befestigte Silberfolie wurde durch Dämpfe von Schwefelammonium geschwärzt. Wurde es in den dunklen Focus gehalten, so leuchtete der Ueberzug zuweilen in lebhafter Rothgluth auf.

602. Aehnlich behandelte Kupferfolie kam ins Rothglühen.

603. Ein Stück platinirter Platinfolie wurde in einem luftleergepumpten Recipienten so aufgestellt, dass der Brennpunkt auf das Platin fiel. Die Wärme in demselben verwandelte sich augenblicklich in Licht, und man sah auf dem erglühenden Metall ein deutliches und umgekehrtes Bild der Kohlenspitzen.

Fig. 101 stellt die thermische Zeichnung (Thermograph) der Kohlenspitzen dar.

Fig. 101.

604. Schwarzes Papier an Stelle der Platinfolie wurde in dem luftleeren Recipienten in dem Focus der unsichtbaren Strahlen augenblicklich durchbohrt, eine Rauchwolke trat durch die Oeffnung und senkte sich wie ein Wasserfall auf den Boden des Recipienten nie-

der. Das Papier schien zu brennen, ohne weisszuglühen.
Auch hier wurde ein Wärmebild der Kohlenspitzen aus dem
Papier herausgebrannt. Schwarzes Papier wird in dem
Focus, wenn das Bild der Kohlenspitzen daselbst recht
scharf ist, immer an zwei Stellen durchbohrt, die den
Bildern der beiden Kohlenspitzen entsprechen. Da
die positive Spitze die heissere ist, so wird auch ihr
Wärmebild das Papier zuerst durchbohren. Es brennt
ein grosses Loch in das Papier, in welchem die krater-
artige Vertiefung an dem Ende der Spitze deutlich er-
kennbar ist. Die negative Kohlenspitze bohrt gewöhnlich nur ein kleines Loch in das Papier.

605. Mit rothem Quecksilberjodid bestrichenes Papier wurde an den Stellen des unsichtbaren Bildes der
Kohlenspitzen entfärbt, indess doch nicht so schnell, wie
ich erwartete.

606. Verkohlte Papierstücke wurden in dem Focus,
sowohl in der Luft, wie unter dem Recipienten der Luftpumpe, weissglühend.

607. Bei diesen älteren Versuchen bediente ich mich
eines für andere Zwecke construirten Apparates. Der
Spiegel z. B. war aus einer Duboscq'schen Kammer genommen, und erst auf der Hinterfläche, dann auf der
Vorderfläche versilbert. Der Trog, welcher die Jodlösung
enthielt, war gleichfalls von Duboscq, wie er gewöhnlich der elektrischen Lampe zur Aufnahme von Alaunlösung beigegeben wird. Seine Seitenflächen sind von
gutem weissen Glase; ihr Abstand beträgt 1,2 Zoll.

608. Ein für die Theorie sehr wichtiger Punkt steht
mit diesen Versuchen in nahem Zusammenhange. Professor Stokes hat bei seinen ausgezeichneten Untersuchungen über Fluorescenz stets gefunden, dass dabei
die Brechbarkeit des einfallenden Lichtes sich vermin-

derte. Dieses Verhalten ist so constant, dass man darin ein allgemeineres Naturgesetz erblicken möchte. Wenn aber die Strahlen, welche bei den vorhergehenden Versuchen Platin, Gold und Silber zum Rothglühen erhitzten, allein ultrarothe waren, so würde das sichtbare Aufleuchten der Metalle ein Beispiel von gesteigerter Brechbarkeit sein. Deshalb wünschte ich mich zu vergewissern, dass durch die Lösung keine Spur von sichtbaren Strahlen hindurchging, und die unsichtbaren Strahlen dem Ultraroth allein angehörten. —

609. Vielleicht möchte es überflüssig erscheinen, diese letztere Bedingung einzuhalten, da die Wärmewirkung der ultravioletten Strahlen so sehr gering ist, dass ihre erwärmende Wirkung völlig verschwinden würde, selbst wenn sie das Platin erreichten. Dennoch war es für die vollständige Lösung der Aufgabe nöthig, alle Strahlen von grosser Brechbarkeit auszuschliessen. Obgleich also die bei den vorigen Versuchen verwendete Jodlösung alles Licht der Sonne um Mittag abfing, unterwarf ich sie doch noch einer strengeren Prüfung.

610. Nachdem die Strahlen der elektrischen Lampe im Spiegel hinreichend gesammelt worden waren, wurde der Jodtrog in den Weg des convergirenden Strahles gestellt, und sein Licht dadurch allem Anschein nach vollständig aufgefangen. Mit einem Stück Platin wurde der Focus gesucht und bezeichnet, und ein Trog mit einer Alaunlösung zwischen den Focus und den Jodtrog gestellt. Die Alaunlösung verminderte die unsichtbare Ausstrahlung bedeutend, war aber ohne besondern Einfluss auf die sichtbaren Strahlen.

611. Alle Fugen der die Lampe umgebenden Kammer waren vorher sorgfältig verschlossen und das Zimmer völlig verdunkelt worden. Das Auge wurde sodann in

eine Höhe mit der Oeffnung gebracht und langsam bis in den vorher bezeichneten Brennpunkt vorgeschoben. Nun zeigte sich eine eigenthümliche Erscheinung. Die weissglühenden Kohlenspitzen der Lampe erschienen tief schwarz auf dunkelrothem Hintergrunde. Wurden sie bewegt, so bewegten sich ihre schwarzen Bilder in gleicher Weise. Wurden sie zur Berührung gebracht, so erschien an ihren Enden ein weisser Raum, der sie zu trennen schien. Die Spitzen erschienen aufrecht und konnten bei sorgfältiger Beobachtung bis zu ihren Haltern verfolgt werden.

Die Dunkelheit der glühenden Kohlenspitzen kann natürlich nur eine relative sein: sie fangen mehr von dem Lichte auf, welches von dem hinten befindlichen Spiegel kommt, als sie selbst durch ihre directe Strahlung ausgeben.

612. Es genügte also eine 1,2 Zoll dicke Schicht von Jodlösung nicht vollkommen den Anforderungen. Es wurden deshalb gleichzeitig zwei mit Jodlösung gefüllte Tröge von resp. 2 Zoll und etwa $2\frac{1}{2}$ Zoll Weite, der erstere mit Seitenflächen von Steinsalz, der zweite mit Flächen von Glas in den Weg des Strahlenkegels gestellt. Wurde der Brennpunkt wie vorher bestimmt und dann die Alaunlösung eingeführt, so konnte man mit dem in den Focus gebrachten Auge keine Spur von Licht mehr bemerken.

612 a. Nun wurde die Alaunlösung entfernt und das ungeschützte Auge dem Brennpunkt genähert. Die Hitze war unerträglich, schien aber mehr die Augenlider, als die Retina zu afficiren. Sodann wurde ein Metallschirm mit einer Oeffnung, die etwas grösser war, als die Pupille, vor das Auge gehalten, und dasselbe vorsichtig dem Focus genähert. Der ganze concentrirte Strahlenkegel trat hier

in das Auge, indess nahm man keine Spur von Licht
wahr, und auch von der Wärme wurde die Retina nicht
merklich berührt. Wurde das Auge entfernt und an die
Stelle der Retina ein platinirtes Platinblech gehalten, so
wurde es sogleich lebhaft rothglühend *). Es gelang
selbst mit den empfindlichsten Mitteln und im ganz dunklen Zimmer nicht, auch nur eine Spur von Fluorescenz
in dem dunklen Focus zu erhalten, ein Beweis, dass die
unsichtbaren Strahlen ausschliesslich ultrarothe waren.
Wir wollen später zeigen, dass eine nicht geringe Menge
dieser Strahlen wirklich zur Retina gelangte.

613. Will man recht intensive Wirkungen erzielen,
so muss man möglichst viele unsichtbare Strahlen in
einem Bildpunkt vereinen und sie daselbst auf einem
möglichst kleinen Raume concentriren. Je näher man
den Spiegel an die Lichtquelle bringt, desto mehr Strahlen
fängt er auf und strahlt er zurück, und je näher derselben der Bildpunkt ist, desto kleiner ist das Bild selbst.
Um beiden Bedingungen zu genügen, muss man Spiegel
von kurzer Brennweite anwenden.

Wird dagegen ein Spiegel von grosser Brennweite angewendet, so muss seine Entfernung von der Quelle der
Strahlen bedeutend sein, um den Brennpunkt der Quelle
nahe zu bringen; wird er aber in einer solchen Entfernung aufgestellt, so geht eine grosse Anzahl von Strahlen
dem Spiegel ganz verloren. Ist andererseits der Spiegel
zu tief, so tritt sphärische Abweichung ein; und wenn
auch eine grosse Menge von Strahlen angesammelt werden kann, so ist ihre Vereinigung im Brennpunkt doch
unvollkommen. Um die beste Spiegelform zu bestimmen,
wurden drei verschiedene Spiegel construirt: der erste von

---

*) Von der Wiederholung dieser Versuche ist entschieden abzurathen.

4,1 Zoll Durchmesser und 1,4 Zoll Brennweite; der zweite von 7,9 Zoll Durchmesser und 3 Zoll Brennweite; der dritte von 9 Zoll Durchmesser und 6 Zoll Brennweite. Es entstanden oft Brüche durch die mangelhafte Kühlung des Glases, aber endlich war ich so glücklich, drei ganz fehlerfreie Spiegel zu erhalten.

Nach mehreren Versuchen schien die geeignetste Brennweite etwa 5 Zoll (der Durchmesser des Spiegels etwa 8 bis 9 Zoll) zu sein; und dem entsprechend muss der Spiegel aufgestellt werden. Dann ist das Bild noch weit genug von der Lichtquelle entfernt, um die Jodzelle zwischenzuschalten, und die Hitze im Bildpunkt ist noch äusserst gross.

614. Und jetzt will ich mit diesem verbesserten Apparat die Hauptversuche über die unsichtbaren Wärmestrahlen anstellen. Diese dichten Rauchwolken, die von einem, in den dunklen Bildpunkt gebrachten, geschwärzten Holzstück aufsteigen, sind sehr auffallend; Streichhölzer werden selbstverständlich daselbst sogleich entzündet, Schiesspulver explodirt. Trocknes schwarzes Papier und kleine Holzschnitzel brennen sogleich an. Ein Stück braunes Papier erglüht im Bildpunkt zuerst lebhaft auf einer grossen Fläche, dann bricht es durch und die Verbrennung verbreitet sich ringförmig um den entzündeten Mittelpunkt. Holzkohle verbrennt zu Asche und verkohlte Papierstücke erglühen sehr lebhaft. Ein Streifen geschwärzter Zinkfolie verbrennt im dunklen Focus mit Flamme; zieht man ihn langsam durch denselben, so kann man die Verbrennung bis zur völligen Verzehrung des Streifens fortsetzen. Ein an dem Ende flach geschlagener und geschwärzter Magnesiumdraht entzündet sich ebenfalls. Eine Cigarre entzündet sich selbstverständlich im Brennpunkt. Man kann die Körper bei den Versuchen

unter Glasrecipienten bringen; die vereinten Wärmestrahlen entzünden sie dennoch, auch nachdem sie durch
das Glas gegangen sind. Ein kleines Stückchen Holz in
einer Glocke voll Sauerstoff brennt plötzlich auf; Holz-
kohlenstaub verbreitet plötzlich ganze Ströme von Funken.

615. In allen diesen Fällen war der der Wirkung der
unsichtbaren Wärmestrahlen ausgesetzte Körper mehr
oder weniger brennbar. Er bedurfte einer grösseren oder
geringeren Erwärmung, damit die Verbindung mit dem
Sauerstoff der Luft eingeleitet wurde. Seine Helligkeit
entsprach meist der Erhitzung durch das Verbrennen und
lieferte keinen entscheidenden Beweis, dass die Brechbarkeit der auffallenden Strahlen erhöht war. Dieses Resultat
erhält man indess, wenn man nicht brennbare Körper
in den Brennpunkt bringt oder brennbare in einen sauer-
stofffreien Raum einschliesst. Sowohl in der Luft, wie im
Vacuum wurde platinirte Platinfolie wiederholt zum
Weissglühen erhitzt; ebenso Kohlen und Coaksstücke im
luftleeren Raume. Und doch waren die Wellen, welche
ursprünglich dieses Licht erzeugten, weder mit den sichtbaren noch mit den ultravioletten Strahlen gemischt, sie
waren ausschliesslich ultraroth. Die Wirkung der Atome
des Platins, Kupfers, Silbers, der Kohle verwandelt diese
Wärmestrahlen in Lichtstrahlen. Sie fallen mit einer bestimmten Oscillationsgeschwindigkeit auf das Platin auf
und verlassen es mit einer grösseren, die unsichtbaren
Strahlen sind sichtbar geworden.

616. Das weissglühende Platin zeigte beim
Anblick durch ein Schwefelkohlenstoffprisma
ein lebhaftes und vollständiges Spectrum vom
Roth bis zum Violett.

617. Um diese Umwandlung der Wärmestrahlen in
Strahlen von grösserer Brechbarkeit zu bezeichnen, möchte

ich den Ausdruck „Calorescenz" vorschlagen. Er passt
gut zu dem von Professor Stokes eingeführten Wort
„Fluorescenz" und deutet auch den Vorgang bei den betreffenden Erscheinungen an. Der von Professor Challis *)
eingeführte Ausdruck: „Umwandelung der Strahlen" entspricht beiden Gruppen von Phänomenen gemeinschaftlich.

618. Ich habe, indess bisher ohne Erfolg, versucht,
Platin durch die unsichtbaren Strahlen des elektrischen
Lichtes zu schmelzen, theils mittelst einer grossen elektrischen Lampe nach Foucault unter Anwendung einer
Säule von 100 Elementen, theils mittelst zweier elektrischer Lampen mit resp. 100 und 70 Elementen, deren
Wärmestrahlen durch zwei Spiegel und Strahlenfilter von
den beiden entgegengesetzten Seiten auf denselben Punkt
eines Platinblechs concentrirt wurden. Das Platinblech
wurde lebhaft weissglühend, schmolz aber nicht; wahrscheinlich weil der Ueberzug von Platinschwarz durch
die enorme Hitze fortgeführt, und nun durch die starke
reflectirende Kraft des Metalls die Absorption der Wärmestrahlen zu sehr vermindert wurde. Beim Bedecken des
Platins mit Lampenruss wurde es fast bis zum Schmelzen
gebracht, wie man an dem abgekühlten Blech deutlich
sehen konnte. Indess auch hier verfliegt die absorbirende
Substanz zu schnell. Kupfer und Aluminium verbrennen
bei dem gleichen Verfahren alsbald.

619. Die Trennung des leuchtenden Aethers von der
Luft wird durch diese Versuche überraschend klar bewiesen. Die Luft im Brennpunkt kann von erstarrender
Kälte sein, während der Aether eine Wärme hat, die,
würde sie absorbirt, der Luft die Temperatur einer Flamme

---

*) Philos. Magazine 1865. Vol. XXIX. p. 336.

mittheilen könnte. Das Luftthermometer bleibt unberührt,
während Platin weissglühend wird.

620. Bei den bisher beschriebenen Apparaten hatte
ich den Zweck verfolgt, die Anwendung einer so leicht
entzündlichen Substanz, wie Schwefelkohlenstoff, möglichst gefahrlos zu machen. Seitdem bin ich auf eine
andere Anordnung des Apparates gekommen, die denselben Zweck einfacher erfüllt und die Wiederholung der
Versuche erleichtert.

Die jetzt vor Ihnen aufgestellte Einrichtung, Fig. 102,
kann ohne Gefahr benutzt werden.

Fig. 102.

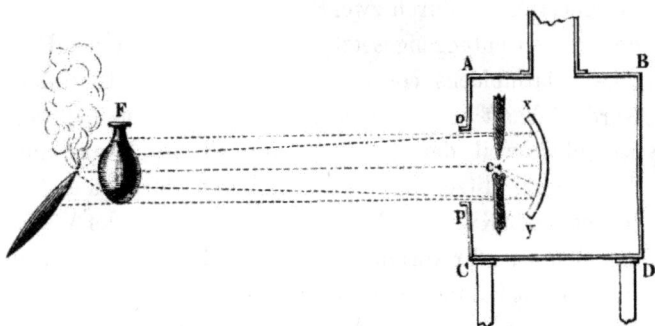

$ABCD$ ist der Umriss der Kammer, xy der in ihr
befindliche versilberte Spiegel, c die Kohlenspitzen des elektrischen Lichtes, op die Oeffnung vorn an der Kammer,
durch die der vom Spiegel xy reflectirte Strahl fällt.

621. Die Entfernung des Spiegels von den Kohlenspitzen muss der Art sein, dass der reflectirte Strahl
schwach convergirt. Man stellt eine mit Jodlösung gefüllte Glasflasche in den Weg des reflectirten Strahles in
sicherer Entfernung von der Lampe. Die Flasche dient

zugleich als Linse und als Filtrum, sie fängt die sichtbaren Strahlen auf und convergirt die dunklen stark. F stellt eine solche Flasche vor; in dem Brennpunkt, der dicht hinter ihm gebildet wird, können Verbrennung und Calorescenz erzeugt werden. Flaschen von $1\frac{1}{2}$ bis 3 Zoll Durchmesser eignen sich gut für diese Versuche.

622. Durch die hier beschriebene Vorrichtung ist Platin in einer Entfernung von 22 Fuss von der Strahlenquelle rothglühend geworden.

623. Indess auch der beste Spiegel zerstreut die Strahlen zum Theil, und so wird die Wirkung in grösserer Entfernung geschwächt. Man kann die Wirkung in der Luft indess verstärken, wenn man vor die Kammer ein innen polirtes Zinnrohr setzt, welches den seitlichen Verlust an Wärmestrahlen verhindert. Solch ein Rohr vor der Kammer ist in AB, Fig. 103, abgebildet. Man

Fig. 103.

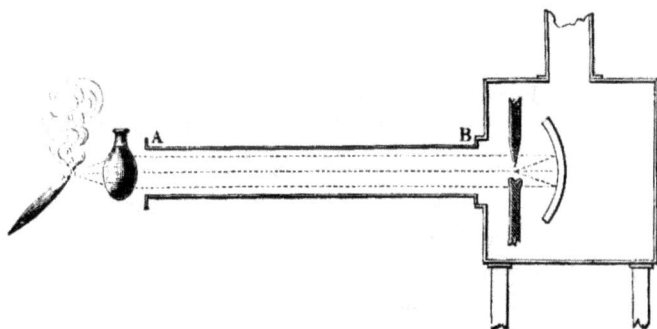

kann vor das Ende des Rohres die Flasche mit der Jodlösung halten oder sie auf eine andere Weise daselbst fest aufstellen. So kann man mit einer Säule von 50 Elementen Platin im Focus der Flasche zum Weissglühen erhitzen.

624. Ferner kann man auch eine Glas- oder Steinsalzlinse *L*, Fig. 104, von 2,5 Zoll Durchmesser und 3 Zoll
Brennweite in den Weg der reflectirten Strahlen bringen

Fig. 104.

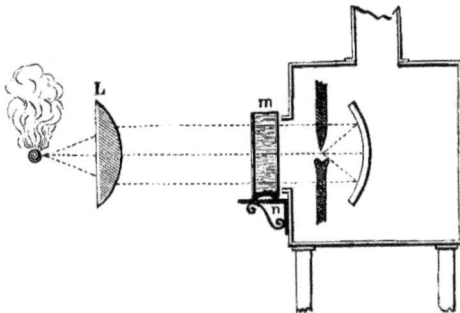

und vor oder hinter ihr einen mit der Jodlösung gefüllten
Trog *MN**) mit planparallelen Glaswänden aufstellen.
In dem Vereinigungspunkte der Strahlen hinter der Linse
erhält man selbstverständlich alle Wirkungen der Calorescenz und Verbrennung.

625. Endlich kann man das von dem Spiegel, Fig.
105 (a.f.S.) hinter den Kohlenspitzen reflectirte Strahlen-
bündel auf einen zweiten Hohlspiegel *x'y'* fallen und durch
ihn vereinigen lassen. In dem Vereinigungspunkt, der
einige Fuss von der Kammer entfernt sein kann, erhält
man wiederum die obigen Resultate. Das Licht der Strahlen kann an jeder beliebigen Stelle abgefangen werden.
Indess verwendet man hierbei zweckmässig für die gewöhnlichen Fälle zum Lösen des Jods Zweifach-Chlor-

---

*) Der Trog *MN* kann in einer ziemlichen Entfernung von den
Kohlenspitzen aufgestellt werden. Die Anwendung einer reflectirenden
Röhre liefert noch bessere Resultate.

kohlenstoff statt des Schwefelkohlenstoffs, und stellt den
Trog mit der undurchsichtigen Lösung nahe an der Kammer auf. Sobald der Lichtbogen erscheint, kann man

Fig. 105.

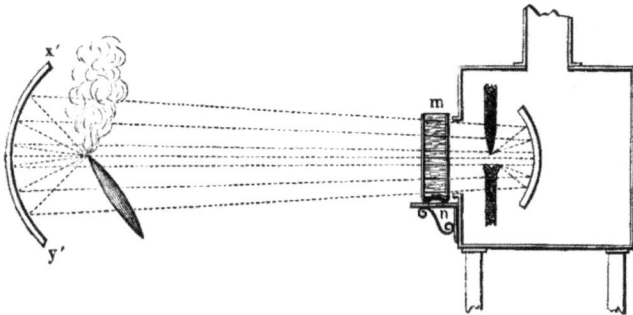

Explosionen, Verbrennungen oder Calorescenz im Focus
beobachten.

626. Bis jetzt habe ich ausschliesslich die dunklen
Strahlen des elektrischen Lichtes verwendet; indess alle
weissglühenden festen Körper senden diese unsichtbaren
Wärmestrahlen aus. Je dichter dabei der glühende
Körper ist, desto kräftiger ist seine dunkle Strahlung.
Wir besitzen in der Royal Institution sehr dichte Kalkcylinder zur Erzeugung des Drummond'schen Lichtes;
wird eine kräftige Knallgasflamme auf dieselben geleitet,
so erglühen sie mit lebhaft gelblichem Lichte und ihre
dunkle Strahlung ist äusserst kräftig. Sondert man die
letztere von der totalen Ausstrahlung durch die Jodlösung,
so kann man in dem Focus der unsichtbaren Strahlen
alle vorher beschriebenen Wirkungen erhalten. Lässt
man die Knallgasflamme nach dem Vorschlage von Herrn
Carlevaris auf zusammengepresste Magnesia treffen,
so ist das Licht weisser, als das Kalklicht; da indess die

Masse leicht und schwammig ist, so übertrifft die dunkle
Strahlung der Kalkcylinder die der Magnesia.

627. Auch die unsichtbaren Strahlen der Sonne wurden in gleicher Weise umgewandelt. Die von einem
Hohlspiegel von 3 Fuss Durchmesser auf dem Dache der
Royal School of Mines in London reflectirten Sonnenstrahlen wurden in einem dunklen Raume concentrirt und
in den Brennpunkt derselben ein Stück platinirtes Platinblech gebracht. Wurden die sichtbaren Strahlen durch
die Jodlösung aufgefangen, so erglühte das Platin schwach,
aber sichtbar durch die Wirkung der unsichtbaren
Strahlen.

628. Derselbe Spiegel wurde in dem Garten eines Freun-
des, des Herrn Lubbock bei Rislehurst aufgestellt, weil
dort der Himmel klarer war. Eine geschwärzte Zinnröhre
A B, Fig. 106 von quadratischem Querschnitt, die an dem

Fig. 106.

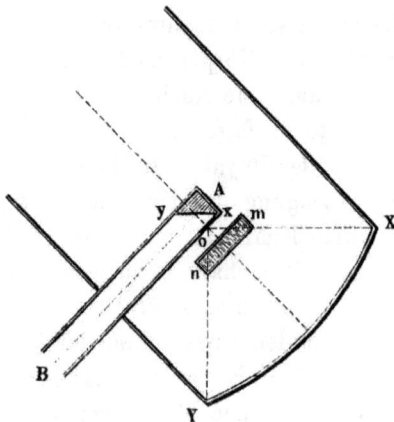

einen Ende offen war, wurde an dem andern mit einem
ebenen Spiegel *xy* versehen, der einen Winkel von 45⁰

mit der Axe der Röhre bildete. Gegenüber von dem Spiegel
wurde eine seitliche Oeffnung *x o* von ungefähr 2 Zoll
im Quadrat ausgeschnitten. Ueber diese Oeffnung wurde
ein Blatt von platinirtem Platin gelegt. Wurde das Blatt
dem concaven Spiegel zugedreht, so konnten die concentrirten Sonnenstrahlen darauffallen. Es ist bei vollem
Tageslicht ganz unmöglich zu sehen, ob das Platin weissglühend ist oder nicht; brachte man aber das Auge nach
B, so konnte man das Glühen des Platins durch die Reflexion an dem ebenen Spiegel erkennen. So erhielt man
auch Weissglühhitze in dem Brennpunkt des grossen
Spiegels *X Y*, nachdem man die sichtbaren Strahlen
durch die Jodlösung *m n* entfernt hatte*).

629. Die gesammten, von diesem Spiegel reflectirten
Sonnenstrahlen zeigten ausserordentlich bedeutende Wirkungen. Grosse Stücke Platinfolie und selbst von dickerem
Platinblech verschwanden in dem Brennpunkte wie durch
Verdunstung; Papier stand im Focus augenblicklich in
hellen Flammen u. s. f. Diese Versuche zeigen, wie bedeutend die sichtbare Strahlung der Sonne im Verhältniss zu ihren unsichtbaren Strahlen ist. Während
die unsichtbaren Strahlen des elektrischen und Kalklichtes, deren Gesammtstrahlung viel kleiner als die
der Sonne ist, Platin zum Weissglühen erhitzen können,
vermögen die unsichtbaren Strahlen der Sonne, nachdem
die sichtbaren Strahlen aufgefangen sind, nach ihrer Concentration kaum ein helles Rothglühen hervorzubringen.
Die Hitze der leuchtenden Sonnenstrahlen ist dagegen
so bedeutend, dass es sehr schwierig ist, mit ihnen unter
Anwendung der Jodlösung zu arbeiten. Dieselbe kochte

---

*) Versuche mit der Sonne sind schon früher, aber ohne Erfolg, von
Anderen gemacht worden.

schon 2 bis 3 Secunden nach dem ersten Auffallen der
Strahlen und blieb beständig im Sieden. Dieses Ueber-
wiegen der leuchtenden über die dunklen Strahlen ist
zweifellos in gewissem Grade der Absorption eines grossen
Theils der letzteren durch den Wasserdampf in der Luft
zuzuschreiben. Hieraus kann man indess auch auf die
enorm hohe Temperatur der Sonne schliessen.

630. Wurden auf dem Dach der Royal Institution
die Sonnenstrahlen durch eine mit Jodlösung gefüllte
Hohllinse concentrirt, so erglühte Platinblech in ihrem
Brennpunkte.

631. Auch als die Sonnenstrahlen, welche vom Glase
sehr gut durchgelassen werden, durch eine schöne Linse
aus einem photographischen Apparate des Herrn Mayall
in Brighton concentrirt wurden, beobachtete man nach
gänzlicher Absorption der leuchtenden Strahlen im Brennpunkt noch Rothglühhitze.

632. Bei den vorher beschriebenen Versuchen wurde
häufig schwarzes Papier angewendet, auf welches die unsichtbaren Strahlen sehr energisch wirkten. Man kann
hiernach erwarten, dass die Absorption dieser Strahlen
von der Farbe abhängt. Ein rothes Pulver ist roth, weil
leuchtende Strahlen von grösserer Brechbarkeit als die
rothen in dasselbe eindringen und absorbirt werden, und
das nicht absorbirte rothe Licht durch Reflexion an den
Grenzflächen der Theilchen des rothen Körpers zurückgeworfen wird. Diese geringe Absorption der rothen
Strahlen erstreckt sich auch häufig auf Strahlen von
grösserer Wellenlänge jenseits des Roth; wird daher rothes
Papier in den Focus der unsichtbaren Strahlen gebracht,
so wird es daselbst kaum verkohlt, während schwarzes
Papier sich augenblicklich entflammt. Folgendes ist das

Verhalten verschiedener Papiersorten im dunklen Brennpunkt eines elektrischen Lichtes von mässiger Intensität.

Papier	Verhalten
Orange Glanzpapier	Kaum verkohlt
Rothes „	Kaum verändert, weniger als das orange
Grünes u. blaues Glanzpapier	In einem kleinen glimmenden Ringe durchbohrt
Schwarzes Glanzpapier . . .	Durchbohrt und augenblicklich entflammt
Weisses „ . . .	Verkohlt, aber nicht durchbohrt
Dünnes Postpapier	Kaum verkohlt, weniger als das weisse
Weisses Löschpapier	Kaum verändert
Gewöhnliches braunes Papier	Sogleich durchbohrt, ein glimmender Ring breitet sich nach allen Seiten aus
Dickes weisses Sandpapier } Braunes Schmirgelpapier . }	Von einem glimmenden Ringe durchbohrt
Matt schwarzes Papier . . .	Durchbohrt und sogleich entflammt.

633. Das rothe Papier absorbirt also fast gar keine unsichtbaren Strahlen, selbst weisses Papier absorbirt mehr und wird deshalb leichter verkohlt. Reibt man rothes Quecksilberjodid auf Papier und bringt die geröthete Oberfläche in den Focus, so erhält man ein thermisches Bild der Kohlenspitzen, indem an der Stelle, wo ihre Strahlen auffallen, die Farbe gebleicht wird. Ich erwartete, diesen Farbenwechsel sogleich eintreten zu sehen, und wunderte mich zuerst darüber, dass eine längere Zeit zu demselben erforderlich war.

634. Wir können hier einen bekannten Versuch, der zu sehr irrigen Schlüssen Veranlassung gegeben hat, richtig erklären. Der berühmte Dr. Franklin legte Tuchstücke von verschiedener Farbe auf den Schnee und liess die Sonne darauf scheinen. Sie absorbirten die Sonnenstrahlen in verschiedenem Maasse, wurden verschieden erwärmt und sanken also auch verschieden tief in den unter ihnen liegenden Schnee. Er schloss daraus, dass

die dunklen Farben die absorbirenden seien, die hellen diejenigen, die am wenigsten absorbirten, und bis auf diese Stunde scheinen wir uns mit Franklin's Verallgemeinerung ohne genauere Untersuchung begnügt zu haben. Bestände die Ausstrahlung der leuchtenden Quellen ausschliesslich aus sichtbaren Strahlen, so könnten wir leicht von der Farbe des Gegenstandes auf seine Fähigkeit schliessen, die Wärme solcher Quellen zu absorbiren. Wir wissen jedoch, dass die Ausstrahlung der leuchtenden Quellen in keiner Weise ganz sichtbar ist. Der bei weitem grösste Theil der Ausstrahlung irdischer Quellen, und selbst ein sehr grosser Theil der Ausstrahlung von der Sonne besteht aus unsichtbaren Strahlen, über die die Farbe uns nichts lehrt.

635. Wir mussten daher untersuchen, ob die Resultate Franklin's einem allgemeineren Naturgesetz entsprächen. Man nahm zwei Karten von derselben Grösse und Beschaffenheit; auf die eine wurde weisses Alaunpulver, auf die andere dunkles Jodpulver gestreut. Als man sie vor ein brennendes Feuer hielt und die Maximaltemperatur, die ihrer Lage entsprach, annehmen liess, fand man, dass die Karte mit dem Alaun ausserordentlich heiss geworden war, während die mit dem Jod vollkommen kalt blieb. Man brauchte kein Thermometer, um den Unterschied festzustellen. Hielt man die Rückseite der Jodkarte gegen die Stirn oder die Wange, so empfand man keinerlei Unbequemlichkeit, während die Rückseite der Alaunkarte an derselben Stelle unerträglich heiss erschien.

636. Mit diesem Resultate stimmten die folgenden Versuche überein: Die eine Kugel eines Differenzialthermometers wurde mit Jod bedeckt, die andere mit Alaunpulver. Als ein rothglühender Spatel halbwegs

zwischen beide gehalten wurde, fiel die Flüssigkeitssäule, die mit der mit Alaun bedeckten Kugel in Verbindung stand, bedeutend und behielt eine niedrige
Stellung bei. Die Kugeln von zwei Quecksilberthermo-
metern wurden, die eine mit Jod, die andere mit Alaun
bedeckt. Als sie in gleicher Entfernung der Ausstrahlung
einer Gasflamme ausgesetzt wurden, stieg das Quecksilber in dem mit Alaun bedeckten Thermometer fast
zweimal so hoch als in dem andern. Zwei Zinnblätter
wurden, das eine mit Alaun und das andere mit Jodpulver überzogen. Die Blätter wurden einander parallel
ungefähr 10 Zoll von einander gelegt; an der Rückseite
eines jeden wurde ein kleiner Wismuthstab angelöthet,
der mit der Zinnplatte, an die er befestigt war, ein
thermo-elektrisches Element bildete. Die beiden Platten
waren durch einen Draht mit einander, und die freien
Enden der Wismuthstangen waren mit einem Galvanometer verbunden. Als eine rothglühende Kugel halbwegs
zwischen sie gelegt wurde, fielen die Wärmestrahlen
mit der gleichen Intensität auf die beiden Zinnblätter,
das Galvanometer aber zeigte augenblicklich an, dass das
Blatt mit dem Alaun am stärksten erwärmt wurde.

637. Bei einigen dieser Versuche war das Jod nur
durch ein Musselintuch geschüttet worden; bei anderen
war es mit Schwefelkohlenstoff gemischt und mit einer
Bürste von Kameelhaaren aufgetragen. Wenn es nachher
getrocknet war, so war es fast so schwarz wie Russ; doch
absorbirte es die strahlende Wärme in keinerlei Weise
wie das vollkommen weisse Alaunpulver.

638. Diese Schwierigkeit, Jod durch strahlende Wärme
zu erhitzen, ist augenscheinlich seiner diathermanen Eigenschaft zuzuschreiben, die es so auffallend zeigt, wenn es

in Schwefelkohlenstoff aufgelöst wird. Die Wärme dringt
in das Pulver, wird von den äusseren Grenzen der Oberflächen der Theilchen zurückgeworfen, bleibt aber nicht
zwischen den Jodatomen. Wird Jod in genügender Menge
auf eine Platte von Steinsalz geschüttet und in den Weg
des Wärmestrahls gestellt, so fängt das Jod die Wärme
auf. Seine Wirkung ist aber nur dieselbe wie die eines
weissen Pulvers für das Licht; es ist undurchdringlich
nicht durch Absorption, sondern durch wiederholte innere
Reflexion. Gewöhnlicher Stangenschwefel, selbst in dünnen
Kuchen, lässt keine strahlende Wärme durch; doch ist
seine Undurchsichtigkeit ebenfalls der inneren Reflexion
zuzuschreiben. Die Entzündungstemperatur des Schwefels
ist ungefähr 244° C.; legte man aber ein kleines Stück
dieser Substanz in den dunklen Brennpunkt der elektrischen Lampe, wo die Wärme genügte, Platin augenblicklich zum Weissglühen zu bringen, so musste es eine ge-
raume Zeit der Wärme ausgesetzt bleiben, damit der
Schwefel schmolz und sich entzündete. Obgleich er undurchdringlich für die Wärme ist, so ist er es nicht durch
Absorption. Zucker ist eine weit weniger entzündliche
Substanz als Schwefel, absorbirt aber weit besser; in den
Brennpunkt gebracht, schmilzt und verbrennt er schnell.
Ueberdies ist die Wärme, die gestossenen Zucker entzünden kann, kaum ausreichend, um Kochsalz von derselben weissen Farbe zu erwärmen.

639. Ein Stückchen von fast schwarzem amorphem
Phosphor wurde in den dunklen Brennpunkt der elektrischen Lampe gebracht und wollte sich nicht entzünden.
Ein noch bemerkenswertheres Resultat erhielt man mit
gewöhnlichem Phosphor. Ein kleines Theilchen dieser
so ausserordentlich entzündbaren Substanz konnte wäh-

rend zwanzig Secunden, ohne sich zu entzünden, in einem
Brennpunkt verweilen, wo Platin fast augenblicklich weissglühend wurde. Der Schmelzpunkt des Phosphors ist ungefähr bei 44⁰C., der des Zuckers bei 160⁰; und doch
schmilzt der Zucker vor dem Phosphor im Brennpunkt
der elektrischen Lampe. Dies Alles muss man der
Diathermansie des Phosphors zuschreiben; eine dünne
Scheibe dieser Substanz, die zwischen zwei Steinsalzplatten gebracht ist, lässt reichlich Wärme hindurch, und
daher nimmt der Phosphor in seinem Verhalten gegen
strahlende Wärme einen Platz bei den anderen elementaren Körpern ein.

640. Je diathermaner ein Körper ist, desto weniger
wird er von der strahlenden Wärme erwärmt. Kein
vollkommen durchsichtiger Körper könnte allein durch
leuchtende Wärme erwärmt werden. Man setzte die
Oberfläche eines, mit einer dicken Schicht Reif bedeckten
Körpers dem durch einen kräftig wirkenden Spiegel ge-
sammelten Strahl der elektrischen Lampe aus, nachdem
der Strahl vorher durch ein mit Wasser gefülltes Gefäss
gelassen worden war. Es war dem gesiebten Strahl unmöglich, den Reif zu entfernen, obgleich er Holz in Brand
zu setzen vermochte. Wir können dieses Resultat im
weitesten Sinne verwenden. Es sind z. B. nicht die
leuchtenden, sondern die dunklen Strahlen der Sonne,
die den Winterschnee von den Abhängen der Alpen kehren.
Jeder Gletscherstrom, der durch die Alpenthäler rauscht,
ist fast allein ein Product der unsichtbaren Ausstrahlung.
Es sind auch die unsichtbaren Sonnenstrahlen, die die
Gletscher von der Meereshöhe bis zu den Bergspitzen
heben; denn die leuchtenden Strahlen dringen bis zu
grosser Tiefe in den tropischen Ocean, während die nicht-

leuchtenden gleich an der Oberfläche absorbirt werden
und hauptsächlich die Verdunstung bewirken.

641. Mit der Erfüllung eines früher gegebenen Ver-
sprechens (§. 612 a.) wollen wir diesen Gegenstand abschliessen. Die Methode, durch die Melloni das Verhältniss der sichtbaren zu den unsichtbaren Strahlen fest-
stellte, die von irgend einer leuchtenden Quelle ausgestrahlt
werden, habe ich Ihnen (§. 370) beschrieben. Ich habe
Ihnen erklärt, wenn man annimmt, wie es sich wirklich verhält, dass eine Lösung von Alaun alle sichtbaren
Strahlen durchlässt, alle unsichtbaren aber absorbirt,
dass dann der Unterschied zwischen der Durchlassung
durch Alaun und Steinsalz die Wirkung der unsichtbaren
Strahlen angiebt. Ist aber diese Annahme in Betreff der
absorbirenden Kraft von Alaun richtig? Ist eine Lösung
dieser Substanz von der bisher untersuchten Dicke wirklich im Stande, alle Wärmestrahlen zu absorbiren, die
eine geringere Brechbarkeit als die leuchtenden Strahlen haben?

642. Die Jodlösung, mit der Sie jetzt so genau bekannt sind, wurde vor eine elektrische Lampe gestellt und
dadurch wurden die leuchtenden Strahlen aufgefangen.
Hinter das Steinsalzgefäss mit der undurchsichtigen Lösung wurde zuerst ein leeres Glasgefäss gestellt. Die
Ablenkung, welche durch die dunklen Strahlen, die durch
beide gingen, erzeugt wurde, betrug

$$80^0.$$

Jetzt wurde das Glasgefäss mit einer concentrirten Alaunlösung gefüllt; die von den dunklen Strahlen, die durch
beide Lösungen gingen, erzeugte Ablenkung betrug

$$50^0.$$

Berechnet man den Werth dieser Ablenkungen, so

findet man, dass von der dunklen Wärme, die durch die Jodlösung hindurchgeht, 20 Proc. von dem Alaun durchgelassen werden*).

643. Die Frage, ob die unsichtbaren, von leuchtenden Quellen ausgestrahlten Strahlen die Retina des Auges erreichen, haben wir bisher unerörtert gelassen. Doch ist es nicht zu bezweifeln, dass die unsichtbaren Strahlen, welche durch eine so dicke Schicht der diathermansten aller bis jetzt entdeckten Flüssigkeiten zu gehen vermögen, auch die Feuchtigkeit des Auges durchdringen können.

Dr. Franz hat in der That bewiesen, dass dies bei den dunklen Sonnenstrahlen eintritt. Die sehr sorgfältigen und interessanten Versuche von Herrn Janssen**) beweisen ausserdem, dass die Feuchtigkeit des Auges genau dieselbe Menge strahlender Wärme absorbirt, wie eine Wasserschicht von derselben Dicke; und in unserer Lösung kommt die Wirkung des Alauns noch zu der des Wassers hinzu. Directe Versuche mit der Glasflüssigkeit eines Ochsenauges führten mich zu dem Schluss, dass ein Fünftel der dunklen Strahlen, die ein intensives elektrisches Licht ausströmt, die Retina erreicht; und da von je zehn Theilen dieser Ausstrahlung neun dunkel sind, so folgt daraus, dass fast zwei Drittel

---

*) Licht wird immer reflectirt, wenn es von einem Medium zum anderen geht; dasselbe gilt auch von der strahlenden Wärme. Und bei unserem leeren Glasgefäss wurde die strahlende Wärme von den beiden inneren Oberflächen reflectirt, wenn es leer war. Ohne Zweifel änderte der Zutritt der Alaunlösung die Menge der reflectirten Wärme; ich habe der Einfachheit wegen unterlassen, dies mit in Betracht zu ziehen, doch wäre es auf die hier angegebenen Resultate ohne wesentlichen Einfluss gewesen.

**) Annales de Chimie et de Physique, tom. IX. p. 71.

der ganzen Strahlenmenge, sei sie sichtbar oder unsichtbar, die das elektrische Licht zur Retina sendet,
nicht im Stande sind, den Gesichtssinn zu reizen.

644. Man kann in einer ziemlich klaren Nacht die
Flamme eines Lichtes in einer englischen Meile Entfernung
sehen. Die Intensität des elektrischen Lichtes, das ich
in einzelnen Fällen benutzte, war nach der Messung mit
dem Photometer 1000 mal grösser als die einer guten
Kerze, und da die nichtleuchtenden Wärmestrahlen der
Kohlenspitzen, die die Retina erreichen, in runden Zahlen
die doppelte lebendige Kraft der leuchtenden haben, so
folgt daraus, dass bei gewöhnlicher Entfernung, z. B. eines
Fusses, die lebendige Kraft der strahlenden Wärme, die
den Gesichtsnerven erreicht und doch unfähig ist, das
Sehen zu erregen, 2000 mal grösser ist als die der
Flamme einer Kerze. In einer ziemlich klaren Nacht
kann, wie gesagt, die Flamme einer Kerze in einer
englischen Meile Entfernung gesehen werden. Aber die
Intensität der Kerzenflamme in einer Meile Entfernung
ist weniger als $1/20$ Millionstel ihrer Intensität in der Entfernung von einem Fuss, und so müsste die lebendige
Kraft, die das Licht in einer Meile Entfernung vollkommen
sichtbar macht, mit 2000 × 20,000,000 oder mit vier-
zigtausend Millionen multiplicirt werden, um es bis auf
die Höhe der Intensität der Ausstrahlung zu bringen,
welche die Retina thatsächlich durch die Kohlenspitzen in einem Fuss Entfernung erhält, ohne sie indess
sehen zu können. Nach meiner Ansicht kann nichts die
nahe Beziehung, die zwischen dem Sehnerven und den
Schwingungsperioden der Moleküle von leuchtenden Körpern besteht, so klar hinstellen. Dieser Nerv entspricht,
wie eine musikalische Saite, den Perioden, mit denen er
im Einklang steht, während er sich nicht von anderen

Schwingungen erregen lässt, die nicht mit den seinen übereinstimmen, wenn sie auch eine unendlich viel grössere lebendige Kraft besitzen.

645. Wenn wir sehen, dass es einem hellen Licht unmöglich ist, unseren empfindlichen thermoskopischen Apparat zu afficiren, so müssen wir natürlich Licht und Wärme für vollkommen verschiedene Dinge halten. Das reine Licht, welches durch Wasser und grünes Glas zusammen hindurchstrahlt, hat nach Melloni, selbst wenn es durch Ansammlung intensiv geworden ist, keine merkliche erwärmende Kraft. Auch bei dem Licht des Mondes ist dies der Fall. Obgleich es durch eine Fresnel'sche Linse von mehr als einer Elle Durchmesser auf der Oberfläche der Säule concentrirt worden war, bedurfte es doch des ganzen Scharfblicks Melloni's, um die Wärmethätigkeit desselben bis zu einer messbaren Menge zu steigern. Indess zeigen solche Versuche nicht, dass die beiden Agentien verschieden sind, sondern nur, dass der Sehnerv durch eine unendlich kleine Menge von lebendiger Kraft gereizt werden kann.

646. Wir können hier noch eine Bemerkung über die Zweckmässigkeit der Anwendung der strahlenden Wärme beim Zeichengeben in dickem Nebel beifügen. Der Vorschlag ist, abstract betrachtet, ein physikalischer; denn wären unsere Nebel von derselben Beschaffenheit wie das durch Schwefelkohlenstoff aufgelöste Jod, oder wie die Jod- oder Bromdämpfe, so könnten wir von unseren Signallampen aus mächtige Mengen von strahlender Wärme hindurchgehen lassen, selbst nachdem das Licht vollständig verschwunden ist. Unsere Nebel sind aber nicht so beschaffen. Sie sind unglücklicher Weise so zusammengesetzt, dass sie vollkommen zerstörend auf die reinen Wärmestrahlen wirken; und diese Thatsache,

in Verbindung mit der ausserordentlichen Empfindlichkeit des Auges, führt uns zu dem Schluss, dass lange
vorher, ehe das Licht unserer Signale aufhört sichtbar zu
sein, ihre strahlende Wärme die Kraft verloren hat, in
irgend bemerkbarer Weise den empfindlichsten thermoskopischen Apparat zu afficiren, den wir zu ihrer Auf-
findung anwenden könnten.

Vierzehntes Kapitel.

647. Wir haben gehört, dass unsere Atmosphäre immer mehr oder weniger mit Wasserdampf erfüllt ist,
dessen Verdichtung unsere Wolken, Nebel, Hagel, Regen
und Schnee bildet. Wir wollen jetzt unsere Aufmerksamkeit auf eine besondere Verdichtungsart von grossem Interesse und grosser Schönheit lenken, über die
lange falsche Ansichten herrschten, auf das Phänomen
des Thaus. Der Wasserdampf unserer Atmosphäre
ist ein kräftig ausstrahlender Körper; er ist aber in
der Luft vertheilt, die gewöhnlich seine Masse mehr

als hundert Mal übertrifft. So muss nicht nur seine
eigene Wärme, sondern auch die Wärme einer grossen
Menge Luft, die ihn umgiebt, durch den Dampf abgegeben werden, ehe er auf seinen Verdichtungspunkt
kommen kann. Die dieser Ursache zuzuschreibende
langsamere Abkühlung gestattet stark ausstrahlenden
festen Körpern auf der Erdoberfläche, den Dampf in der
Schnelligkeit des Erkaltens zu überholen; und daher
kann auf diesen Körpern der Wasserdampf zu Flüssigkeit verdichtet werden oder selbst zu Reif gefrieren, während er noch wenige Fuss über der Oberfläche seinen gasförmigen Zustand bewahrt. Dies ist wirklich bei dem
schönen Phänomen der Fall, das wir jetzt untersuchen
wollen.

648. Wir verdanken einem Londoner Naturforscher
die richtige Theorie des Thaus. Dr. Wells publicirte
im Jahre 1818 seine schöne Abhandlung über diesen Gegenstand. Er stellte seine Versuche in einem drei Meilen
von Blackfriars Bridge entfernten Garten in Surrey an.
Er benutzte, um den Thau zu sammeln, kleine Päckchen
von Wolle, von denen jedes trocken 10 Gran wog; nachdem er sie in einer klaren Nacht ausgestellt hatte,
wurde die auf ihnen niedergeschlagene Thaumenge durch
ihre Gewichtszunahme bestimmt. Er fand bald, dass Alles, was zwischen den Himmel und seine Wolle trat,
auch den Niederschlag des Thaus hinderte. Er stützte
ein Brett durch vier Korke; auf das Brett legte er eins
von seinen Wollpäckchen und unter dasselbe ein zweites; das erste nahm in einer klaren Nacht 14 Gran
an Gewicht zu, während das letzte nur 4 Gran zunahm. Er bog ein Stück Pappe so, dass es dem Dach
eines Hauses glich und legte darunter ein Päckchen
Wolle auf das Gras: die Wolle nahm 2 Gran an Ge-

wicht durch das Aussetzen in einer einzigen Nacht zu,
während ein gleiches Stück Wolle, welches auf dem Gras
ausgesetzt und ganz ungeschützt durch das Dach war,
16 Gran Feuchtigkeit ansammelte.

649. Bringt Dampf von der Erde oder feiner Regen
vom Himmel diesen Niederschlag des Thaus hervor?
Man hat sich für beide Ansichten ausgesprochen. Die
Thatsache, dass mehr Feuchtigkeit auf dem auf Korken
liegenden Brett als auf der darunter befindlichen Erdoberfläche angesammelt war, hat bewiesen, dass der Thau
nicht aus der Erde aufsteigt. Die Thatsache, dass der
reichlichste Niederschlag in den klarsten Nächten erfolgt, hat bewiesen, dass er kein feiner Regen ist.

650. Dr. Wells stellte nun Thermometer aus, wie
vorher die Wollpäckchen und fand, dass an den Stellen,
wo der Thau am reichlichsten fiel, die Temperatur am tiefsten sank. Er fand auf dem schon
besprochenen, auf Korken liegenden Brett die Temperatur um 5⁰ C. niedriger als unter ihm; unter dem
Pappdach war das Thermometer 5,5⁰ C. wärmer als auf
dem freien Gras. Er fand auch, dass, wenn er sein
Thermometer auf einen Grasplatz in einer klaren Nacht
legte, es bisweilen 7,8⁰ C. tiefer sank als ein gleiches
Thermometer, das in der freien Luft 4 Fuss über dem
Gras aufgehängt worden war. Ein Stückchen baum-
wollenes Zeug, das neben das erstere gelegt wurde, nahm
20 Gran an Gewicht zu; ein gleiches Stückchen neben
dem letzteren nur 11 Gran. Das Sinken der Temperatur und der Niederschlag des Thaus gingen
mit einander parallel. Nicht nur künstliche Schirme
hinderten das Sinken der Temperatur und die Thaubildung, auch Wolkenschirme wirkten in gleicher Weise.
Er beobachtete einst, dass sein Thermometer, welches

auf dem Grase eine 6,6° C. niedrigere Temperatur zeigte, als die einige Fuss über dem Grase befindliche Luft, bedeutend stieg, als einige Wolken vorüberzogen, bis es nur noch 1,1° C. kälter war, als die Luft. Sowie die Wolken den Zenith des Thermometers kreuzten oder von ihm verschwanden, stieg oder sank seine Temperatur.

651. Eine Reihe solcher Versuche, die mit bewundernswerther Klarheit und Geschicklichkeit erdacht und ausgeführt wurden, machten es Dr. Wells möglich, eine Theorie des Thaus zu entwerfen, die jede Probe der darauf folgenden Kritik bestand und jetzt allgemein angenommen ist.

652. Der Thau entsteht in Folge der Abkühlung durch Ausstrahlung. „Die oberen Grastheile strahlen ihre Wärme in Regionen des leeren Raumes aus, die daher keine Wärme zurückgeben; die unteren Theile können wegen der Geringfügigkeit ihres Leitungsvermögens sehr wenig von der Erdwärme den oberen Theilen zuführen, die zur gleichen Zeit nur eine geringe Wärmemenge von der Atmosphäre erhalten und gar keine von sonst irgend einem seitlichen Körper, und deshalb kälter als die Luft bleiben und ihren Wasserdampf zu Thau verdichten müssen, wenn dieser in genügender Menge für die gesunkene Temperatur des Grases vorhanden ist." Warum der Dampf selbst als kräftig ausstrahlender Körper nicht so schnell als das Gras abgekühlt wird, habe ich schon erklärt; der Dampf muss nicht nur seine eigene Wärme entladen, sondern auch die der grossen Menge Luft, von der er umgeben ist.

653. Der Thau ist also das Resultat der Verdichtung des atmosphärischen Dampfes auf Substanzen, die durch die Ausstrahlung genügend abgekühlt worden sind; und

da das Ausstrahlungsvermögen der Körper sehr verschieden ist, so können wir auch dem entsprechende Verschiedenheiten im Niederschlag des Thaus erwarten, wie
auch Wells bewiesen hat. Er sah oft Thau reichlich auf
Gras und gemaltes Holz fallen, während keiner auf
den anstossenden Kieswegen bemerkt wurde. Er fand
Metallplatten, die er ausgesetzt hatte, ganz trocken, während daneben liegende Körper mit Thau bedeckt waren.
In all solchen Fällen fand er, dass die Temperatur des Metalls höher war, als die der bethau-
ten Substanzen. Dies stimmt mit unserer Erfahrung
vollkommen überein, dass die Metalle die schlechtest
strahlenden Körper sind. Einmal legte er eine Metallplatte auf das Gras und auf die Platte ein Glasthermometer. Das Thermometer war nach einiger Zeit mit
Thau bedeckt, während die Platte trocken blieb. Dies
führte ihn auf den Schluss, dass, obgleich das Instrument
auf der Platte läge, es doch ihre Temperatur nicht theilte.
Er legte ein zweites Thermometer mit einer vergoldeten
Kugel neben das erste; das unbedeckte Glasthermometer
— ein gut ausstrahlender Körper — blieb um 5⁰ C.
kälter als sein Gefährte. Es ist eine schwere Aufgabe,
die wahre Temperatur eines Körpers zu bestimmen;
ein in der Luft aufgehängtes Glasthermometer giebt
nicht die Temperatur der Luft an, seine eigene Kraft
als ausstrahlender oder absorbirender Körper kommt
mit ins Spiel. An einem klaren Tage, wenn die Sonne
scheint, wird das Thermometer wärmer sein als die
Luft; in einer klaren Nacht wird das Thermometer im
Gegentheil kälter sein als die Luft. Wir haben gesehen,
dass das Vorüberziehen einer Wolke die Temperatur
eines Thermometers in wenigen Minuten um 5,5⁰ C. erhöhen kann. Es is klar, dass diese Temperaturerhöhung

nicht eine entsprechende Erhöhung der Temperatur der
Luft anzeigt, sondern nur durch das Auffangen und das
Reflectiren der von dem Thermometer ausgegebenen
Wärmestrahlen durch die Wolke bedingt ist.

654. Dr. Wells benutzte seine Principien für die Erklärung mancher eigenthümlicher Wirkungen und für
die Berichtigung vieler herrschenden Irrthümer. Er führt
die Mondblindheit auf die Abkühlung der Augen durch
Ausstrahlung zurück, da das Scheinen des Mondes nur
im Zusammenhange mit der Klarheit der Atmosphäre
stände. Der fäulnisserregende Einfluss, der den Mondstrahlen zugeschrieben wird, kommt eigentlich dem
Niederschlage der Feuchtigkeit zu, die als eine Art Thau
auf die ihr ausgesetzten animalischen Substanzen fällt.
Die Vernichtung der zarten Pflanzen durch den Frost,
wenn die Luft des Gartens einige Grade über den Gefrier-
punkt hat, ist ebenfalls der Abkühlung durch Ausstrahlung zuzuschreiben. Ein Schirm von Spinneweben würde
genügen, um sie vor Schaden zu bewahren *).

655. Wells war der Erste, der die künstliche Bildung von Eis in Bengalen erklärte, wo diese Substanz
sonst niemals von der Natur gebildet wird. Es werden
flache Gruben gegraben, die zum Theil mit Stroh angefüllt werden, und auf dem Stroh werden flache, mit Wasser

---

*) In Bezug hierauf finden wir folgende schöne Stelle in der Abhand-
lung von Wells: — „Ich habe oft, im Stolz des Halbwissens, über die
von den Gärtnern angewendeten Mittel gelächelt, um zarte Pflanzen vor
dem Frost zu bewahren, da es mir unmöglich schien, dass eine dünne
Strohdecke oder irgend eine solche lockere Substanz sie hindern sollte, die
Temperatur der Atmosphäre anzunehmen, durch die ich sie allein für ge-
fährdet hielt. Als ich aber erfuhr, dass Körper auf der Erdoberfläche in
einer stillen und heitern Nacht kälter werden als die Atmosphäre, indem
sie ihre Wärme gegen den Himmel ausstrahlen, sah ich sogleich den richtigen Grund für den von mir für so nutzlos gehaltenen Gebrauch ein.“

gefüllte Pfannen dem klaren Himmel ausgesetzt. Das
Wasser ist ein kräftig strahlender Körper und strahlt seine
Wärme reichlich in den Raum aus. Die so verlorene
Wärme kann durch die Erde nicht ersetzt werden — diese
Wärmequelle ist durch das nichtleitende Stroh abgeschnitten. Vor Sonnenaufgang hat sich ein Eiskuchen in
jedem Gefäss gebildet. Das ist die Erklärung von Wells,
die ohne Zweifel die richtige ist, indess meiner Meinung
nach noch einiger Zusätze bedarf. Man könnte nach der
Beschreibung meinen, dass die für die Eisbildung noth-
wendigste Bedingung nicht nur klare Luft, sondern
trockne Luft ist. Diejenigen Nächte, sagt Sir Robert
Barker, sind für die Bildung des Eises die günstigsten,
die am klarsten und heitersten sind, und in denen sehr
wenig Thau nach Mitternacht fällt. Ich habe diesen
sehr bedeutungsvollen Satz besonders hervorgehoben. Um
Eis reichlich zu bilden, muss die Atmosphäre nicht nur
klar, sondern auch verhältnissmässig frei von Wasserdampf
sein. Sowie das Stroh, auf dem die Pfannen lagen, feucht
wurde, wurde es immer mit trocknem Stroh vertauscht.
Der Grund, den Wells dafür angab, war, dass das Stroh
durch das Feuchtwerden compacter und wirksamer als
Leiter wurde. Dies mag der Fall sein, aber sicher ist ausserdem, dass der Dampf, der vom feuchten Stroh aufsteigt
und sich über die Pfannen wie ein Schirm ausbreitet, die
Abkühlung aufhalten und das Gefrieren verzögern würde.

656. Wells setzte mit gebrochener Gesundheit diese
schöne Untersuchung fort und vervollständigte sie; am
Rande des Grabes schrieb er seine Abhandlung. Sie ist
ein Muster weiser Forschung und klarer Darstellung. Er
übereilte sich nicht, aber er hatte auch keine Ruhe, bis
er Herr seines Gegenstandes war, er behielt ihn immer
fest im Auge, bis er seinem Blicke klar und durchsich-

tig wurde. So löste er sein Problem und beschrieb seine
Lösung in einer Weise, die sein Werk unsterblich macht*).

657. Nach ihm haben sich verschiedene Experimen-
tatoren mit der Frage der nächtlichen Ausstrahlung beschäftigt; obgleich werthvolle Thatsachen angesammelt
worden sind, so ist doch nichts von Wichtigkeit, mit Ausnahme einer Ergänzung von Melloni, zu der Theorie
von Wells hinzugekommen. Herr Glaisher, Herr Martins und Andere haben sich mit dem Gegenstande beschäftigt. Die folgende Tabelle enthält einige Resultate, die
Herr Glaisher erhielt, als er Thermometer in verschiedenen Höhen über der Oberfläche eines Grasplatzes aussetzte. Die Abkühlung, die beobachtet wurde, wenn das
Thermometer auf langem Gras ausgesetzt war, ist durch
die Zahl 1000 dargestellt; während die folgenden Zahlen
die relative Abkühlung der Thermometer in den betreffenden Stellungen angeben:

Ausstrahlung.

Langes Gras			1000
1 Zoll über den Grasspitzen			671
2 Zoll „ „ „			570
3 Zoll „ „ „			477
6 Zoll „ „ „			282
1 Fuss „ „ „			129
2 Fuss „ „ „			86
4 Fuss „ „ „			69
6 Fuss „ „ „			52

658. Man könnte fragen, warum das Thermometer,
das doch ein gut ausstrahlender Körper ist, sich nicht,
wenn es in der freien Luft hängt, ebenso abkühlt, wie auf

---

*) Dem Aufsatz von Wells geht seine, von ihm selbst geschriebene
Biographie voran. Sie hat die Bedeutung eines Essay von Montaigne.

der Erdoberfläche. Wells hat diese Frage beantwortet.
Das erkältete Thermometer kühlt die Luft ab, die mit
ihm in unmittelbare Berührung kommt; diese Luft zieht
sich zusammen, wird schwer, sinkt nieder und wärmere
nimmt ihre Stelle ein. So wird das freie Thermometer
verhindert, sehr tief unter die Temperatur der Luft zu
sinken. Daher auch die Nothwendigkeit einer stillen
Nacht für die reichliche Thaubildung; denn wenn der
Wind weht, circulirt fortwährend frische Luft zwischen
den Grashalmen und verhindert eine bedeutende Abkühlung durch Ausstrahlung.

659. Wird ein ausstrahlender Körper einem klaren
Himmel ausgesetzt, so strebt er danach, einen gewissen
Abstand, wenn der Ausdruck gebraucht werden darf, zwischen seiner Temperatur und der der umgebenden Luft
zu erhalten. Dieser Abstand wird von dem Ausstrahlungsvermögen des Körpers abhängen, ist aber zum grossen
Theil unabhängig von der Lufttemperatur. So hat Herr
Pouillet bewiesen, dass im April bei einer Lufttemperatur
von 3,6⁰ Eiderdaunen durch die Ausstrahlung auf — 3,5⁰
sanken: die ganze Abkühlung betrug also 7,1⁰. Im Juni,
als die Temperatur der Luft 17,75⁰C. war, war die Temperatur der ausstrahlenden Eiderdaunen 10,54⁰; die Abkühlung der Eiderdaunen durch Ausstrahlung ist hier
7,21⁰, also fast dieselbe, wie die im April. Während so
die äussere Temperatur in weiten Grenzen schwankt, bleibt
die Differenz der Temperatur zwischen dem ausstrahlenden Körper und der umgebenden Luft ziemlich constant.

660. Durch diese Thatsachen gelang es Melloni, der
Theorie des Thaus noch ein wichtiges Moment hinzuzufügen.
Er fand, dass ein auf der Erde liegendes Glasthermometer nie mehr als 2⁰C. unter die Temperatur eines daneben
liegenden Thermometers mit versilberter Kugel abgekühlt

wurde, welches letztere überhaupt kaum ausstrahlt. Diese
2⁰ C. geben ungefähr den oben angeführten Temperaturab-
stand an, den das Glas zwischen sich und der umgebenden
Luft zu erhalten strebt. Aber Six, Wilson, Wells,
Percy, Scoresby, Glaisher und Andere haben Unterschiede von mehr als 10⁰ C. zwischen einem Thermometer
gefunden, das auf dem Grase lag, und einem zweiten, das
einige Fuss über dem Grase hing. Worauf soll man dies
zurückführen? Es kühlen sich einfach nach Melloni die
Grashalme zuerst durch Ausstrahlung um 2⁰ C. unter die
umgebende Luft ab; die Luft wird dann durch die Berührung mit dem Grase abgekühlt und bildet um dasselbe ein
kaltes Luftbad. Es strebt aber das Gras, den obigen Unterschied zwischen seiner Temperatur und der des umgebenden Mediums zu bewahren. Seine Temperatur sinkt
darum tiefer und ebenso die der Luft, nachdem sie durch
die Berührung mit dem Grase weiter abgekühlt wurde;
das Gras sucht indess den vorigen Unterschied wieder
herzustellen, die Luft folgt ihm wieder und so sinkt durch
Wirkung und Gegenwirkung die ganze Schicht der Luft,
die mit dem Grase in Berührung kommt, auf eine viel
tiefere Temperatur, als die ist, welche der wirklichen
ausstrahlenden Kraft des Grases entspricht.

661. Soviel über die Ausstrahlung der Erde; die
des Mondes wird uns nicht so lange beschäftigen. Viele
vergebliche Versuche sind gemacht worden, um die Wärme
der Mondstrahlen zu entdecken. Ohne Zweifel ist jeder
leuchtende Strahl auch ein Wärmestrahl, aber die licht-
gebende Kraft ist nicht einmal ein annäherndes Maass
für die erwärmende Kraft eines Strahles. Mit einer
grossen, aus vielen Zonen zusammengesetzten Linse warf
Melloni das Bild des Mondes auf seine Thermosäule,
aber die Kälte seiner Linse war mehr als genügend, um

die etwaige Wärme des Mondes zu verdecken. Er be-
schirmte seine Linse vor dem Himmel, stellte seine Säule
in den Focus der Linse, wartete bis die Nadel auf Null
ging, und liess, indem er nun schnell seinen Schirm fort-
nahm, das gesammelte Licht auf die Säule fallen. Die
geringen Luftzüge am Orte des Versuchs genügten, die
Wirkung zu verdecken. Er schloss dann die Röhre vor
der Säule mit Glasschirmen, durch die das Licht frei auf
die geschwärzte Fläche der Säule fiel, wo es in Wärme
verwandelt wurde. Diese Wärme konnte nicht durch den
Glasschirm zurückstrahlen, und so sammelte Melloni
seine Wirkungen nach dem Beispiele Saussure's, und
erhielt eine Ablenkung von 3 oder 4⁰ am Galvanometer.
Die Ablenkung zeigte Wärme an.

662. Der bei weitem grössere Theil der Wärme, die
der Vollmond ausgiebt, muss aus dunklen Strahlen bestehen, und diese werden fast ganz von unserem atmosphärischen Dampf absorbirt. Selbst solche dunkle Strahlen, die möglicher Weise die Erde erreichen könnten,
würden durch eine Linse, wie sie Melloni benutzte, gänzlich abgeschnitten werden. Es würde sich der Mühe loh-
nen, den Versuch mit einem metallischen Reflector, anstatt
mit einer Linse zu machen. Ich selbst habe es mit einem
konischen Reflector von sehr grossen Dimensionen versucht, bin aber immer durch die Unbeständigkeit des
Londoner Klimas behindert worden.

663. Wir haben uns jetzt mit der Quelle zu beschäftigen, aus der alle Erd- und Mondwärme fliesst. Diese
Quelle ist die Sonne; denn wenn die Erde einst eine ge-
schmolzene Kugel gewesen sein sollte, die sich jetzt abkühlt, so ist die Wärmemenge, die ihre Oberfläche von
innen aus erreicht, schon seit langer Zeit nicht mehr merklich. Lassen Sie uns denn nun zuerst fragen, welches die

Beschaffenheit dieses wunderbaren Körpers ist, dem wir
Licht und Leben verdanken.

664.   Wir wollen uns dem Gegenstand allmählich nähern und uns erst durch einige vorhergehende Betrachtungen auf die Behandlung dieser grossen Frage vorbereiten.   Sie wissen schon, wie das Spectrum des elektrischen Lichtes gebildet wird.   Ein solches 2 Fuss breites
und 8 Fuss langes Spectrum ist jetzt auf dem Schirm mit
all seinen glänzenden Farbenabstufungen entworfen, von
denen die eine in die andere übergeht, ohne Unterbrechung der Continuität.   Das Licht, welches das Spectrum
giebt, wird von den festen weissglühenden Kohlenspitzen
in unserer elektrischen Lampe ausgestrahlt.   Alle anderen
weissglühenden festen Körper geben ein ähnliches Spectrum.   Wenn ich diesen Platindraht durch einen elektrischen Strom weissglühend mache und sein Licht durch
ein Prisma untersuche, finde ich dieselbe Abstufung der
Farben, ohne irgend eine Lücke zwischen denselben.
Durch intensive Hitze, durch die Hitze der elektrischen
Lampe z. B., kann ich ein Metall verflüchtigen und auf
den Schirm, nicht das Spectrum des weissglühenden festen
Körpers, sondern das seines weissglühenden Dampfes
werfen.   Das Spectrum ist jetzt verändert; statt einer
continuirlichen Reihefolge von Farben besteht es jetzt
aus einer Reihe glänzender Linien, die durch dunkle
Zwischenräume von einander getrennt sind.

665.   Die Kohlenspitzen sind in folgender Weise angeordnet: — Die untere ist ein Cylinder von ungefähr
$1/_2$ Zoll Durchmesser, in dessen oberer Fläche ein kleines
Loch ausgehöhlt ist; in dieses Loch wird das zu unter-
suchende Metall, z. B. dieses Stück Zink, gelegt, und die
obere Kohlenspitze hinaufgeschoben.   Der Strom geht
hindurch; wenn die Spitzen von einander getrennt wer-

den, so sehen Sie das Bild des Bogens, der sie jetzt vereint, auf dem Schirm als einen feinen 18 Zoll langen Streifen von purpurfarbenem Licht. Dieser gefärbte Bogen ist von Zinkdampf gebildet, er enthält die Zinkatome, die von Kohle zu Kohle übergeführt worden sind. Diese Theilchen schwingen jetzt in bestimmten messbaren Perioden, und die Farbe, die wir sehen, ist die Mischung der Eindrücke dieser Schwingungen.

665 a. Führen wir den gefärbten Streifen durch ein Prisma auf seine Bestandtheile zurück, so haben wir kein continuirliches Spectrum mehr, sondern leuchtende Bänder von rothem und blauem Licht.

666. Ich unterbreche den Strom, nehme das Zink fort und lege an seine Stelle ein Stückchen Kupfer. Bilden wir den Bogen, so erhalten wir jetzt einen Strom von grünem Licht zwischen den Kohlen, den wir, wie das purpurfarbene Licht des Zinks, analysiren wollen. Im Spectrum des Kupfers haben wir diese Bänder von glänzendem Grün, die beim Zink nicht vorhanden waren. Daraus können wir mit Sicherheit schliessen, dass die Atome des Kupfers in dem Volta'schen Lichtbogen in Perioden schwingen, die von denen des Zinks ganz verschieden sind. Wir wollen jetzt untersuchen, ob sich diese verschiedenen Perioden gegenseitig stören, wenn wir mit einer Substanz arbeiten, die aus Zink und Kupfer zusammengesetzt ist — mit dem bekannten Messing. Sein Spectrum ist jetzt vor Ihnen, und wenn Sie das Bild unserer beiden letzten Versuche behalten haben, so werden Sie erkennen, dass das Spectrum durch die Uebereinanderlagerung der beiden getrennten Spectra des Zinks und Kupfers gebildet worden ist. Die Legirung strahlt ohne jede gegenseitige Störung die Strahlen aus, die den in ihr enthaltenen Metallen eigen sind.

667. Jedes Metall strahlt sein eigenes System von
Streifen aus, das ebenso charakteristisch für dasselbe ist,
wie alle anderen physikalischen und chemischen Eigenschaften, die ihm seine Individualität geben. Durch eine
recht feine Versuchsmethode können wir genau die Stellung der glänzenden Linien jedes bekannten Metalls messen. Kennen wir diese Linien, so können wir nur nach
dem Anblick des Spectrums jedes einzelnen Metalls sogleich seinen Namen nennen. Und nicht nur dies, sondern selbst bei einem gemischten Spectrum können wir
die einzelnen Theile der Mischung, von dem es ausgeht,
genau angeben. Aus der Erscheinung unbekannter Linien
hat man auf die Existenz neuer Metalle geschlossen.
Bunsen und Kirchhoff haben so z. B. das Cäsium
und Rubidium entdeckt, und nach derselben Methode
hat Mr. Crooks das Thallium entdeckt, das uns nur eine
einzige Linie von glänzendem Grün giebt.

668. Dies Gesetz bestätigt sich nicht nur bei den Metallen selbst, sondern auch bei ihren Verbindungen, wenn
sie flüchtig sind. Ich lege ein Stückchen Natrium auf
meinen unteren Cylinder und lasse den Volta'schen
Strom von demselben zur oberen Kohlenspitze gehen;
das Spectrum des Natriums giebt uns diesen einzigen
Streifen von glänzendem Gelb. Machte ich meinen Versuch mit genügender Genauigkeit, so könnte ich diesen
Streifen in zwei theilen, die durch einen schmalen dunklen Zwischenraum von einander getrennt sind. Entfernen wir das Natrium aus der Lampe und bringen an
seine Stelle ein wenig gewöhnliches Salz oder Chlornatrium, so wird das Salz bei dieser hohen Temperatur
flüchtig, und giebt genau denselben gelben Streifen wie
das Metall. So kann ich auch durch Chlorstrontium die
Streifen des Metalls Strontium hervorbringen und durch

die Chloride des Calciums, Magnesiums und Lithiums die
Spectra der entsprechenden Metalle erzeugen.

669. Endlich ist dieser Kohlencylinder von Löchern
durchbohrt, die mit einer Mischung von all den bis jetzt
angeführten Substanzen gefüllt sind. Sicher kann man
sich nichts Glänzenderes denken als das Spectrum dieser
Mischung auf dem Schirm. Jede Substanz strahlt die
ihr eigenen Strahlen aus, die das ganze 8 Fuss lange
Spectrum der Quere nach in parallele Streifen von lebhaft
gefärbtem Licht theilen. Da Sie sich vorher mit den
Linien bekannt gemacht haben, die von all' diesen Metallen ausgestrahlt werden, so könnten Sie das Spectrum
enträthseln und alle Substanzen nennen, die zu seiner
Hervorbringung angewendet worden waren.

670. Der Volta'sche Bogen wird einfach darum hier
benutzt, weil sein Licht so intensiv ist, dass es so vielen
Zuhörern, wie hier versammelt sind, sichtbar wird *). Wir
könnten dieselben Versuche mit einer gewöhnlichen Löth-
rohrflamme machen, die durch die Beimischung von Luft
oder Sauerstoff ihres Lichts fast ganz beraubt ist. Die Einführung von Natrium oder Chlornatrium macht die Flamme
gelb; Strontian macht sie roth; Kupfer grün, u. s. f. Die
so gefärbten Flammen zeigen bei der Untersuchung durch
ein Prisma genau dieselben Streifen, die Ihnen hier gezeigt worden sind.

671. Wir haben hier also die Ausstrahlung von
bestimmten Gruppen von Strahlen durch weissglühende
Dämpfe. Wir wollen unsere Aufmerksamkeit jetzt auf die
Absorption von bestimmten Strahlengruppen durch gas-
förmige Substanzen lenken. Ein berühmter Versuch von
Sir David Brewster, der in eine, für die Vorlesungen

---

*) Der prachtvolle blaue Streifen des Lithiums wurde durch die elek-
trische Lampe im Auditorium der Royal Institution gezeigt.

geeignete Form gebracht wurde, wird Ihnen diese Eigenschaft zeigen. In diesen Cylinder, dessen Enden durch Glasplatten geschlossen sind, wird salpetrigsaures Gas eingeführt, dessen Gegenwart durch seine lebhafte braune Farbe angezeigt wird. Wird ein glänzendes Spectrum auf den Schirm geworfen und dieser Cylinder mit dem braunen Gase in den Weg des Strahls gestellt, wie er von der Lampe kommt, so sehen Sie das continuirliche Spectrum von vielen dunklen Streifen durchfurcht, deren entsprechende Strahlen von dem salpetrigsauren Gas abgefangen wurden, während es die zwischenliegenden Lichtstreifen unbehindert durchlässt.

672. Wir kommen jetzt zu dem grossen Princip, von dem diese Erscheinungen abhängen, und das wir schon zum Theil erklärt haben. Dieses zuerst vom Professor Kirchhoff aufgestellte Princip heisst, dass ein Gas oder ein Dampf genau die Strahlen absorbirt, die er selbst ausstrahlen kann. Atome, die mit einer gewissen Geschwindigkeit schwingen, fangen Wellen auf, die mit derselben Geschwindigkeit schwingen. Die Atome, die mit rothem Licht schwingen, werden rothes Licht auffangen; die Atome, die gelb schwingen, werden gelb auffangen; die, welche grün schwingen, werden grün auffangen u. s. f. Sie wissen, dass die Absorption eine Uebertragung der Bewegung des Aethers auf die in ihm vertheilten Moleküle ist, und die Absorption jedes einzelnen Atoms hauptsächlich auf diejenigen Wellen ausgeübt wird, die in Perioden ankommen, welche mit seiner eigenen Schwingungsdauer übereinstimmen.

673. Wir wollen uns bemühen, dies durch den Versuch zu beweisen. Wir wissen schon, dass eine Natriumflamme uns bei der Analyse einen glänzenden gelben Streifen giebt. Dieses flache Gefäss enthält eine Mischung

von Alkohol und Wasser; wird die Mischung erwärmt, so kann man ihren Dampf entzünden: er giebt eine so schwach leuchtende Flamme, dass sie kaum sichtbar ist. Mischen wir jetzt Salz mit der Flüssigkeit und zünden sie wieder an, so ist die Flamme, die den Augenblick vorher kaum zu sehen war, jetzt glänzend gelb. Ich werfe dann ein continuirliches Spectrum auf den Schirm, und in den Weg des von der elektrischen Lampe kommenden Strahles stelle ich die gelbe Natriumflamme. Beobachten Sie jetzt das Spectrum genau: Sie sehen im Gelb einen unstäten grauen Streifen, der zwar sehr schwach ist, aber doch genügt, um Ihnen zu zeigen, dass die Flamme wenigstens zum Theil das Gelb des Spectrums aufgefangen hat: sie hat theilweise dasselbe Licht absorbirt, das sie selbst ausstrahlt.

674. Die Wirkung kann noch viel kleiner gemacht werden. Ich lasse die Salzflamme fort und stelle die ausserordentlich heisse Flamme des Bunsen'schen Brenners vor die Lampe, so dass der Strahl, dessen Zerlegung unser Spectrum bilden soll, durch die Flamme gehen muss. In dieses kleine Platinnetz ist ein erbsengrosses Stückchen des Metalls Natrium gelegt worden. Das brennende Natrium strahlt ein starkes Licht aus, und es ist nothwendig, dieses Licht vom Schirm, auf den das Spectrum fällt, abzuhalten. Nachdem ich zuerst das Spectrum gebildet habe, führe ich jetzt das Platinnetz mit dem Natrium in die Flamme ein, durch die der Strahl der Lampe gehen soll. Das Natrium färbt die Flamme augenblicklich intensiv gelb, und Sie sehen einen Schatten über das Gelb des Spectrums gleiten. Die Wirkung hat aber noch nicht ihr Maximum erreicht. Nach kurzer Zeit kommt das Natrium plötzlich in ein lebhaftes Brennen, und in demselben Moment sehen Sie das Gelb gänzlich aus dem

Spectrum ausgeschnitten, ein Strich von intensiver Dunkelheit nimmt seinen Platz ein. Diese heftige Verbrennung dauert einige Secunden. Durch das Zurückziehen der Flamme erscheint das Gelb wieder auf dem Schirm; führe ich sie wieder hinein, so ist der gelbe Streifen ausgelöscht. Dies kann zehnmal hinter einander geschehen, und in der ganzen Reihe der optischen Versuche giebt es kaum einen überzeugenderen. Hier haben wir aufs klarste bewiesen, dass das von der Natriumflamme absorbirte Licht genau dasselbe Licht ist, welches sie ausstrahlen kann *).

675. Wir wollen unsern Versuch noch genauer anstellen. Das Gelb des Spectrums breitet sich über einen bestimmten Raum aus, und wir müssen nun untersuchen, ob es nicht ein besonderer Theil des von der Natriumflamme ausgestrahlten Gelb ist, das von seiner Flamme absorbirt wird.

Ich bringe etwas Salzwasser auf die Enden meiner Kohlenspitzen; Sie sehen jetzt das continuirliche Spectrum mit dem gelben Streifen des Natriums, der glänzender als das übrige Gelb hervortritt. Wird die Natriumflamme wieder vorgestellt, so ist gerade der aus dem Spectrum hervorleuchtende Streifen ausgelöscht.

676. Sie haben schon ein Spectrum gesehen, das von einer Mischung verschiedener Substanzen gebildet war und aus einer Reihefolge von scharfgezeichneten und glänzenden Streifen bestand, die durch dunkle Intervalle von einander getrennt waren. Könnte die Mischung, die

*) Ehe ich die Verbrennung des Metalls versuchte, versuchte ich die Salzflamme in einem zehn Fuss langen Trog: die Wirkung war indessen weniger schön, als die, die durch die Verbrennung des Metalls erreicht wurde. Der Versuch wurde zuerst während meiner Vorbereitungen zu einer Vorlesung über die physikalische Grundlage der Sonnenchemie gemacht, die ich im Juni 1861 gehalten hatte.

dieses gestreifte Spectrum hervorrief, auf eine genügend
hohe Temperatur gebracht werden, um ihren Dampf weissglühend zu machen, und die Flamme dann in den Weg
des Strahles, der das continuirliche Spectrum hervorrief,
gestellt werden, so würden wir aus dem letzteren genau
die Strahlen auslöschen, die von den Bestandtheilen der
Mischung ausgingen. Wir würden so, statt das Spectrum
durch einen einzigen dunklen Streifen zu unterbrechen,
wie beim Natrium, es durch eine Reihe von dunklen
Streifen furchen, die an Zahl den von der Mischung her-
vorgerufenen glänzenden Streifen gleich wären, als diese
selbst die Quelle des Lichts war.

677. Jetzt sind wir wohl hinlänglich vorbereitet, um
eine der bedeutendsten Verallgemeinerungen unserer Zeit
zu verstehen. Wenn das Sonnenlicht durch ein Prisma
zerlegt wird, so sieht man das Spectrum von unzähligen
dunklen Linien durchzogen. Einige wenige derselben
wurden zuerst von Dr. Wollaston beobachtet; sie wurden sodann mit grosser Geschicklichkeit von Fraunhofer untersucht und nach ihm Fraunhofer'sche
Linien genannt. Man hat lange angenommen, dass diese
dunklen Streifen durch die Absorption der ihnen entsprechenden Strahlen in der Sonnenatmosphäre bewirkt
werden, aber Niemand konnte hiervon den Grund angeben. Nachdem wir einmal bewiesen haben, dass ein
weissglühender Dampf genau dieselben Strahlen absorbirt, die er selbst ausstrahlt, und wissen, dass der
Sonnenkörper von einer weissglühenden Lichthülle (Photosphäre) umgeben ist, so muss uns plötzlich der Gedanke
kommen, dass diese Photosphäre solche Strahlen des
centralen weissglühenden Himmelskörpers auslöscht, die
sie selbst aussenden kann. So werden wir auf eine
Theorie von der Beschaffenheit der Sonne geführt, die

eine vollständige Erklärung für die Fraunhofer'schen
Linien giebt.

678.   Nach Kirchhoff besteht die Sonne aus einer
geschmolzenen oder festen centralen Kugel von ausserordentlichem Glanz, die alle möglichen Arten von
Strahlen aussendet und daher ein continuirliches Spectrum geben würde. Die Ausstrahlung des Kerns muss
indess durch die Photosphäre gehen, die die Sonne wie
eine Flamme umschliesst, und diese Dampfhülle löscht
alle die besonderen Strahlen des Kernes aus, die sie
selbst ausstrahlen kann; die Fraunhofer'schen Linien
zeigen die Stellung der fehlenden Strahlen. Könnten
wir den Centralkern zerstören und das Spectrum der
gasförmigen Umhüllung allein darstellen, so würden wir
ein gestreiftes Spectrum erhalten, in welchem jeder glänzende Streifen mit einer der Fraunhofer'schen dunklen
Linien übereinstimmen würde. Diese Linien sind daher
Zwischenräume von relativer, nicht von absoluter Dunkelheit; auf dieselben fallen noch die Strahlen der absorbirenden Photosphäre; da diese aber nicht genügend
hell sind, um das aufgefangene Licht zu ersetzen, so
sind die von ihnen erleuchteten Räume dunkel im Vergleich zu dem allgemeinen Glanz des Spectrums.

679. Man hat lange angenommen, dass die Sonne
und die Planeten einen gemeinsamen Ursprung haben,
und dass daher dieselben Substanzen ihnen allen mehr
oder weniger gemeinsam seien. Können wir die Gegenwart irgend einer unserer irdischen Substanzen in der
Sonne entdecken? Wir wissen, dass die hellen Streifen
eines Metalls für das Metall charakteristisch sind; dass
wir, ohne das Metall gesehen zu haben, seinen Namen

nach der Untersuchung der Streifen nennen können.
Die Streifen sind also, so zu sagen, die Stimme des Metalls, durch die es sein Dasein bekundet. Wenn daher
irgend eines unserer irdischen Metalle in der Sonnenatmosphäre enthalten wäre, so müssten die dunklen
Linien, die dasselbe hervorruft, genau mit den glänzenden Linien übereinstimmen, die der Dampf des Metalls
selbst ausstrahlt. Man hat ungefähr sechzig glänzende
Linien bestimmen können, die dem einzigen Metall Eisen
zukommen. Wenn man das Licht von weissglühendem
Eisendampf, den man durch das Ueberschlagen elektrischer Funken zwischen zwei Eisendrähten erhalten kann,
durch die Hälfte eines schmalen Spaltes fallen lässt, und
das Sonnenlicht durch die andere Hälfte, so kann man
die Spectra beider Lichtquellen neben einander stellen;
dabei findet man, dass jeder glänzenden Linie des Eisen-
spectrums eine dunkle Linie des Sonnenspectrums entspricht. Nach einer genauen Berechnung ist hiernach die
Wahrscheinlichkeit mehr als 1,000,000,000,000,000,000 : 1,
dass Eisen in der Sonnenatmosphäre enthalten ist. Als
Professor Kirchhoff, dessen Genius wir diese grossartige Verallgemeinerung verdanken, die Spectra anderer Metalle auf die gleiche Weise mit dem der Sonne
verglich, fand er Eisen, Calcium, Magnesium, Natrium,
Chrom und andere Metalle in der Sonnenatmosphäre;
es gelang ihm aber noch nicht, Gold, Silber, Quecksilber, Aluminium, Zinn, Blei, Arsenik oder Antimon
darin zu entdecken.

680. Wir können die hier vorausgesetzte Beschaffenheit der Sonne noch vollkommener nachahmen, als bei
unseren früheren Versuchen. Es wird in die elektrische
Lampe ein Kohlencylinder von ungefähr einem halben

Zoll Dicke gestellt und rund um den oberen Rand des
Cylinders ein Ring von Natrium gelegt, der innere Theil
des Cylinders aber freigelassen. Ich führe die obere
Kohlenspitze gegen die Mitte des Cylinders und erzeuge
das gewöhnliche elektrische Licht. Die Nähe dieses
Lichtes am Natrium genügt, um das letztere zu verflüchtigen, und so ist die kleine centrale Sonne mit einer
Atmosphäre von Natriumdampf, wie die wirkliche Sonne
von ihrer Photosphäre umgeben. Sie sehen, dass der
gelbe Streifen im Spectrum dieses Lichtes fehlt*).

681. Die von der Sonne ausgestrahlte Wärmemenge
ist von Sir John Herschel am Cap der guten Hoffnung
und von Herrn. Pouillet in Paris gemessen worden.
Die Uebereinstimmung beider Messungen ist sehr merkwürdig. Sir John Herschel findet, dass die directe
Wärmewirkung der im Zenith stehenden Sonne auf der
Meeresoberfläche eine Schicht Eis von 0,00754 Zoll Dicke
in der Minute schmelzen kann, während nach Herrn
Pouillet die Menge 0,00703 Zoll beträgt. Das Mittel
beider Bestimmungen kann nicht weit von der Wahrheit
entfernt sein; es würde 0,00728 Zoll Eis in der Minute
oder ungefähr einen halben Zoll in der Stunde betragen.
Ich habe vor Ihnen ein Instrument aufgestellt (Fig. 107),
das dem von Herrn Pouillet benutzten ähnlich ist und
von ihm Pyrheliometer genannt wurde. Dieses Instrument
besteht aus einem hohlen Stahlcylinder aa, der mit

---

*) Der Versuch, ein ebensolches Stück Natrium wie das schon be-
sprochene Stück Zink und Kupfer auf die Spitze des untern Cylinders
der Lampe zu legen, war zu dieser Zeit wiederholt gemacht und der
dunkle Streifen hervorgerufen worden. Die oben beschriebene Form war
dem Versuch nur darum gegeben worden, um seine Aehnlichkeit mit der
Wirkung der Sonnenatmosphäre augenscheinlicher zu machen.

Quecksilber angefüllt ist. In den Cylinder ist das Thermometer *d* eingeführt, dessen Röhre durch ein Stück
Messingrohr geschützt
wird. Das flache Ende
des Cylinders wird
gegen die Sonne ge-
kehrt, seine derselben
dargebotene Ober-
fläche ist mit Lam-
penruss bedeckt. Ver-
mittelst einer Baum-
schraube *cc* kann das
Instrument an einer
Stange befestigt wer-
den, die in dem Erd-
boden oder in dem
Schnee aufgestellt
wird, wenn die Be-
obachtungen in be-
deutender Höhe ge-
macht werden. Die
die Sonnenstrahlen
auffangende Oberfläche muss senkrecht gegen die Strahlen sein, und dies wird dadurch erreicht, dass man eine
Scheibe *ee* an der das Rohr des Thermometers schützenden Messingröhre befestigt, welche gerade denselben
Durchmesser hat, wie der Stahlcylinder. Bedeckt der
Schatten des Cylinders die Scheibe, so sind wir sicher,
dass die Strahlen senkrecht auf seine nach oben gekehrte
Oberfläche fallen.

682. Die Beobachtungen wurden auf folgende Art
gemacht: Zuerst lässt man das Instrument nicht die

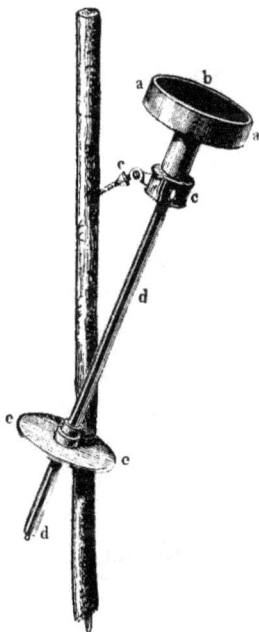
Fig. 107.

Sonnenstrahlen auffangen, sondern fünf Minuten lang seine eigene Wärme gegen einen unbewölkten Theil des Himmels ausstrahlen; das auf diese Ausstrahlung folgende Sinken der Quecksilbertemperatur wird aufgeschrieben. Dann wird das Instrument der Sonne zugekehrt, so dass die Sonnenstrahlen fünf Minuten lang senkrecht darauffallen — die Temperaturerhöhung wird aufgeschrieben. Zuletzt wird das Instrument wieder, von der Sonne abgewendet, dem Himmel zugekehrt, und nach einer fünf Minuten langen Ausstrahlung das Sinken des Thermometers wie vorher bemerkt. Sie könnten vielleicht denken, dass die Bestrahlung durch die Sonne allein genügend sein würde, wir müssen aber nicht vergessen, dass während der ganzen Zeit, dass die Sonne auf das Instrument wirkte, die geschwärzte Oberfläche des Cylinders auch in den Raum ausstrahlt; es ist kein reiner Gewinn an Wärme: die von der Sonne empfangene Wärme geht zum Theil wieder verloren, selbst während der Versuch andauert, und um die so verlorene Wärme zu finden, ist der erste und letzte Versuch erforderlich. Um die ganze erwärmende Kraft der Sonne zu. erhalten müssen wir die Menge hinzufügen, welche während des Experiments verloren ging, und diese Menge ist das Mittel aus unserer ersten und letzten Beobachtung. Bezeichnen wir mit dem Buchstaben R die Temperaturerhöhung durch die, fünf Minuten dauernde Bestrahlung durch die Sonne, und durch t und t' die vor und nachher beobachteten Verminderungen der Temperatur, so würde die ganz Kraft der Sonne, die wir T nennen wollen, ausgedrückt werden durch:

$$T = R + \frac{t + t'}{2}$$

683. Die Oberfläche, auf die hier die Sonnenstrahlen fallen, ist bekannt; die Menge des Quecksilbers im Cylinder ist auch bekannt; daher können wir die Wirkung der Sonnenwärme auf eine gegebene Fläche bestimmen, indem wir sagen, dass sie in fünf Minuten so viel Quecksilber oder so viel Wasser um so viel Temperaturgrade erwärmen kann. Wasser wurde in der That an Stelle des Quecksilbers in dem Pyrheliometer des Herrn Pouillet angewendet.

684. Die Beobachtungen wurden zu verschiedenen Tagesstunden angestellt, wo also die Sonnenstrahlen durch verschiedene Dicken der Erdatmosphäre gingen, von der geringsten Dicke am Mittag bis zu der grössten um 6 Uhr Nachmittags, zu welcher Zeit die späteste Beobachtung gemacht wurde. Es fand sich, dass die Kraft der Sonne nach einem gewissen Gesetz abnahm, als die Dicke der von den Sonnenstrahlen durchkreuzten Luft zunahm; und aus diesem Gesetz konnte Herr Pouillet berechnen, dass die Grösse der Absorption, wenn die Strahlen vom Zenith aus auf sein Instrument fielen 25 Proc. der ganzen Strahlung betragen würde. Ohne Zweifel würde diese Absorption überwiegend auf die längeren, von der Sonne ausgehenden Schwingungen ausgeübt werden, da hauptsächlich der Wasserdampf unserer Luft, nicht die Luft selbst, wirkt. Ziehen wir die ganze, der Sonne zugekehrte Erdhälfte in Betracht, so beträgt die von der atmosphärischen Umhüllung aufgefangene Wärme vier Zehntel der ganzen Ausstrahlung. Würde also die Atmosphäre entfernt, so würde die erleuchtete Halbkugel der Erde ungefähr zweimal so viel Wärme von der Sonne empfangen, als jetzt. Die ganze Menge der Sonnenwärme, die in einem Jahr von der

Erde aufgenommen wird, würde bei gleichmässiger Vertheilung über die Erdoberfläche genügen, um eine Schicht Eis von 100 Fuss Dicke, die die ganze Erde bedeckt, zu schmelzen. Sie würde auch einen Ocean von süssem Wasser von einer Tiefe von 66 engl. (15 geogr.) Meilen von der Temperatur des schmelzenden Eises bis zum Kochpunkt erwärmen.

685. Da wir wissen, wie viel Wärme die Erde jährlich empfängt, so können wir die ganze Wärmemenge berechnen, die in einem Jahr von der Sonne ausgestrahlt wird. Denken Sie sich, dass eine hohle Kugel die Sonne umgäbe, deren Mittelpunkt mit dem Mittelpunkt der Sonne zusammenfiele, und deren Oberfläche von demselben um die Entfernung der Sonne von der Erde abstände. Der Durchschnitt der Erde mit dieser Oberfläche verhält sich zu dem ganzen Flächeninhalt der hohlen Kugel wie 1 : 2,300,000,000; daher ist die Menge der von der Erde aufgefangenen Sonnenwärme nur $\frac{1}{2,300,000,000}$ der ganzen Ausstrahlung.

686. Wenn die von der Sonne ausgestrahlte Wärme benutzt würde, eine Schicht Eis zu schmelzen, die die Oberfläche der Sonne bedeckte, so würde das Eis in einer Stunde 2400 Fuss abschmelzen. Sie würde in der Stunde 700,000 Millionen Kubikmeilen von eiskaltem Wasser zum Sieden bringen; oder mit anderen Worten, die von der Sonne in einer Stunde ausgegebene Wärme würde der gleich sein, die durch die Verbrennung einer Schicht fester Kohle von zehn Fuss Dicke, die die Sonne ganz umgäbe, erzeugt würde; so ist die in einem Jahr ausgestrahlte Wärme gleich der, welche die Verbrennung einer Kohlenschicht von 17 Meilen Dicke ergeben würde.

687. Dies wäre die Ausgabe der Sonne, die seit Jahrhunderten fortgeht, ohne dass wir in historischen Zeiten den Verlust bemerken konnten. Wird das Läuten einer Glocke in der Entfernung gehört, so sind die tönenden Schwingungen bald vorüber, und es sind neue Anstösse erforderlich, um den Klang zu erhalten.

„Die Sonne tönt nach alter Weise," wie die Glocke. Aber wie wird der Ton unterhalten? Wie wird der jährliche Verlust ausgeglichen? Wir sind geneigt, das Wunderbare im Alltäglichen zu übersehen. Wahrscheinlich erscheint Vielen unter uns, und selbst den Aufgeklärtesten unter Ihnen die Sonne als ein Feuer, das sich nur durch die Grösse und die Lebhaftigkeit seiner Verbrennung von den irdischen Feuern unterscheidet. Welches ist aber die brennende Materie, die sich selbst so erhalten kann? Alles, was wir von kosmischen Erscheinungen kennen, spricht für unsere nahe Verwandtschaft mit der Sonne, und beweist, dass dieselben Bestandtheile in der Zusammensetzung ihrer Masse auftreten, die schon dem Chemiker bekannt sind. Aber keine der uns bekannten irdischen Substanzen, keine Substanz, die durch den Fall der Meteorsteine auf die Erde gelangt ist, vermag die Verbrennung der Sonne zu erhalten. Die chemische Wirkung dieser Substanzen würde zu schwach und ihr Verbrauch zu schnell sein. Wäre die Sonne eine Masse brennender Kohle und würde ihr eine genügende Sauerstoffmenge zugeführt, um die beobachtete Ausstrahlung zu geben, so würde sie in 500 Jahren gänzlich verzehrt sein. Würden wir uns auf der andern Seite denken, sie sei ein Körper, der ursprünglich mit einem Wärmevorrath versehen ist, also eine jetzt erkaltende heisse Kugel, so würden wir ihr damit

Eigenschaften zuschreiben müssen, die von denen der irdischen Materie gänzlich verschieden sind. Wüssten wir die specifische Wärme der Sonne, so könnten wir die Geschwindigkeit ihrer Abkühlung berechnen. Nehmen wir an, dass diese specifische Wärme gleich der des Wassers sei — desjenigen Körpers auf der Erde, der die grösste specifische Wärme besitzt — so würde bei dem jetzigen Verhältniss der Ausstrahlung die ganze Sonnenmasse sich in 5000 Jahren um 8300^0 C. abkühlen. Kurz, besteht die Sonne aus einer Materie, die der unseren gleicht, so müssen Mittel und Wege da sein, um ihr ihre ausgestrahlte Wärme wieder zu ersetzen.

688. Diese Thatsachen sind so ausserordentlich, dass die nüchternste Hypothese für sie vermessen erscheinen muss. Wir wissen, dass die Sonne sich in 25 Tagen um ihre Axe dreht: hierdurch kam man zu der Ansicht, dass die Reibung der Peripherie dieses „Rades" gegen irgend etwas in dem umgebenden Raume Licht und Wärme erzeugte. Was aber bildet den Hemmschuh, und durch welche Kräfte wird er gehalten, während er gegen die Sonne reibt? Geben wir zunächst die Existenz einer solchen Hemmung zu, so können wir die ganze Wärmemenge berechnen, die die Sonne durch eine solche Reibung erzeugen könnte. Wir kennen ihre Masse, wir kennen ihre Rotationszeit; wir kennen das mechanische Aequivalent der Wärme, und aus diesen Daten können wir mit Sicherheit berechnen, dass die Rotationskraft, wenn sie ganz in Wärme verwandelt würde, nicht einmal zwei Jahrhunderte der Ausstrahlung decken würde *). Diese Berechnung schliesst keine Hypothese in sich.

---

*) Mayer; Dynamik des Himmels, S. 10.

689. Ich habe schon eine andere Theorie angedeutet, die, so kühn sie uns auch erscheinen mag, doch
unsere Aufmerksamkeit verdient — die Meteortheorie
der Sonne. Kepler's berühmter Ausspruch, dass „mehr
Kometen am Himmel seien, als Fische im Ocean",
spricht aus, dass nur ein kleiner Theil der Gesammtzahl der zu unserm System gehörigen Kometen von
der Erde aus gesehen wird. Aber ausser den Kometen, Planeten und Monden gehört eine zahlreiche Classe
von Körpern zu unserm System, die, wegen ihrer Kleinheit, als kosmische Atome betrachtet werden könnten.
Gleich den Planeten und Kometen gehorchen diese
kleineren Asteroiden dem Gesetz der Schwere und kreisen in elliptischen Bahnen um die Sonne. Sie sind es,
die, wenn sie in die Erdatmosphäre kommen, sich durch
Reibung entzünden und uns als Meteore oder Stern-
schnuppen erscheinen.

690. Es vergehen kaum zwanzig Minuten in einer
klaren Nacht auf irgend einem Theil der Oberfläche
der Erde, ohne dass wenigstens ein Meteor erschiene.
Zweimal im Jahre (am 12ten August und am 14ten
November) erscheinen sie in ungeheurer Anzahl. In
Boston, von wo man schrieb, dass sie so dicht wie
Schneeflocken fielen, beobachtete man während 9 Stunden 240,000 Meteore. Man könnte vielleicht die Anzahl,
die in einem Jahre fällt, auf hundert oder tausend
Millionen abschätzen, und selbst diese würden nur einen
kleinen Theil der Gesammtzahl der Asteroiden aus-
machen, die sich um die Sonne drehen. Durch die Erscheinungen des Lichts und der Wärme und durch die
directen Beobachtungen an dem Encke'schen Kometen
wissen wir, dass das Weltall mit einem widerstehenden

Medium erfüllt ist, durch dessen Reibung alle Massen unseres Sonnensystems allmählich zur Sonne gezogen werden. Und obgleich die grösseren Planeten in historischer Zeit keine Abnahme ihrer Umlaufszeiten zeigen, kann es bei den kleineren Körpern sich doch anders verhalten. In der Zeit, in der sich der mittlere Abstand der Erde von der Sonne nur um eine einzige Elle ändern würde, könnte sich ein kleiner Asteroid der Sonne um Tausende von Meilen genähert haben.

691. Verfolgen wir diese Betrachtungen weiter, so kommen wir zu dem Schlusse, dass der unermessliche Strom von wägbarer meteorischer Materie, welcher sich so unaufhörlich zu der Sonne hinbewegt, bei seiner Annäherung an dieselbe an Dichtigkeit zunehmen müsste. Und hier kommt man unwillkürlich auf die Vermuthung, ob die grosse Nebelmasse des Zodiakallichtes, welches die Sonne umschliesst, nicht auch ein Meteorhaufen sein könnte. Es ist wenigstens erwiesen, dass diese leuchtende Erscheinung aus einer Materie besteht, die nach den Gesetzen der Planetenbewegung kreist; demgemäss muss sich die ganze Masse des Zodiakallichtes fortwährend der Sonne nähern und unaufhörlich seine Substanz auf sie fallen lassen.

692. Es ist leicht, sowohl die Maximal- als auch die Minimalgeschwindigkeit zu berechnen, die von der Anziehung der Sonne einem um sie rotirenden Asteroiden mitgetheilt wird. Das Maximum wird erzeugt, wenn sich der Körper der Sonne aus einer unendlichen Entfernung nähert; dann wird der ganze Zug der Sonne auf ihn ausgeübt. Das Minimum ist die Geschwindigkeit, vermöge deren der Körper sich gerade nur nahe an der Oberfläche um die Sonne drehen würde. Die Endge-

schwindigkeit des Ersteren, eben ehe er die Sonne berührt,
würde 390 Meilen, die des Letzteren 276 Meilen in der
Secunde betragen. Trifft das Asteroid die Sonne mit der
ersteren Geschwindigkeit, so würde es 9000 Mal mehr
Wärme entwickeln, als durch die Verbrennung eines gleichen Asteroiden von fester Kohle erzeugt würde; während
der Anstoss im letzteren Falle eine Wärme erzeugen
würde, die gleich der Verbrennung von über 4000 solcher Asteroiden wäre. Es kommt daher nicht in Betracht,
ob die in die Sonne fallenden Substanzen brennbar sind
oder nicht; ihre Verbrennung würde die entsetzliche
Hitze, die durch den mechanischen Zusammenstoss erzeugt wird, nicht merklich vermehren.

693. Hier haben wir also eine Thätigkeit, die der
Sonne ihre verlorene lebendige Kraft wieder ersetzen
und eine Temperatur auf ihrer Oberfläche erhalten kann,
die alle Verbrennung auf der Erde weit übertrifft. In
dem Fall der Asteroiden finden wir die Mittel, um Sonnenlicht und Wärme zu erzeugen. Man könnte behaupten, dass dieses Niederstürzen von Materie ein Anwachsen
der Sonne zur Folge haben könne, und das hat es auch,
aber die Menge, durch die die beobachtete Ausstrahlung
für 4000 Jahre ersetzt wird, würde sich der Untersuchung
durch unsere besten Instrumente entziehen. Wenn die
Erde auf die Sonne fiele, so würde sie der Wahrnehmung
gänzlich entgehen; aber die durch ihren Stoss erzeugte
Wärme würde die Ausstrahlung eines Jahrhunderts
decken.

694. Wir können ähnliche Betrachtungen, wie bei der
Sonne, auch für die Erde anwenden. Aus der jetzigen
Gestalt der Erde schliessen wir, dass sie einst flüssig
war. Die Combination der Theorie der Schwere und der
mechanischen Theorie der Wärme führen uns auf den

wahrscheinlichen Ursprung des früheren flüssigen Zu-
standes der Erde. Sie lässt uns den geschmolzenen Zustand eines Planeten von dem mechanischen Anstoss der
kosmischen Massen ableiten, und führt so die innere
Erdwärme und die strahlende Sonnenwärme auf denselben Grund zurück.

695. Ohne Zweifel ist die ganze Oberfläche der Sonne
von einem ununterbrochenen Ocean von geschmolzener
Materie bedeckt. Auf diesem Ocean ruht eine Atmosphäre
von glühendem Gas — eine Flammenatmosphäre oder
Photosphäre. Aber gasförmige Substanzen strahlen, selbst
wenn ihre Temperatur sehr hoch ist, nur ein schwaches
Licht aus. Daher ist es wahrscheinlich, dass das blen-
dende weisse Licht der Sonne durch die Atmosphäre von
der darunterliegenden dichteren Materie zu uns kommt*).

696. Die Dauer der jetzigen Verhältnisse der Erde steht
noch mit einem anderen Phänomen in Beziehung, welches
unsere ganze Aufmerksamkeit verdient. Stehen wir auf
einer der Londoner Brücken, so sehen wir 2mal am Tage
den Strom der Themse rückwärts fliessen und das Wasser
aufwärts strömen. Das so bewegte Wasser reibt gegen
das Bett und die Ufer des Flusses und Wärme ist die
Folge dieser Reibung. Die so erzeugte Wärme wird zum
Theil in den Weltenraum ausgestrahlt und geht für die
Erde verloren. Was ersetzt diesen unaufhörlichen Verlust?
Die Umdrehung der Erde. Wir wollen die Sache etwas
genauer prüfen. Denken wir uns den Mond feststehen
und die Erde sich wie ein Rad von Westen nach Osten
in ihrer täglichen Rotation drehen. Ein Berg auf der
Erdoberfläche, der sich dem Meridian des Mondes nähert,

---

*) Ich citire hier nach Mayer; indess ist dies auch die jetzige An-
sicht von Kirchhoff. Wir sehen die feste oder flüssige Masse der Sonne
durch ihre Photosphäre.

wird gewissermaassen von dem Mond gefasst; er bildet eine Art von Griff, an welchem die Erde schneller herumgezogen wird. Doch ist der Meridian vorüber, so wird der Zug des Mondes an dem Berge in entgegengesetzter Richtung wirken; er dient jetzt dazu, die Schnelligkeit der Umdrehung um so viel zu vermindern, als er sie vorher vermehrt hatte; und so wird die Wirkung aller auf der Erdoberfläche feststehenden Körper neutralisirt.

697. Denken wir uns aber, dass der Berg stets östlich von dem Mondmeridian läge, so würde der Zug immer der Umdrehung der Erde entgegengesetzt geübt und ihre Geschwindigkeit stets in dem Verhältniss zu der Stänke des Zuges vermindert werden. Die Fluthwelle nimmt diese Stellung ein — sie liegt immer östlich vom Mondmeridian, die Wasser des Oceans werden zum Theil wie ein Hemmschuh die Erdoberfläche entlang gezogen und wie ein Hemmschuh vermindern sie die Schnelligkeit der Erdumdrehung. Obgleich diese Verminderung sicherlich stattfindet, ist sie doch zu gering, um sich in der Zeit bemerkbar zu machen, seit welcher Beobachtungen über diesen Gegenstand angestellt werden. Nehmen wir an, dass wir eine Mühle durch die Wirkung der Fluth drehen und Wärme durch die Reibung der Mühlsteine erzeugen, so hat diese Wärme eine vollkommen andere Ursache, als die Wärme, die durch ein anderes Paar Mühlsteine erzeugt wird, die durch einen Bergstrom gedreht werden. Die erstere wird auf Kosten der Erdumdrehung erzeugt; die letztere auf Kosten der Sonnenwärme, die das Wasser zu seiner Quelle erhob *).

698. Dies sind die Grundzüge der Meteortheorie der Sonne, nach der „Dynamik des Himmels" von Mayer. Ich habe mich streng an seine Aussprüche gehalten und in

---

*) Dynamik des Himmels, S. 38 u. s. f.

den meisten Fällen nahezu seine Worte wiedergegeben.
Aber unser Auszug giebt keinen genügenden Begriff von
der Festigkeit und Sicherheit, mit der er seine Principien angewendet hat. Er beschäftigt sich mit einer
guten Sache, und das einzige Bedenken, welches man bei
seiner Theorie haben könnte, bezieht sich auf die Grösse
der Wirkung, die er diesen Ursachen zuschreibt. Ich
selbst sage nicht gut für diese Theorie, noch verlange ich
von Ihnen, dass Sie sie als bewiesen annehmen; und doch
würde es ein grosser Irrthum sein, sie nur als Chimäre
anzusehen. Es ist eine grossartige Hypothese, und verlassen Sie sich darauf, entspricht dieselbe nicht vollständig, oder sehr annähernd der Wahrheit, so wird doch die
wahre Theorie nicht weniger seltsam oder überraschend
erscheinen *).

699. Mayer veröffentlichte seine Abhandlung im Jahre
1848; fünf Jahre nachher entwarf Herr Waterston unabhängig von ihm eine ähnliche Theorie bei der Versammlung

---

*) Während ich diese Blätter für den Druck vorbereitete, hatte ich
Gelegenheit, noch einmal die Schriften von Mayer durchzusehen, und
zwar mit demselben Interesse, mit dem ich sie das erste Mal gelesen
hatte. Dr. Mayer war praktischer Arzt in der kleinen deutschen Stadt
Heilbronn, und machte im Jahre 1840 die Beobachtung, dass das venöse
Blut eines Fieberkranken in den Tropen röther sei, als unter den nörd-
licheren Breitegraden. Er ging von dieser Thatsache aus, und während
er durch die Pflichten einer mühsamen Praxis beschäftigt war, erhob er
sich, augenscheinlich ohne einen ebenbürtigen Geist neben sich zu haben,
der ihn unterstützte und ermunterte, zu der Höhe der Gedanken, auf
welche wir mit Bezugnahme auf seine Werke hingedeutet haben. Im
Jahre 1842 publicirte er seine erste Arbeit „Ueber die Kräfte der unorganischen Natur"; 1845 seine „Organische Bewegung"; 1848 seine
„Mechanik der Himmelskörper" und 1851 seine „Betrachtungen über das
mechanische Aequivalent der Wärme". Danach wich aber sein zu sehr
angespanntes Denkvermögen und eine Wolke trübte den Geist, der so
viel vollendet hatte. Der Schatten war indess nur vorübergehend und
Dr. Mayer ist jetzt wieder hergestellt.

der British Association in Hull. Die „Transactions" der „Royal Society" von Edinburg für 1854 enthalten einen schönen Aufsatz von Professor William Thomson, in dem die Skizze des Herrn Waterston weiter ausgeführt ist. Er meint, dass die Meteore, die die Vorräthe von Kraft für unser künftiges Sonnenlicht geben sollen, hauptsächlich innerhalb der Erdbahn liegen, und dass wir sie dort sehen, wie das Zodiakallicht „als einen erleuchteten Regen oder vielmehr Wirbelsturm von Steinen".

700. Sir William Thomson führt die folgenden überzeugenden Gründe an, um die Unzulänglichkeit der chemischen Verbindungen zur Erzeugung von Sonnenhitze zu zeigen. „Wir wollen betrachten," sagt er, „wie viel chemische Thätigkeit erforderlich sein müsste, um dieselbe Wirkung zu erzeugen... Machen wir die frühere Annahme, dass 2781 Wärmeeinheiten (jede gleich 1390 Fusspfunden §. 38) oder 3,869,000 Fusspfunde, die gleich sind 7000 Pferdekräften, der in jeder Secunde von jedem Quadratfuss der Oberfläche der Sonne ausgegebenen lebendigen Kraft entsprechen, so finden wir, dass mehr als 0,42 eines Pfundes Kohle in der Secunde, 1500 Pfund in der Stunde erforderlich wären, um Wärme in demselben Verhältniss zu erzeugen. Wenn nun alle Feuer der ganzen Baltischen Flotte (dies war 1854 geschrieben) auf einander gehäuft und in vollem Brande auf ein oder zwei Quadratellen der Oberfläche gehalten würden, und wenn auf der Oberfläche einer Kugel rings herum jede Quadratelle so bedeckt wäre, wo könnte die nöthige Menge Luft herkommen, um diese Verbrennung zu unterhalten? Und doch müssen wir nach der Hypothese, die wir jetzt betrachten, annehmen, dass die Sonne in einem solchen Zustande sei. Wären die Erzeugnisse der Verbrennung gasförmig, so würden sie beim Aufsteigen den erforder-

lichen Zufluss von frischer Luft hindern; wären sie fest
und flüssig (wie sie es sein könnten, wenn der Brennstoff
metallisch wäre), so würden sie den Zufluss der Elemente
von unten hindern. In allen beiden Fällen würde das
Feuer erstickt werden, und ich glaube, man kann mit
Sicherheit feststellen, dass kein solches Feuer bei irgend
einer denkbaren Anordnung von Luft und Brennstoff,
länger als wenige Minuten brennend erhalten werden
könne. Wäre die Sonne eine brennende Masse, so müsste
sie brennendem Pulver ähnlicher sein, als einem in der
Luft brennenden Feuer; und es wäre wohl denkbar, dass
eine feste Masse, die in sich alle zur Verbrennung erfor-
derlichen Stoffe besässe, vorausgesetzt, dass die Erzeugnisse der Verbrennung immer gasförmig blieben, rings
herum auf ihrer Oberfläche abbrennen und in der That
eine so reichliche Wärme wie die Sonne ausstrahlen
könnte. So könnte eine ungeheuer grosse Kugel von
Schiessbaumwolle, die zuerst kalt war und dann auf
ihrer Oberfläche angezündet wurde, in einen solchen permanenten Zustand des Brennens gerathen, indem jeder
innere Theil so erhitzt wäre, dass er sich entzündete,
wenn er nur der brennenden Oberfläche sich näherte.
Es ist sehr wahrscheinlich, dass ein derartiger Körper für
einige Zeit so gross sein könnte, wie die Sonne, und
eben so reichlich leuchtende Wärme ausgeben, die frei
in den Raum ausstrahlt, ohne mehr Absorption durch
seine Atmosphäre von durchsichtigen, gasförmigen Pro-
ducten zu erleiden, als das Licht der Sonne in der dichten
Atmosphäre, durch welche es hindurchgeht. Wir wollen
also betrachten, wie schnell ein solcher Körper, der reichlich Wärme ausgiebt, abbrennen würde. Wir könnten
dabei wahrscheinlich die Verbindungswärme nicht höher
anschlagen, als auf 4000 Wärmeeinheiten für je ein Pfund

der verbrannten Materie, da das grösste bisher beobachtete thermische Aequivalent der chemischen Action viel kleiner ist. Aber 2781 Wärmeeinheiten werden, wie wir oben gefunden haben, in der Secunde von jedem Quadratfuss der Sonnenoberfläche ausgegeben; es müssten also auf jeden Quadratfuss etwa 0,7 Pfund der Materie verzehrt werden, oder eine Schicht von einem halben Fuss Dicke in einer Minute oder von 55 (engl.) Meilen in einem Jahre. Wird dieser Verbrauch fortdauern, so würde eine Masse von der Grösse der Sonne in 8000 Jahren abbrennen. Hat die Sonne sich also in diesem Verhältniss in früheren Zeiten verzehrt, so müsste sie nun 8000 Jahre vor unserer Zeit den doppelten Durchmesser und die vierfache erwärmende Kraft gehabt haben. Wir können daher mit Sicherheit schliessen, dass die Sonne ihre Wärme nicht durch chemische Processe erzeugt, und müssen deshalb auf die Meteoritentheorie zurückgreifen, um dieselbe zu begründen.

701. Der ausgezeichnete, von mir erwähnte Physiker änderte später seine Ansichten über den Ursprung und die Erhaltung der Sonnenwärme. Er zeigte im Jahre 1854, dass die physikalische Betrachtung gegen die Vorstellung spricht, dass die Meteormassen ausserhalb unseres Planetensystems liegen. Er zeigte, dass in diesem Fall das Jahr durch die Vermehrung der Masse der Sonne seit 2000 Jahren verkürzt worden wäre, dass wir mit unserer Zeitrechnung um ein achtel Jahr im Irrthum wären. Daher schloss er, dass die Meteoriten, welche der Sonne ihre Wärme liefern, schon viel früher innerhalb der Erdbahn existirten.

Aber obgleich die Untersuchungen von Le Verrier über die Bewegung des Mercurs die Existenz solcher Meteoriten nachweisen, die um die Sonne kreisen, so zeigen sie doch, dass sie nur gering sein können. Daher kam Sir William Thomson im Jahre 1862 auf den Schluss, dass, wenn irgend ein bemerkbarer Theil der Sonnenwärme dem jetzt noch andauernden Fall von Meteormassen zuzuschreiben wäre, sie dicht an der Oberfläche der Sonne um dieselbe rotiren müssten. Aber wenn solche Massen existirten, so kann man sich schwer vorstellen, wie Körper, so dünn wie Kometen, von der Sonne ohne einen bemerkbaren Verlust von lebendiger Kraft entfliehen könnten, nachdem sie in einer Entfernung von weniger als einem Achtel ihres Radius bei ihr vorbeigegangen wären. Deshalb schliesst Sir William Thomson, dass, obgleich die Sonne durch den Zusammenstoss kleiner Massen gebildet wurde, und dieser Stoss nachweisbar im Stande ist, uns während 20,000,000 Jahren bei der gegenwärtigen Ausstrahlung mit Sonnenwärme zu versehen, die Ausgabe der Sonne durch den mechanischen Stoss der Massen zwar hervorgerufen, aber nicht erhalten wird, und die langsame Abkühlung und spätere Constanz der Ausstrahlung grösstentheils der grossen specifischen Wärme der Masse der Sonne zuzuschreiben ist.

702. Aus der ersten Arbeit des Professor Thomson entnehme ich folgende interessante Data, welche die Wärmemenge angeben, die der Rotation der Sonne um ihre Axe äquivalent ist, oder die Wärme, die erzeugt werden würde, wenn eine Hemmung an der Oberfläche der Sonne angebracht werden würde, um ihre Umdrehungsbewegung aufzuhalten, ferner die Wärme, welche aufträte, wenn die Planeten plötzlich in ihrem Umlauf um die Sonne aufgehalten würden, und endlich die Wärme, die durch die Gravitation erzeugt werden könnte, oder die sich entwickeln würde, wenn jeder einzelne Planet in die Sonne fiele. Die Wärmemenge wird durch die Zeit

ausgedrückt, während deren sie die Ausstrahlung der
Sonne ersetzen würde.

	Gravitationswärme	Rotationswärme	Umlaufswärme
Sonne		116 Jahre 6 Tage	— —
Mercur	6 Jahre 214 Tage	—	— 15 Tage
Venus	83 „ 227 „	—	— 99 „
Erde	94 „ 303 „	—	— 81 „
Mars	12 „ 252 „	—	— 7 „
Jupiter	32240 „ — „	—	14 Jahre 144 „
Saturn	9650 „ — „	—	2 „ 127 „
Uranus	1610 „ — „	—	— 71 „
Neptun	1890 „ — „	—	— — „

703. So würde, wenn der Planet Mercur auf die
Sonne träfe, die erzeugte Wärmemenge die Sonnenausstrahlung für fast 7 Jahre decken, während der Anstoss
des Jupiter den Verlust von 32240 Jahren decken würde.
Unsere Erde würde einen Zuschuss von 95 Jahren liefern.
Die Wärme der Rotation der Sonne würde die Sonnenausstrahlung auf 116 Jahre decken, während die totale
Wärme der Gravitation (die durch das Fallen der Planeten auf die Sonne erzeugte Wärme) die Ausstrahlung
für 45589 Jahre decken würde.

704. Was auch immer das endliche Schicksal dieser
hier entworfenen Theorie sein möge, so ist es jedenfalls ein
grosser Schritt, dass man die Bedingungen angeben kann,
die sicher eine Sonne erzeugen würden, — dass man in
der Kraft der Schwere, die auf die dunkle Materie wirkt,
die Quelle entdeckt hat, aus der die Sterne am Himmel
entstanden sein können. Denn mag die Sonne durch den
Zusammenstoss der kosmischen Massen erzeugt und ihre
Ausstrahlung durch denselben erhalten werden — mag

die innere Wärme der Erde der Rest von derjenigen sein,
die sich durch den Stoss der kalten, dunklen Asteroiden
entwickelt hat oder nicht, so kann doch kein Zweifel über
die Zulänglichkeit der Ursache herrschen, der die erwähnten Wirkungen zugeschrieben werden. Sonnenlicht und Sonnenwärme liegen in der Kraft gebunden,
die einen Apfel zur Erde zieht. „Einfach als Unterschied
in der Stellung der anziehenden Massen geschaffen, war
die lebendige Kraft der Gravitation die ursprüngliche
Form für alle lebendige Kraft des Universums. So sicher,
wie die Gewichte einer Uhr bis zu ihrem tiefsten Punkte
sinken, von dem sie nicht wieder heraufsteigen können,
wenn ihnen nicht aus der noch nicht versiegten Quelle
neue lebendige Kraft mitgetheilt wird, so sicher muss im
Laufe der Jahrhunderte ein Planet nach dem andern
sich der Sonne nähern. So wie jeder in eine Entfernung
von einigen hunderttausend Meilen von ihrer Oberfläche
kommt, wird er, wenn er noch weissglühend ist, ge-
schmolzen und durch die strahlende Wärme in Dampf
verwandelt. Und selbst, wenn sich eine Kruste um ihn
gebildet hat und er aussen dunkel und kalt geworden ist,
kann der verurtheilte Planet seinem feurigen Ende nicht
entgehen. Wenn er nicht, wie eine Sternschnuppe, durch
die Reibung bei seinem Durchgang durch ihre Atmosphäre weissglühend wird, so muss seine erste Berührung
mit ihrer Oberfläche einen gewaltigen Ausbruch von
Licht und Wärme erzeugen. Sei es auf einmal, oder sei
es nach zwei oder drei Sprüngen, gleich denen einer
Kanonenkugel, die von der Oberfläche der Erde oder des
Wassers abprallt, endlich muss doch die ganze Masse
zerbrechen, schmelzen und mit einem Krach verdampfen,
wobei sie in einem Augenblick mehrere tausend Mal mehr

Wärme erzeugt als eine Kohle von derselben Grösse bei
ihrer Verbrennung" *).

705. Helmholtz, der ausgezeichnete deutsche Phy-
siologe, Physiker und Mathematiker, hat eine etwas andere Ansicht von dem Ursprung und der Erhaltung des
Sonnenlichts und der Wärme. Er geht von der Nebel-
hypothese von Laplace aus und nimmt dabei zuerst an,
dass die neblige Materie äusserst dünn gewesen sei, und
bestimmt so die durch ihre Verdichtung zu dem jetzigen Sonnensysteme erzeugte Wärmemenge. Nimmt man
an, dass die specifische Wärme der sich verdichtenden
Masse dieselbe ist, wie die des Wassers, so würde die
Wärme der Verdichtung genügen, um ihre Temperatur
um 28,000,000 Grad zu erhöhen. Der grösste Theil dieser Wärme ist seit Jahrhunderten schon in den Weltenraum verstreut. Die intensivste irdische Verbrennung,
die wir kennen, ist die des Sauerstoffs und Wasserstoffs
und die Temperatur einer reinen Hydrooxygenflamme
ist 8061⁰ C. Die Temperatur einer in der Luft brennenden Wasserstoffflamme ist 3259⁰C.; während die des
Kalklichtes, das mit sonnengleichem Glanz leuchtet, auf
2000⁰C. geschätzt wird. Welchen Begriff können wir uns
nun von einer Temperatur machen, die mehr als drei-
zehntausend mal höher ist als die des Drummond'schen
Lichtes? Bestände unser System aus reiner Kohle und
verbrennte, so würde die durch die Verbrennung erzeugte
Wärme nur $\frac{1}{3500}$ von derjenigen betragen, die durch die
Verdichtung der nebeligen Materie bei der Bildung unseres Sonnensystems entwickelt wurde. Helmholtz nimmt

---

*) Thomsom und Tait in „Good Words" October 1862, p. 606.

an, dass diese Verdichtung fortdauert; dass die Ober-
flächentheile der Sonne noch stets nach ihrem Centrum
hin fallen, und so beständig Wärme entwickelt wird. Er
zeigt sodann durch Berechnung, dass, wenn sich der
Durchmesser der Sonne nur um $\frac{1}{10000}$ seiner jetzigen
Länge zusammenzöge, dadurch eine Wärmemenge erzeugt würde, die die Sonnenausstrahlung für 2000 Jahre
zu decken vermöchte, während die Verdichtung der Sonne
von ihrer jetzigen geringen Dichtigkeit bis zu der der
Erde ihr Aequivalent in einer Wärmemenge finden würde,
die die jetzige Sonnenausstrahlung für 17,000,000 Jahre
decken könnte.

706. „Aber," fährt Helmholtz fort, „wenn auch die
Kraftvorräthe unseres Planetensystems so ungeheuer gross
sind, dass sie durch die fortdauernden Ausgaben innerhalb der Dauer unserer Menschengeschichte nicht merklich verringert werden konnten, wenn sich auch die Länge
der Zeiträume noch gar nicht ermessen lässt, welche vor-
beigehen müssen, ehe merkliche Veränderungen in dem
Zustande des Planetensystems eintreten können, so weisen doch unerbittliche mechanische Gesetze darauf hin,
dass diese Kraftvorräthe, welche nur Verlust, keinen Gewinn erleiden können, endlich erschöpft werden müssen.
Sollen wir darüber erschrecken? Die Menschen pflegen
die Grösse und Weisheit des Weltalls danach abzumessen,
wieviel Dauer und Vortheil es ihrem eigenen Geschlechte
verspricht, aber schon die vergangene Geschichte des
Erdballs zeigt, einen wie winzigen Augenblick in seiner
Dauer die Existenz des Menschengeschlechtes ausgemacht
hat. Ein wendisches Thongefäss, ein römisches Schwert,
was wir im Boden finden, erregt in uns die Vorstellung
grauen Alterthums; was uns die Museen Europas von den

Ueberbleibseln Aegyptens und Assyriens zeigen, sehen
wir mit schweigendem Staunen an, und verzweifeln, uns
zu der Vorstellung einer so weit zurückliegenden Zeit-
periode aufzuschwingen, und doch musste das Menschen-
geschlecht offenbar schon Jahrtausende bestanden und
sich vermehrt haben, ehe die Pyramiden und Ninive ge-
baut werden konnten. Wir schätzen die Menschengeschichte auf 6000 Jahre, aber so unermesslich uns dieser
Zeitraum auch erscheinen mag, wo bleibt sie gegen die
Zeiträume, während welcher die Erde schon eine lange
Reihenfolge jetzt ausgestorbener, einst üppiger und reicher Thier- und Pflanzengeschlechter, aber keine Menschen trug, während welcher in unserer Gegend der Bern-
steinbaum grünte, und sein kostbares Harz in die Erde
und das Meer träufelte, wo in Sibirien, Europa und dem
Norden Amerikas tropische Palmenhaine wuchsen, Rieseneidechsen und später Elephanten hausten, deren mächtige Reste wir noch im Erdboden begraben finden? Verschiedene Geologen haben nach verschiedenen Anhalts-
punkten die Dauer jener Schöpfungsperiode zu schätzen
gesucht und schwanken zwischen 1 und 9 Millionen von
Jahren. Und wiederum war die Zeit, wo die Erde organische Wesen erzeugte, nur klein gegen die, wo sie ein
Ball geschmolzenen Gesteins gewesen ist. Für die Dauer
ihrer Abkühlung von 2000 bis 200 Grad ergeben sich
nach Versuchen von Bischof über die Erkaltung geschmolzenen Basalts etwa 350 Millionen Jahre. Und
über die Zeit, wo sich der Ball des Urnebels zum Plane-
tensystem verdichtete, müssen unsere kühnsten Ver-
muthungen schweigen. Die bisherige Menschengeschichte
war also nur eine kurze Welle in dem Ocean der Zeiten;
für viel längere Reihen von Jahrtausenden, als unser Geschlecht bisher erlebt hat, scheint der jetzige seinem Be-

stehen günstige Zustand der unorganischen Natur ge-
sichert zu sein, so dass wir für uns und lange, lange Reihen von Generationen nach uns nichts zu fürchten haben.
Aber noch arbeiten dieselben Kräfte der Luft, des Wassers und des vulkanischen Innern an der Erdrinde weiter,
welche frühere geologische Revolutionen verursacht und
eine Reihe von Lebensformen nach der andern begraben
haben. Sie werden wohl eher den jüngsten Tag des
Menschengeschlechtes herbeiführen, als jene weit entle-
genen kosmischen Veränderungen, die wir früher bespra-
chen, und uns zwingen, vielleicht neuen vollkommeneren
Lebensformen Platz zu machen, wie uns und unseren
jetzt lebenden Mitgeschöpfen einst die Rieseneidechsen
und Mammuths Platz gemacht haben" *).

707. Die Verwandtschaft unseres Planeten und der
hier thätigen Kräfte mit der Sonne beansprucht beson-
dere Aufmerksamkeit. Vor 35 Jahren schrieb Sir John
Herschel folgende bemerkenswerthe Zeilen über diesen
Gegenstand **): „Die Sonnenstrahlen sind die letzte
Quelle für fast jede Bewegung, die auf der Oberfläche
der Erde geschieht. Durch ihre Wärme werden alle
Winde erzeugt, und alle die Störungen im elektrischen
Gleichgewichte der Atmosphäre, die die Erscheinung des
Blitzes und wahrscheinlich auch den Erdmagnetismus und
das Nordlicht hervorrufen. Ihre belebende Wirkung be-
fähigt Pflanzen, aus der unorganischen Materie Stoff zu
sammeln und ihrerseits die Nahrung der Menschen und
Thiere und die Quelle all der grossen Niederlagen von
Kraftvorrath zu werden, der für den menschlichen Ge-

---

*) Wechselwirkung der Naturkräfte.
**) Umriss der Astronomie. 1863.

brauch in unseren Kohlenlagern ruht. Sie lässt die Wasser
in Dampfform durch die Luft circuliren und das Land be-
wässern und Quellen und Flüsse erzeugen. Sie ruft alle Störungen des chemischen Gleichgewichts in den Elementen
der Natur hervor, die durch eine Reihe von Verbindungen
und Zersetzungen neue Produkte erzeugen und einen
Stoffwechsel bewirken. Selbst das langsame Zerfallen der
festen Bestandtheile der Oberfläche der Erde, in der hauptsächlich ihre geologischen Veränderungen bestehen, ist
einerseits fast ganz dem Abreiben durch Wind und Regen
und dem Wechsel von Frost und Hitze zuzuschreiben;
andererseits dem fortdauernden Anprall der Meereswogen,
welche von den durch die Strahlen der Sonne erregten
Winden bewegt werden. Die Wirkung von Ebbe und Fluth
(welche auch theilweise dem Einfluss der Sonne zukommt)
ist hier nur von verhältnissmässig geringem Einfluss. Die
Wirkung der Meeresströmungen (die durch diesen Einfluss
hauptsächlich erzeugt werden) ist, wenn auch gering im
Abschleifen, doch mächtig im Vertheilen und Weitertragen
der abgeriebenen Materie; und wenn wir die so erzeugte
mächtige Fortführung der Materie betrachten, die Vermehrung des Drucks auf grossen Strecken im Bett des Oceans
und die Verminderung auf den entsprechenden Theilen des
Landes, so wird es uns nicht schwer, zu begreifen, wie die
elastische Kraft der unterirdischen Feuer, die auf der
einen Seite zurückgehalten, auf der anderen befreit wird,
an Orten ausbrechen kann, wo der Widerstand gerade
nur der Kraft gleich ist, die sie zurückhält, und so selbst
die Erscheinung der vulkanischen Thätigkeit unter das
allgemeine Gesetz des Einflusses der Sonne kommt.“

708. Diese schöne Stelle bedarf nur der Verbindung
mit den neueren Untersuchungen, um auch in ihr die
Anwendung des Gesetzes von der Erhaltung der Kraft auf

die organische und unorganische Natur wiederzuerkennen.
Neuere Entdeckungen haben uns gezeigt, dass die Winde
und Flüsse ihren bestimmten Wärmewerth haben, und
dass, um ihre Bewegung zu erzeugen, eine entsprechende
Menge von Sonnenwärme verbraucht worden ist. So
lange sie als Winde und Flüsse bestehen, hat die zu ihrer
Erzeugung verbrauchte Wärme aufgehört, Wärme zu
sein, da sie in mechanische Bewegung verwandelt worden ist; wenn aber diese Bewegung aufhört, so ersteht
die Wärme wieder, die sie erzeugt hatte. Ein Fluss, der
von einer Höhe von 7720 Fuss hinabfliesst, erzeugt
eine Wärmemenge, die seine eigene Temperatur um 5^0 C.
erhöhen könnte, und diese Wärmemenge wurde der
Sonne entzogen, um die Materie des Flusses auf die Höhe
zu erheben, von der er herunterkommt. So lange der
Fluss auf den Höhen bleibt, sei es in dem festen Zustand
als Gletscher oder in dem flüssigen als See, so lange bleibt
die Wärme, die die Sonne ausgegeben, um ihn zu heben,
aus dem Weltall verschwunden. Sie ist bei der Hebung
verbraucht worden. Sobald aber der Fluss seinen Lauf
abwärts antritt und dem Widerstand seines Betts be-
gegnet, so fängt die Wärme, die zu seiner Erhebung verwendet wurde, wieder an sich zu zeigen. In der That
kann das geistige Auge die Ausstrahlung der Wärme von
ihrer Quelle an verfolgen, wie sie sich durch den Aether
als schwingende Bewegung bis zum Ocean fortpflanzt,
wie sie dort aufhört, Schwingung zu sein und als lebendige Kraft unter den Molekülen des Wasserdampfs auf-
tritt; und weiter, wie auf den Gipfeln der Berge die bei
der Verdampfung absorbirte Wärme bei der Verdichtung
wieder ausgegeben wird, während die von der Sonne ausgegebene Wärme, welche das Wasser auf seine jetzige Höhe
hob, noch unersetzt ist. Diese letztere finden wir bis auf

die letzte Einheit wiederersetzt durch die Reibung des
Flusses am Strombett, auf dem Boden der Wasserfälle,
wo der Sturz des Stromes plötzlich aufgehalten wird, in
der Wärme der vom Fluss gedrehten Maschine, im Funken des Mühlsteins, unter dem Hammer des Bergmanns,
in der Sägemühle der Alpen, im Butterfass der Sennhütte,
in den Stützen der Wiege, in der der Bergbewohner sein
Kind durch Wasserkraft in den Schlaf wiegt. Alle diese
hier angegebenen Arten von mechanischer Bewegung sind
einzig und allein Bruchtheile der Wärmebewegung, die
ursprünglich der Sonne entzogen wurde; an jedem Punkt,
wo die mechanische Bewegung zerstört und vermindert
wurde, ist es die Sonnenwärme, die wieder hergestellt
wird.

709. Wir haben uns bis hierher mit den sichtbaren
Bewegungen und Kräften beschäftigt, die die Sonne erzeugt und mittheilt; aber es giebt noch andere Bewegungen und andere lebendige Kräfte, deren Beziehungen nicht
so klar sind. Die Bäume und Pflanzen wachsen auf der
Erde und erzeugen bei ihrer Verbrennung Wärme, vermittelst deren wir grosse Mengen von mechanischer Kraft
hervorbringen. Welches ist die Quelle dieser Kraft? Sir
John Herschel beantwortete diese Frage sehr allgemein,
während Dr. Mayer und Professor Helmholtz ihre
genaue Beziehung zur allgemeineren Frage der Erhaltung
der Kraft bestimmten. Ich will versuchen, ihre Antworten
in einfachen Worten wiederzugeben. Sie sehen diesen
Eisenrost, der durch das Zusammentreten der Atome des
Eisens und des Sauerstoffs entstanden ist; Sie können
dieses durchsichtige kohlensaure Gas freilich nicht sehen,
aber Sie wissen doch, dass es durch die Verbindung
von Kohle und Sauerstoff gebildet ist. Diese so verbundenen Atome gleichen einem Gewichte, das auf der Erde

ruht; ihre gegenseitige Anziehung ist befriedigt. Aber
wie ich ein Gewicht aufwinden kann, um es für ein wie-
derholtes Niedersinken vorzubereiten, so können auch
diese Atome „aufgezogen“, von einander getrennt und so
befähigt werden, den Verbindungsprocess zu wiederholen.

710. Die Kohlensäure ist das Material, dem die Pflanze
den Kohlenstoff entnimmt, während das Wasser die Substanz ist, von der sie den Wasserstoff erhält. Der Sonnenstrahl zieht das Gewicht in die Höhe; er ist die Ursache,
die die Atome trennt, den Sauerstoff frei macht und den
Kohlenstoff und den Wasserstoff in der Holzfaser zu-
sammenführt. Fallen die Sonnenstrahlen auf eine Sand-
fläche, so wird der Sand erwärmt und strahlt zuletzt
so viel Wärme aus, wie er erhält; fallen aber dieselben
Strahlen auf einen Wald, dann ist die abgegebene Wärmemenge etwas geringer als die erhaltene, denn ein Theil
der Sonnenstrahlen ist zum Bau der Bäume verwendet
worden. Wir haben schon gesehen, wie die Wärme bei
dem gewaltsamen Trennen der Körperatome verbraucht
wird, und wie sie wieder erscheint, wenn die Anziehung
der getrennten Atome wieder ins Spiel tritt[*]). Dieselben
Betrachtungen, die wir damals auf die Wärme anwandten,
müssen wir jetzt für das Licht anstellen, denn es ist auf
Kosten des Sonnenlichtes, dass die chemische Zersetzung
stattfindet. Ohne die Sonne kann die Reduction der Kohlensäure und des Wassers nicht bewirkt werden; und bei
dieser Wirkung wird eine Menge von lebendiger Kraft
der Sonne verzehrt, die genau der gethanen molekularen
Arbeit äquivalent ist.

711. Die Verbrennung ist die Umkehrung des Reduc-

---

[*]) Kapitel V.

tionsprocesses und alle Kraft, die in der Pflanze eingeschlossen ist, erscheint wieder als Wärme, wenn die
Pflanze verbrannt wird. Ich entzünde dieses Stück Baumwolle, es lodert auf; der Sauerstoff verbindet sich wieder
mit seiner Kohle und eine Wärmemenge wird ausgegeben,
die der entspricht, welche ursprünglich von der Sonne
geopfert wurde, um das Stück Baumwolle zu bilden. So ist
es auch mit dem „Vorrath an Arbeitskraft", der in unseren
Kohlenlagern aufgehäuft ist; es ist nur die Arbeitskraft der
Sonnenstrahlen in fixirter Gestalt. Wir fördern jährlich
aus unseren Gruben 48 Millionen Tonnen Kohle, deren
mechanisches Aequivalent von fast fabelhafter Grösse ist.
Die Verbrennung eines einzigen Pfundes Kohle in der Minute ist gleich der Arbeit von 300 Pferden in derselben
Zeit. 108 Millionen Pferde müssten Tag und Nacht mit
stets ungeschwächter Kraft ein Jahr hindurch arbeiten,
um eine Arbeit zu vollbringen, die der lebendigen Kraft
äquivalent ist, welche die Sonne während der Kohlen-
periode in der Förderung eines Jahres in unseren Koh-
lengruben niederlegte.

712. Je weiter wir diesen Gegenstand verfolgen, desto
interessanter und wunderbarer erscheint er uns. Sie
wissen, wie eine Sonne durch die alleinige Ausübung
der Gravitationskraft erzeugt werden kann, wie durch
den Zusammenstoss von kalten, dunkeln, planetarischen
Massen das Licht und die Wärme unseres centralen
Himmelskörpers, wie auch der Fixsterne erhalten werden kann. Hier aber finden wir, wie die physikalischen
Kräfte, die der Wirkung der Schwere auf die todte Materie entsprungen sind oder entspringen können, sogar
als die Grundlage für die Bedingungen des Lebens auftreten. Wir finden im Licht und in der Wärme der Sonne
den eigentlichen Urquell des vegetabilischen Lebens.

713. Wir dürfen nicht bei der vegetabilischen Welt stehen bleiben, denn sie ist, mittelbar oder unmittelbar, die Quelle alles thierischen Lebens. Einige Thiere nähren sich unmittelbar von Pflanzen, andere von ihren pflanzenfressenden Mitgeschöpfen; aber zuletzt entnehmen Alle Leben und Kraft der Pflanzenwelt; Alle können also, wie Helmholtz bemerkte, ihre Abstammung von der Sonne herleiten. Im thierischen Körper wird die Kohle und der Wasserstoff der Pflanze wieder mit dem Sauerstoff in Berührung gebracht, von dem sie sich getrennt hatten, und der jetzt durch die Lungen eingeführt wird. Eine Wiedervereinigung findet Statt und die thierische Wärme ist die Folge. Abgesehen von der Intensität besteht kein Unterschied zwischen der Verbrennung, die in uns vorgeht, und der eines gewöhnlichen Feuers. Die Produkte der Verbrennung sind in beiden Fällen dieselben, nämlich Kohlensäure und Wasser. Betrachten wir nun die physikalische Seite dieser Frage, so sehen wir, dass die Bildung der Pflanze der Process des Aufwindens, die Bildung des Thieres der Process des Ablaufens ist. Dies ist der Kreislauf der Natur im Thier- und Pflanzenleben.

714. Enthält denn aber unser menschlicher Körper nicht etwas, das ihn von der Kette der Nothwendigkeit befreit, die das Gesetz der Erhaltung um die organische Natur schlingt? Sehen Sie zwei gleich gesunde und gleich kräftige Männer einen Berg erklimmen, der eine wird ermüdet zu Boden sinken und den Versuch aufgeben, während der andere mit festem Willen die Spitze erreicht. Hat nicht das Wollen in diesem Falle eine schöpferische Kraft? Physikalisch betrachtet beherrscht dasselbe Gesetz die Wirkungen der Dampfmaschine und des Bergbesteigers. Für jedes Pfund, das die erstere hebt, verschwindet eine entsprechende Menge ihrer Wärme, und bei jedem Schritt,

den der Bergbesteiger aufwärts macht, verliert sein Körper eine Wärmemenge, die gleichzeitig seinem eigenen Gewicht und der Höhe, die er erstiegen, entspricht. Der feste Wille kann von dem Kraftvorrath entnehmen, den die Nahrung giebt, aber sch affen kann er nichts. Die Thätigkeit des Willens ist zu benutzen und zu leiten, aber nicht zu schaffen.

715. Ich sagte eben, dass, wenn ein Bergbesteiger eine Höhe hinaufsteigt, Wärme aus seinem Körper verschwindet; dasselbe findet bei Thieren Statt, die arbeiten. Es würde hieraus scheinen, als ob der Körper während des Steigens oder Arbeitens ·kälter werden müsste, während die allgemeine Erfahrung beweist, dass er wärmer wird. Die Lösung dieses scheinbaren Widerspruchs liegt in der Thatsache, dass bei einer Anstrengung der Muskeln eine vermehrte Einathmung und vermehrte chemische Wirkung eintritt. Die Blasebälge, die den Sauerstoff in das Feuer führen, werden schärfer angeblasen; obgleich also Wärme während unseres Steigens wirklich verschwindet, so wird doch der Verlust durch die vermehrte Thätigkeit des chemischen Processes mehr als gedeckt.

716. Wärme wird in einem Muskel bei seiner Zusammenziehung entwickelt, wie die Herren Becquerel und Breschet mittelst einer eigenthümlichen Form unserer thermo-elektrischen Säule bewiesen haben. Die Herren Billroth und Fick fanden, dass bei Personen, die am Tetanus starben, die Temperatur der Muskeln oft fast 6,1° C. höher war, als die normale Temperatur. Herr Helmholtz beobachtete, dass die Muskeln von todten Fröschen beim Zusammenziehen Wärme erzeugten; und ein ausserordentlich wichtiges Resultat für den Einfluss der Contraction ist von Professor Ludwig in Wien und seinen Schülern gefunden worden. Sie wissen, dass das Blut in

den Arterien mit Sauerstoff beladen ist; wenn dieses Blut durch einen Muskel in seinem gewöhnlichen nichtcontrahirten Zustande fliesst, so wird es in venöses Blut verwandelt, das noch $7\frac{1}{2}$ Proc. Sauerstoff behält. Wenn aber das Blut der Arterien durch einen contrahirten Muskel geht, so wird ihm sein Sauerstoff fast ganz entzogen, die übrigbleibende Menge beträgt in einigen Fällen nur $1\frac{3}{10}$ Proc. Als Resultat der vermehrten Verbrennung in den Muskeln, wenn sie in Thätigkeit sind, beobachten wir eine Zunahme der von den Lungen ausgeathmeten Kohlensäure. Dr. Edward Smith hat gezeigt, dass die Menge dieses Gases, wenn es in Zeiten von grosser Anstrengung ausgeathmet wird, fünf mal grösser ist, als im Zustande der Ruhe.

717. Wenn wir nun die Temperatur des Körpers durch Arbeit vermehren, so wird nur ein Theil des Ueberschusses der erzeugten Wärme zur Vollbringung der Arbeit benutzt. Nehmen wir an, dass eine gewisse Menge Nahrung im Körper eines Menschen im Zustande der Ruhe oxydirt, d. h. verbrannt wird, so ist die erzeugte Wärmemenge genau dieselbe, die wir durch die directe Verbrennung der Nahrung bei einem gewöhnlichen Feuer erhalten hätten. Nehmen wir aber an, dass diese Oxydation der Nahrung vor sich geht, während der Mensch arbeitet, dann würde die in dem Körper erzeugte Wärme geringer sein als die, die wir durch directe Verbrennung erhielten. Es fehlt eine Wärmemenge, die der gethanen Arbeit äquivalent ist. Bestände z. B. die Arbeit in der Entwicklung von Wärme durch Reibung, so würde die so ausserhalb des menschlichen Körpers erzeugte Wärmemenge genau dieselbe sein, die im Körper fehlt, dass also die ganze erzeugte Wärme der durch directe Verbrennung erhaltenen gleich ist.

718. Es ist natürlich leicht, die Wärmemenge zu bestimmen, die von einem Bergsteiger verbraucht wird,
wenn er seinen eigenen Körper bis zu irgend einer Höhe
erhebt. In leichter Kleidung wiege ich 145 Pfund; welches ist die von mir verbrauchte Wärmemenge, wenn ich
von der Meeresoberfläche bis auf die Spitze des Mont
Blanc steige? Die Höhe des Berges beträgt 15,774 Fuss,
und für jedes Pfund meines Körpers, das um 772 Fuss
gehoben wird, wird eine Wärmemenge verbraucht, die
die Temperatur eines Pfundes Wasser um $5/_9^0$ C. erhöhen konnte. Wenn ich folglich eine Höhe von 15,774
Fuss oder von $20^1/_2$ Mal 772 Fuss ersteige, so wird eine
Wärmemenge verbraucht, die genügt, um die Temperatur
von 140 Pfund Wasser um $11,4^0$C. zu erhöhen. Könnte
ich andererseits von der Bergspitze bis an die Meeresfläche hinunter gleiten, so würde die durch das Hinunter-
gleiten erzeugte Wärmemenge genau dieselbe sein, wie
die beim Hinaufsteigen verbrauchte. Ihre Aufmerksamkeit ist mehr als einmal auf die lebendige Kraft der molekularen Vorgänge gelenkt worden, und ich möchte es
hier noch einmal wiederholen. Die Anstrengung, die
nöthig ist, um die Spitze des Mont Blanc zu erreichen,
ist, unserem Gefühle nach, sehr gross. Doch würde die
lebendige Kraft, die dieses Werk vollbringt, der Verbrennung von ungefähr nur 2 Unzen Kohle entnommen werden können. Bei einer ausgezeichneten Dampfmaschine
wird ungefähr ein Zehntel der benutzten Wärme in Arbeit umgewandelt; die übrigen neun Zehntel werden an
die Luft, an den Condensator u. s. f. abgegeben und verloren. Beim rüstigen Bergsteigen wird ein Fünftel der
Wärme, die der Oxydation der Nahrung zuzuschreiben
ist, in Arbeit verwandelt; daher ist der thierische Körper

als Arbeitsmaschine weit vollkommener als die Dampfmaschine.

719. Wir sehen indess, dass die Dampf- und die thierische Maschine diese Kräfte derselben Quelle entnehmen oder entnehmen können. Wir können eine Dampfmaschine durch die directe Verbrennung der Substanzen
treiben, die wir als Nahrung benutzen; und wäre unser
Magen so eingerichtet, dass wir Kohle verdauen könnten,
so würden wir, wie Helmholtz*) bemerkt hat, unsere
lebendige Kraft aus dieser Substanz entnehmen können.
Das allgemeine Gesetz, welches all diesen Betrachtungen
zu Grunde liegt, ist, dass nichts geschaffen wird. Wir
können keine Bewegung herstellen, der nicht ein gleich-
zeitiges Erlöschen einer anderen Bewegung entspricht.
So complicirt auch die Bewegungen der Thiere sind,
welchem Wechsel auch immer die Moleküle unserer Nahrung in unserem Körper unterliegen, die ganze lebendige
Kraft des thierischen Lebens besteht nur in dem Falle
der Atome des Kohlenstoffs, Wasserstoffs und Stickstoffs
von der Höhe, die sie als Nahrung einnehmen, zu der
Tiefe, die sie einnehmen, wenn sie den Körper verlassen.
Was hat aber die Kohle und den Wasserstoff veranlasst
zu fallen? Was erhob sie zuerst auf die Höhe, die den
Fall ermöglichte? Wir haben schon gehört, dass es
die Sonne ist. Auf ihre Kosten wird thierische Wärme
erzeugt und thierische Bewegung vollzogen. Die Sonne
wird nicht nur abgekühlt, damit wir unser Feuer haben
können, sondern auch, um uns die Kräfte zu unserer
Bewegung zu liefern.

720. Diese Betrachtung ist von so grosser Wichtigkeit
und wird so sicher in der Zukunft den ganzen Ideengang

---

*) Phil. Mag. 1856. Vol. IX, p. 510.

Die Sonne als Quelle der lebendigen Kraft. 621

der Naturforscher leiten, dass ich noch etwas länger bei
ihr verweilen und mich bemühen will, Ihnen durch Bezugnahme auf analoge Processe eine klarere Vorstellung
von der Rolle zu geben, die die Sonne in ihrer beleben-
den Thätigkeit spielt. Wir können Wasser durch mechanische Thätigkeit auf eine bedeutende Höhe erheben,
und dieses Wasser kann bei seinem Fall durch seine
eigene Schwere eine grosse Formverschiedenheit annehmen und verschiedene Arten von mechanischer Arbeit vollbringen. Man kann es in Wasserfällen fallen, in Spring-
brunnen aufsteigen, in Wirbeln sich drehen oder in einem
gleichmässigen Bett entlang fliessen lassen. Es kann überdies dazu verwendet werden, Räder zu drehen, Hämmer
zu schwingen, Korn zu mahlen oder Pfähle einzurammen.
Es wird aber keine Kraft durch das Hinabströmen des
Wassers geschaffen. Alle Kraft, die es liefert, ist nur
die Vertheilung und die Verwendung der ursprünglichen
lebendigen Kraft, die es so hoch hob. So ist es auch
mit den zusammengesetzten Bewegungen der Uhr; sie
werden ganz der Hand entnommen, die sie aufzieht.
Der Gesang des kleinen schweizerischen Vogels in der
allgemeinen Ausstellung im Jahre 1862, das Zittern seiner künstlichen Organe, die Schwingungen der Luft, die
das Ohr als Melodie berührten, das Flattern seiner kleinen Flügel und alle übrigen Bewegungen des hübschen
Automaten wurden ebenfalls nur der Kraft entnommen,
durch die er aufgezogen wurde. Er giebt nichts aus,
was er nicht erhalten hätte. In diesem bestimmten
Sinne ist, wie Sie sehen, die lebendige Kraft des Menschen und der Thiere nur die Vertheilung und Verwendung einer Kraft, die ursprünglich von der Sonne aus-
ging. In der Pflanze wird, wie wir bemerkt haben, der
Process der Erhebung oder des Aufziehens vollbracht;

beim Thiere zeigen sich, während des Hinuntersinkens des Kohlenstoffs, des Wasserstoffs und Stickstoffs zu der Tiefe, von der sie ausgingen, die Lebenskräfte.

721. Die Frage ist aber noch nicht erledigt. Das Wasser, das wir zu unserem ersten Beispiel benutzten, erzeugt alle Bewegung, die beim Hinabfliessen sich zeigt, aber die Form der Bewegung hängt von dem Wesen des Mechanismus ab, der in den Weg des Wassers gestellt wird. Und so wird die primäre Wirkung der Sonnenstrahlen durch die Atome und Moleküle, unter die ihre Kraft vertheilt ist, bestimmt. Molekulare Kräfte bestimmen die Form, die die lebendige Kraft der Sonne annehmen soll. Einmal ist diese Kraft durch den Mechanismus der Atome so bedingt, dass sie auf die Bildung eines Kohlkopfs hinausläuft; ein ander Mal so, dass sie eine Eiche bildet. Dasselbe gilt von der Verbindung der Kohle mit dem Sauerstoff; die Form ihrer Verbindung wird durch den molekularen Mechanismus bestimmt, durch den die vereinigende Kraft wirkt. Einmal kann die Wirkung die Bildung eines Menschen sein, ein anderes Mal die Bildung einer Heuschrecke.

722. Die Materie unserer Körper ist die der unorganischen Natur. Es ist keine Substanz in dem thierischen Gewebe, die nicht ursprünglich dem Felsen, dem Wasser und der Luft entstammt. Sind denn die Kräfte der organischen Materie in ihrer Art von denen der unorganischen verschieden? Die ganze Naturforschung drängt heutigen Tages zur Verneinung dieser Frage, und versucht zu zeigen, dass es die Richtung und die Mischung von Kräften ist, die auch der unorganischen Natur gleichmässig angehören, welche in der organischen Welt das Geheimniss und das Wunderbare der Lebenskraft bilden.

723. Wenn wir von den materiellen Verbindungen

sprechen, deren Resultat die Bildung des Körpers und
des Gehirns des Menschen ist, so können wir es unmöglich unterlassen, auch einen Blick auf die Erscheinungen des Bewusstseins und des Denkens zu werfen.
Die Wissenschaft hat kühne Fragen zu stellen gewagt und
wird ohne Zweifel damit fortfahren. Es werden sicher
von den Menschen einer späteren Zeit Probleme aufgestellt werden, die, würden sie jetzt ausgesprochen, den
Meisten als ein Erzeugniss des Wahnsinns gelten würden.
Obgleich indess der Fortschritt und die Entwicklung
der Wissenschaft unbegrenzt erscheinen möchten, so ist
doch augenscheinlich eine Region für sie unerreichbar,
eine Grenze, die sie nicht einmal berühren kann. Sind
die Massen und die Entfernungen der Planeten gegeben,
so können wir daraus auf die Störungen schliessen, die
auf ihren gegenseitigen Anziehungen beruhen. Ist die
Beschaffenheit einer Störung in Wasser, Luft oder Aether
gegeben, so können wir aus den Eigenschaften des Mediums schliessen, wie seine Theilchen bewegt werden. Bei
diesen Untersuchungen haben wir es mit physikalischen
Gesetzen zu thun und unser Geist folgt unbehindert dem
Faden, der die Erscheinungen von Anfang bis zu Ende
verbindet. Versuchen wir aber, durch einen gleichen
Process aus dem Reiche der Natur zu dem des Gedan-
kens überzugehen, so stossen wir auf ein Problem, das
nicht nur über unsere jetzigen Kräfte geht, sondern auch
weit alle denkbare Anspannung unserer Kräfte übersteigt.
Wir können immer und immerfort über diese Sache nachdenken, sie wird sich jeder geistigen Vorstellung entziehen.
Ebenso undurchdringlich ist der Ursprung des materiellen
Universums. Haben wir so die Naturlehre erschöpft und
ihre äusserste Grenze erreicht, so liegt doch noch das
grösste Geheimniss des Seins vor uns. Und so wird es ewig

vor uns liegen — ewig über das Verständniss des menschlichen Geistes hinaus — und die Dichter der späteren Jahrhunderte werden mit Recht sagen dass

Wir von solchem Stoffe sind,
Aus dem man Träume bildet, und unser kleines Leben
Von einem Schlaf umgeben sei.

724. Und doch, werden die Entdeckungen und Verallgemeinerungen der neueren Wissenschaft dem Geiste richtig dargestellt, so bilden sie ein grossartigeres Gedicht, als je die Phantasie geschaffen hat. Der Naturforscher der Jetztzeit kann in Ideen leben, gegen die Milton's Phantasie völlig verschwindet. Betrachten Sie die Kräfte, die unserer Welt innewohnen, die gefüllten Schätze unserer Kohlenfelder, unsere Winde und Flüsse, unsere Flotten, Armeen und Geschütze! Was sind sie? Sie sind alle durch einen kleinen Theil der lebendigen Kraft der Sonne erzeugt, der nicht einmal $\frac{1}{2,300,000,000}$ der ganzen beträgt. Es ist dies der ganze Bruchtheil der Sonnenkraft, der von der Erde aufgefangen wird, und wir verwandeln nur einen kleinen Theil dieses Theils in mechanische Kraft. Multipliciren wir alle unsere Kräfte mit Millionen von Millionen, so erreichen wir doch noch nicht die Ausgabe der Sonne. Und doch haben wir trotz dieser ungeheuren Abgabe in historischer Zeit noch keine Abnahme ihres Vorraths bemerkt. Selbst bei Messung mit unseren grössten irdischen Maassen ist ein solcher Behälter von Kraft unendlich; und doch ist es unser Vorrecht, dass wir uns über diese Maasse erheben und die Sonne selbst als einen Fleck in dem unendlichen Raume, als einen Tropfen in dem Meere des Universums ansehen können. Wir analysiren den Raum, in den sie

gesenkt ist, und welcher der Träger ihrer Kraft ist. Wir
gehen zu anderen Systemen und zu anderen Sonnen
über, von denen eine jede Kräfte ausstrahlt wie die unsere,
aber doch ohne das Gesetz zu übertreten, das Beständigkeit inmitten des Wechsels verräth, das unaufhörliche
Uebertragung oder Verwandlung anerkennt, aber keinen
endlichen Gewinn oder Verlust. Dieses Gesetz verall-
gemeinert den Spruch von Salomon, dass es nichts Neues
unter der Sonne giebt, indem es uns lehrt, allüberall
unter der unendlichen Mannigfaltigkeit der Erscheinungen dieselbe ursprüngliche Kraft zu erkennen. Die
Summe ihrer lebendigen Kräfte bleibt constant und das
Höchste, was der Mensch bei dem Studium der Gesetze
in der Natur oder bei der Anwendung der Naturwissenschaft thun kann, ist: die Bestandtheile des sich niemals
ändernden Ganzen umzuordnen, das Eine opfernd, wenn
er das Andere schaffen will. Das Gesetz der Erhaltung
schliesst die Schöpfung und die Vernichtung gleich streng
aus. Wellen können sich in Kräuselungen umwandeln
und Kräuselungen in Wellen — Grösse kann für Zahl
und Zahl für Grösse eintreten — Asteroiden können sich
zu Sonnen zusammenfügen und Sonnen können sich in
Schöpfungen von Pflanzen und Thieren auflösen, und diese
zu Luft vergehen; die Sum   der Kraft ist stets dieselbe.
In vollem Einklang wirkt sie im Laufe der Jahrhunderte,
und alle irdische Kraft, die Aeusserungen des Lebens sowohl wie die mannigfache Gestaltung der physikalischen
Erscheinungen, sind nur die wechselnden Klänge ihrer
Harmonie.

Fünfzehntes Kapitel.

Wirkung der Aetherwellen von kurzer Schwingungsdauer auf Gasarten. —
Wolken durch actinische Zersetzung gebildet. — Farben durch sehr
kleine Theilchen hervorgebracht. — Polarisation des Lichts durch
neblige Massen. — Das Blau des Himmels und die Polarisation seines
Lichtes.

725. Ich habe Ihnen bisher eine Uebersicht von den
hauptsächlichsten Untersuchungen gegeben, die meine
Aufmerksamkeit während der letzten zehn Jahre in An-
spruch nahmen. Bei diesen Forschungen war mein Haupt-
bestreben, mittels der längeren Schwingungen des pris-
matischen Spectrums molekulare Zustände sich enthüllen
und dem Verständniss eröffnen zu lassen. Den Stoff zu
unserem dreizehnten Kapitel gewannen wir, indem wir die
Wellen von solcher Schwingungsdauer, dass sie das Auge
erregen, von denen gleichsam abfiltrirten, die es nicht thun;
dann liessen wir die längeren Wärmewellen brandend zer-
schellen, wodurch auch sie fähig wurden, alle Erscheinungen des Lichts hervorzubringen. Im Gegensatz zu den schönen Arbeiten von Melloni und Knoblauch machten die

hier erwähnten Untersuchungen strahlende Wärme nur zu einem Mittel für einen weiteren Zweck. Ich versuchte mir Bilder von Molekülen und den sie zusammensetzenden Atomen zu formen, wie sie dem jetzigen Zustande der Wissenschaft entsprechen, und Bilder vom Lichtäther und seinen Bewegungen, wie die Wellentheorie des Lichts uns zu bilden erlaubt, um auf Grund solcher Anschauungen experimentale Untersuchungen anzustellen, die uns einen sichereren Anhalt für den Bau der Moleküle geben könnten.

726. Ein bemerkenswerthes Ergebniss dieser Forschungen, unter anderen Ihnen jetzt bekannten, ist die plötzliche Veränderung in den Beziehungen zwischen dem raumerfüllenden Aether und der gewöhnlichen Materie, die bei chemischen Verbindungen eintritt. Bewahrt man auch die Quantität und elementare Beschaffenheit der Materie, durch welche die Aetherwellen gehen, unverändert, so kann doch der Betrag an vernichteter Wellenbewegung sehr wesentlich verändert werden, wenn der Act chemischer Verbindung eintritt.

Werden zum Beispiel Stickstoff und Sauerstoff im Gewichtsverhältniss von 7 zu 4 mechanisch gemischt, so wird strahlende Wärme durch die Mischung gehen wie durch ein Vacuum. Jedenfalls wird die Quantität aufgefangener Wärme um das Tausendfache vermehrt werden, sowie Sauerstoff und Stickstoff sich zu Lustgas verbinden. Eben so, wenn Stickstoff und Wasserstoff im Verhältniss von 14 zu 3 mechanisch gemischt sind, wird der Betrag strahlender Wärme, die sie in diesem Zustand verschlucken, tausend-, wenn nicht millionenmal, vervielfacht, so wie sie sich chemisch zu Ammoniak verbinden. Kein einziges anderes Experiment beweist so schlagend, dass die Luft, die wir athmen, eine mechanische Mischung und nicht eine chemische Verbindung ist, wie

das, welches zeigt, dass sie den Wärmestrahlen merklich
eben so freien Durchgang gestattet, wie ein Vacuum.

727. Die Moleküle nun, welche, wie das Ammoniak
und Lustgas, befähigt sind die Aetherwellen aufzufangen,
müssen von diesen Wellen erschüttert, vielleicht durch
die Erschütterung getrennt werden. Dass gewöhnliche
thermometrische Wärme chemische Veränderungen bewirken kann, ist eine der bekanntesten Thatsachen. Auch
strahlende Wärme könnte, wenn genügend stark und mit
hinreichender Gierigkeit verschluckt, alle die Wirkungen
gewöhnlicher thermometrischer Wärme erzielen. Die
dunklen Strahlen zum Beispiel, welche Platina weissglühend machen, könnten auch, wenn sie absorbirt werden, die chemischen Wirkungen von weissglühendem Platina hervorbringen. Sie könnten z. B. eben so gut Wasser
zersetzen, wie sie in einem Moment Wasser zum Sieden
bringen können. Aber die Zersetzung würde in diesem
Falle doch nur dadurch hervorgebracht werden, dass
die strahlende Wärme eigentlich in thermometrische
Wärme verwandelt wird. Dieser Vorgang würde nichts
enthalten, was der Strahlung als solcher charakteristisch
wäre, oder sie als ein bei der Zersetzung unbedingt noth-
wendiges Element erscheinen liesse.

728. Die chemischen Wirkungen, für welche die Form
der Strahlung erforderlich zu sein scheint, werden hauptsächlich durch die an Energie schwächsten Strahlen des
Spectrums hervorgebracht. So hat der Photograph seinen
Wärmefocus eine Strecke vor seinem chemischen Focus,
welcher letztere, obwohl wirksam für seinen besonderen
Zweck, doch unendlich viel weniger mechanische Energie
besitzt als sein Nachbar. Die mechanische Energie hängt
von der Amplitude oder Schwingungsweite der einzelnen
Theilchen ab, aus welchen eine Aetherwelle besteht. Nun

haben aber die Wärmewellen sehr viel grössere Schwingungsamplituden als die chemischen Wellen; mithin ist Zersetzung weniger eine Sache der Schwingungsweite als der Schwingungsdauer. Die schnelleren Bewegungen der kürzeren und schwächeren Wellen stehen zu dem Rhythmus, in welchem die Atome ihre Schwingungen ausführen können, in solcher Beziehung, dass sie, gleich den tactmässigen Stössen eines Knaben in einer Schaukel, ihre Wirkungen fortdauernd addiren und schliesslich die Atome auseinander schleudern; so kommt dann das, was wir eine chemische Zersetzung nennen zu Stande.

729. Es ist das Auseinanderschleudern der die Moleküle bildenden Atome, was wir in der heutigen Vorlesung zu betrachten haben. Unsere früheren Untersuchungen handelten von der Wirkung der langen Wellen; die heutige von der Wirkung der kurzen auf gasige Massen. Verschiedenartige Dämpfe liess ich in eine gläserne Experimentirröhre von drei Fuss Länge und etwa drei Zoll Durchmesser eintreten. In der Regel waren die Dämpfe vollkommen durchsichtig, und die Röhre schien, wenn sie darin waren, so leer als ohne sie. In ein paar Fällen zeigte sich jedoch eine wolkige Beschaffenheit in der Röhre. Dies verursachte mir momentane Besorgniss; denn ich wusste nicht, wie weit in der Darstellung meiner früheren Experimente Wirkungen den reinen, wolkenlosen Dämpfen zugeschrieben sein möchten, die in der That von diesen neuerdings beobachteten Nebeln herrührten. Immer sich erneuende Beunruhigung ist indessen der normale Gefühlszustand eines Forschers, der ihn zu näherer Prüfung, zu grösserer Genauigkeit und oft in Folge dessen zu neuen Entdeckungen treibt. Es fand sich bald, dass die Nebel, welche der Strahl zeigte, auch vom Strahl erzeugt wurden, und diese Beobachtung öffnete ein neues

Thor in jene Regionen, die den Sinnen unzugänglich sind, aber so viel vom geistigen Leben des Naturforschers an sich fesseln.

730. Was sind nun diese Dämpfe, von denen wir sprechen? Es sind Zusammenhäufungen von Molekülen oder kleinen Stoffmassen, und jedes Molekül selbst ist eine Zusammenhäufung von kleineren Theilen, sogenannten Atomen. Ein Molekül Wasserdampf z. B. besteht aus zwei Atomen Wasserstoff und einem Atom Sauerstoff. Ein Molekül Ammoniak besteht aus drei Atomen Wasserstoff und einem Stickstoff, und so auch bei anderen Substanzen. Demnach sind die Moleküle, welche selbst unfassbar klein sind, aus bestimmt unterschiedenen noch kleineren Theilen zusammengesetzt. Wenn daher von einem zusammengesetzten Dampfe gesprochen wird, so hat man sich darunter eine Zusammenhäufung von Molekülen vorzustellen, jedes vom anderen getrennt, obgleich ausserordentlich nahe beisammen, und jedes gebildet durch eine Gruppe von Atomen, die noch viel näher zusammenstehen.

So viel von dem Stoff, der unserm Begriff des Dampfes entspricht*). Hierzu muss nun noch die Vorstellung der Bewegung kommen. Die Moleküle haben ihre eigenen Bewegungen als Ganze. Die sie bildenden Atome haben auch ihre eigenen Bewegungen, die unabhängig von denen der Moleküle ausgeführt werden; gerade wie die verschiedenen Bewegungen auf der Erdoberfläche unabhängig von der Drehung unseres Planeten vor sich gehen.

---

*) Newton schien anzunehmen: dass die Moleküle vermittelst eines Mikroskops sichtbar gemacht werden könnten, jedoch von Atomen scheint er eine andere Meinung gehabt zu haben. Er bemerkt sehr fein: „Mir scheint es unmöglich, die noch geheimeren und edleren Bildungen der Natur innerhalb der Körperchen zu sehen, weil sie durchsichtig sind. Herschel, „das Licht", Art. 1145.

731. Die Dampfmoleküle werden durch Kräfte aus-
einandergehalten, die, wenn nicht ihrem Wesen, doch
ihrer Wirkung nach Abstossungskräfte sind. Zwischen
diesen elastischen Kräften und dem atmosphärischen
Druck, den der Dampf erleidet, tritt Gleichgewicht ein,
sobald die Moleküle in richtigem Abstand von einander
stehen. Wenn hierauf die Moleküle durch eine momentane Kraft näher an einander gedrängt werden, prallen
sie wieder aus einander, so wie diese Kraft zu Ende ist.
Wenn sie dagegen von einer ähnlichen Kraft weiter von
einander gezogen worden sind, nähern sie sich einander
wieder, sobald die Kraft nicht mehr wirkt. Der Fall ist
ein anderer bei den sie bildenden Atomen.

732. Und hier lassen Sie mich bemerken, dass wir
nun auf der alleräussersten Grenze stehen, welche die
Molekularphysik bisher erreicht hat; und dass ich versuchen will, Sie mit gewissen Anschauungen vertraut zu
machen, die noch nicht einmal unter den Chemikern allgemeine Gültigkeit erlangt haben, ja sogar manchem
Chemiker vielleicht als unhaltbar erscheinen mögen. Allein
haltbar oder unhaltbar, so ist es doch von der höchsten
Wichtigkeit für die Wissenschaft, sie zu discutiren. So
wollen wir uns denn unsere Atome denken, wie sie zu
Molekülen gruppirt sind. Jedes Atom wird von seinem
Nachbar durch eine abstossende Kraft fern gehalten.
Warum geben denn aber die gegenseitig sich abstossen-
den Glieder ihre Verbindung nicht auf? Die Moleküle
trennen sich ja von einander, wenn der äussere Druck
vermindert oder entfernt wird, aber die Atome trennen
sich nicht. Der Grund dieser Stabilität ist: dass zwei
Kräfte, die eine anziehend, die andere abstossend, zwischen je zwei Atomen in Wirkung sind, und die Stellung
jedes Atoms, seine Entfernung von seinen Gefährten,

durch das Gleichgewicht dieser beiden Kräfte bestimmt wird. Wenn die Atome sich zu nahe kommen, überwiegt die Abstossung und treibt sie von einander; sind sie sich zu fern, überwiegt die Anziehung und zieht sie zu einander. Der Punkt, auf welchem Anziehung und Abstossung sich gleich kommen, ist die Gleichgewichtslage des Atoms. Wo nicht absolute Kälte herrscht — und es giebt in unserm Winkel des Weltalls nichts Derartiges wie absolute Kälte — sind die Atome stets in einem Zustand der Schwingung, indem sie um ihre Gleichgewichtslage hin und her schwingen.

733. In Dampf, so zusammengesetzt, lassen wir nun einen Lichtstrahl dringen. Was aber ist, vor Allem, ein Lichtstrahl? Sie wissen, dass es eine Folge von unzählbaren Wellen ist, die erregt und fortgepflanzt werden in dem fast unendlich dünnen und elastischen Medium, welches den Raum erfüllt und welches wir den Aether nennen. Sie wissen ferner, dass diese Lichtwellen nicht alle die gleiche Grösse haben, dass einige von ihnen viel länger und höher sind als andere; dass sich die langen Wellen mit derselben Geschwindigkeit durch den Raum bewegen wie die kurzen, gerade so wie kurze und lange Schallwellen mit derselben Geschwindigkeit durch die Luft hinlaufen, und dass daher die kurzen schneller auf einander folgen müssen, als die langen. Wie Sie wissen, giebt die verschiedene Schnelligkeit, mit der die Lichtwellen auf die Retina oder den Sehnerv stossen, in unserer Empfindung den Eindruck von Verschiedenheit der Farbe: jedoch gehen auch unzählige Wellen von der Sonne und anderen leuchtenden Körpern aus, welche die Retina zwar treffen, aber unfähig sind, den Eindruck von Licht zu erregen; geht die Länge der Wellen über eine gewisse Grenze hinaus, oder bleibt sie unter einer gewissen Grenze,

so können sie keinen Gesichtseindruck geben. Und es muss ganz besonders beachtet werden, dass die Fähigkeit, Lichtempfindung zu erzeugen, nicht sowohl von der Stärke der Wellen abhängt, als vielmehr von dem Rhythmus, in welchem sie auf einander folgen.

734. Sie sind nun in Besitz der Elemente aller der Anschauungen, mit denen wir in der Folge zu thun haben werden. Und Sie bemerken wohl, dass obgleich wir von Dingen reden, die gänzlich ausserhalb des Gebiets der Sinne liegen, die Anschauungen doch so rein mechanisch sind, als wenn es sich um Massen gewöhnlichen Stoffes und um Wellen von wahrnehmbarer Grösse handelte. Ich glaube nicht, dass heut zu Tage noch irgend ein wirklich wissenschaftlicher Kopf einen wesentlichen Unterschied zwischen chemischen und mechanischen Phänomenen machen wird. Sie weichen nur in Hinsicht der Grösse der mitspielenden Massen von einander ab; aber in diesem Sinne unterscheiden sich ja auch die Phänomene der Astronomie von denen der gewöhnlichen Mechanik. Das Hauptstreben der Naturforschung eines späteren Zeitalters wird wahrscheinlich darin bestehen, in das vorhandene Chaos chemischer Phänomene Ordnung zu bringen, indem man es mechanischen Gesetzen unterwirft.

735. Ob wir nun richtige oder falsche Wege einschlagen — ob unsere Anschauungen wahr oder imaginär sind — jedenfalls ist es für die Wissenschaft von der höchsten Wichtigkeit, vollkommene Klarheit zu erstreben in der Beschreibung alles dessen, was in den Bereich unserer Vorstellungen kommt oder zu kommen scheint. Haben wir Recht, so fördert eine klare Darstellung die Sache der Wahrheit; haben wir dagegen Unrecht, so sichert sie schnelle Widerlegung des Irrthums. In diesem Sinne und mit dem Vorsatze, vor allen Dingen verständ-

lich zu sprechen, wollen wir an unsere Vorstellungen
von Aetherwellen und Molekülen gehen. Denken wir
uns eine Welle oder eine Reihe von Wellen auf ein Molekül stossend, so dass alle seine Theile von derselben
Bewegung angetrieben werden, so wird das Molekül sich
als ganze Masse bewegen, aber, weil eine gemeinsame
Bewegung sie treibt, werden seine Atome keine Neigung
haben, sich zu trennen. Es würde eine Verschiedenheit
in der Bewegung der einzelnen Atome nothwendig sein,
um sie von einander zu trennen, und wenn eine solche
nicht durch den Stoss der Wellen herbeigeführt würde,
wäre kein mechanischer Grund für die Zersetzung des
Moleküls.

736. Es fällt jedoch schwer, sich den Stoss einer
Welle oder einer Folge von Wellen so zwischen den
Atomen vertheilt zu denken, dass dadurch keine gegen-
seitige Verschiebung derselben zu Stande käme.

Denn Atome haben verschiedenes Gewicht, wahrscheinlich auch verschiedene Grösse; jedenfalls ist es fast
gewiss, dass das Verhältniss, in welchem die Masse des
Atoms zu der Fläche, die es dem Stoss der Aetherwellen
bietet, steht, in verschiedenen Fällen verschieden ist.
Wenn dem so ist, und ich denke es besteht dafür eine
ausserordentlich grosse Wahrscheinlichkeit, so strebt jede
Welle, die über ein Molekül geht, es zu zersetzen und
von den schwereren und trägeren Gefährten diejenigen
Atome hinweg zu führen, die im Verhältniss zu ihrer
Masse den Wellenbewegungen die grösste Widerstands-
fläche bieten. Der Fall lässt sich veranschaulichen an
dem Beispiel eines Mannes, der auf dem Verdecke eines
Schiffes steht. So lange beide die Bewegungen des Win-
des oder der See gleichmässig mitmachen, ist kein Hang
zur Trennung vorhanden. Nach Sprache der Chemiker

befinden sie sich in einem Zustand der Verbindung. Aber
eine darüber laufende Welle findet das Schiff weniger
geneigt, ihrer Bewegung nachzugeben, als den Mann; folglich wird der Mann mit fortgenommen, und wir haben,
was man in grober Weise als eine Zersetzung betrachten
könnte.

737. So empfiehlt sich uns die Vorstellung der Zersetzung zusammengesetzter Moleküle durch die Aetherwellen durch ihre Wahrscheinlichkeit a priori. Aber
eine nähere Untersuchung der Frage zwingt uns, diese
Vorstellung wenigstens zu ergänzen, wenn auch nicht
gerade wesentlich zu verändern. Es ist eine höchst
wichtige Thatsache, dass die Wellen, welche bisher am
erfolgreichsten die Atome zusammengesetzter Moleküle
auseinanderschüttelten, die geringste mechanische Kraft
besassen. Wogen, um einen starken Vergleich zu brauchen, sind nicht im Stande, Wirkungen hervorzubringen,
die von kleinen Kräuselwellen mit Leichtigkeit erzielt
werden. So bewirken zum Beispiel auch die violetten und
ultravioletten Strahlen der Sonne am kräftigsten solche
chemischen Zersetzungen; doch ist verglichen mit den
rothen und überrothen Sonnenstrahlen die Arbeitsgrösse
dieser „chemischen Strahlen" unermesslich klein. In
vielen Fällen müsste sie millionenmal vervielfacht werden, um der Stärke der überrothen Strahlen gleich zu
kommen; und doch sind letztere machtlos, wo die kleineren
Wellen wirken. Wir bemerken hier eine auffallende
Aehnlichkeit zwischen dem Verhalten der chemischen
Moleküle und dem der menschlichen Netzhaut.

738. Woher kommt aber die Macht dieser kleineren
Wellen, die Bande chemischer Verbindung zu lösen?
Wenn es nicht in ihrer Stärke begründet ist, so muss es,

wie in dem besprochenen Falle der Gesichtswahrnehmung,
von dem Rhythmus ihrer Wiederholung abhängen. Aber
wie sollen wir uns diese Wirkung vorstellen? Die Erklärung möchte folgende sein: Der Stoss einer einzigen
Welle macht nur einen unermesslich kleinen Eindruck
auf ein Atom oder ein Molekül. Um die Wirkung zu
verstärken, muss die Bewegung sich summiren, gleichsam
anhäufen; anhäufen können sich Wellenstösse aber nur,
wenn sie sich periodisch wiederholen und zwar in demselben Rhythmus wie die Schwingungen der Atome, auf die
sie stossen. Ist dies der Fall, so findet jede folgende
Welle das Atom in einer Stellung, die der Welle erlaubt,
ihren Stoss zur Summe der vorhergehenden Stösse zu
addiren. Der Effect ist mechanisch derselbe, den die
tactmässigen Stösse eines Knaben auf eine Schaukel machen. Das einmalige Ticken einer Uhr übt keinen merk-
baren Einfluss auf das stillstehende, gleich lange Pendel
einer anderen; wenn dasselbe aber fortdauert, und das
jedesmalige Ticken seinen, wenn auch unberechenbar
kleinen Stoss im geeigneten Moment zu der Summe der
vorigen Stösse fügt, so wird wirklich die zweite Uhr zu
gehen anfangen. Ebenso bringt ein einzelner Luftstoss,
auf die Zinke einer schweren Stimmgabel treffend, keine
merkbare Bewegung und folglich auch keinen hörbaren
Ton hervor; aber eine Reihe von Stössen, die einander in
Zeitabständen folgen, die mit der Schwingungsperiode
der Stimmgabel identisch sind, wird die Gabel tönen
machen. Ich glaube, die chemische Wirkung des Lichts
ist auf diese Weise anzusehen. Thatsachen und Gründe
weisen beide auf den Schluss hin, dass die Ursache, welche
die Atome zwingt, sich von einander zu trennen, in der
durch ihren Synchronismus mit den kürzeren Lichtwellen

bedingten Aufhäufung von Bewegung in ihnen zu suchen ist. So ist wenigstens meine Ansicht von der Sache.

739. Und nun lassen Sie uns wieder zu jener vorer-wähnten schwachen wolkigen Trübung zurückkehren, woraus, wie aus einem Samenkorn, alle diese Betrachtungen und Ueberlegungen entsprungen sind. Es ist längst bekannt, dass Licht eine gewisse Anzahl von Körpern zersetzt. Das durchsichtige Aethyl- oder Methyljodid wird zum Beispiel braun und undurchsichtig, wenn es dem Lichte ausgesetzt wird, weil es sein Jod frei lässt. Die Kunst der Photographie gründet sich auf die chemischen Wirkungen des Lichts; demnach ist es wohlbekannt, dass die Wirkungen, auf welche uns die vorhergehenden theoretischen Betrachtungen vorbereiten sollten, nicht allein wahrscheinlich, sondern wirklich sind.

740. Aber die nun einzuschlagende Methode, die einfach darin besteht, die Dämpfe flüchtiger Substanzen der Einwirkung des Lichts auszusetzen, gestatten uns nicht nur, sehr schöne Experimente vorzuführen, sondern auch die Wirkungen des Lichts oder vielmehr der chemisch wirkenden Strahlung in viel weiterer Ausdehnung zu verfolgen. Sie macht es uns ferner möglich, in unseren Laboratorien Wirkungen nachzuahmen, die bisher nur im Laboratorium der Natur vor sich gingen. Die Substanzen, die wir nun zu prüfen haben werden, sind solcher Art, dass, wenn ihre Moleküle durch die Lichtwellen auseinander gerissen sind, die neu geformten Körper verhältnissmässig schwerflüchtig sind. Um gasförmig zu bleiben, verlangen diese Zersetzungsproducte einen höheren Grad von Wärme, als die Dämpfe, aus denen sie herstammen; und wenn daher der Raum, in welchem diese neuen Körper frei geworden sind, eine

geeignete Temperatur hat, werden sie nicht im gasförmigen Zustande bleiben, sondern sich als Wolken in dem Strahl niederschlagen, dessen Einwirkung sie ihr Entstehen verdanken.

741. Ich habe hier eine kleine Flasche in der Hand, *F* (Fig. 108), die ein Pfropfen schliesst, der an zwei Stellen durchbohrt ist. Durch eine der Oeffnungen geht eine enge Glasröhre *a*, welche unmittelbar unter dem Pfropfen endet; durch die andere Oeffnung geht eine gleiche Röhre *b*, die bis zum Boden der kleinen Flasche reicht. Die Flasche ist etwa einen Zoll hoch mit durchsichtiger Flüssigkeit gefüllt. Der Name dieser Flüssigkeit ist Amylnitrit (salpetrigsaurer Amyläther) und jedes Molekül desselben enthält 5 Atome Kohlenstoff, 11 Wasserstoff, 1 Stickstoff und 2 Sauerstoff. Auf diese Atomgruppe werden wir sogleich die Wellen unseres elektrischen Lichts loslassen. Unsere Experimentirröhre ist hier mit der kleinen Flasche *F* verbunden; doch kann vermittels eines Hahns die Verbindung zwischen der Flasche und der Experimentirröhre nach Belieben geöffnet oder geschlossen werden. Die andere Röhre, die durch den Pfropfen der Flasche in die Flüssigkeit hineingeht, steht mit einem

Fig. 108.

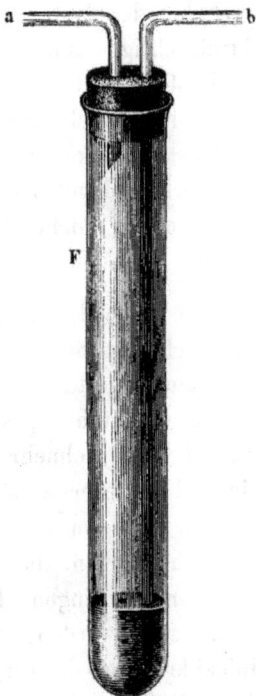

U-förmigen Gefäss in Verbindung, welches letztere mit
Stückchen reinen Glases gefüllt ist, die mit Schwefelsäure
befeuchtet sind. Vor dem U-förmigen Gefäss ist eine
kleine, mit Baumwolle ausgestopfte Röhre. Am anderen
Ende der Experimentirröhre steht unsere elektrische
Lampe; und hier ist schliesslich noch eine Luftpumpe,
durch welche die Röhre luftleer gemacht ist. Wir sind
nun zum Experimente fertig.

742. Oeffnen wir den Hahn vorsichtig, so geht die
Luft des Zimmers zuerst durch die Baumwolle, welche
die unzähligen, organischen Keime und Staubtheilchen
der Atmosphäre zurückhält. Die so gereinigte Luft tritt
in das U-Gefäss, wo sie mittels der Schwefelsäure getrocknet wird. Dann steigt sie durch die enge Röhre
zum Boden der kleinen Flasche hinab und entweicht hier
durch eine schmale Oeffnung in die Flüssigkeit. Durch
diese steigt sie in Blasen auf und beladet sich mit einer
gewissen Menge von dem Dampfe des Amyläthers; dann
dringen Luft und Dampf zusammen in die Experimentirröhre.

743. Wir wollen nun den elektrischen Strahl auf
diesen unsichtbaren Dampf fallen lassen. Die Linse der
Lampe steht so, dass der Strahl convergirt und den Focus nahe der Mitte der Röhre bildet. Sie werden bemerken, dass der Raum noch einen Moment nach dem
Eintritt des Strahls dunkel bleibt; doch wird die chemische
Wirkung so schnell darauf eintreten, dass schon Aufmerksamkeit dazu gehört, diese Periode der Dunkelheit wahr-
zunehmen. Ich bringe die Lampe zum Leuchten. Die
Röhre scheint einen Augenblick leer; doch füllt gleich
darauf eine leuchtende weisse Wolke den Strahlenkegel.
Derselbe hat in der That die Moleküle des Amyläthers

durch Erschütterung zerstört, und, so weit er reicht, ist
ein feiner Regen von Theilchen entstanden, welche den
Strahlenkegel nun wie einen festen Lichtspeer aufleuchten
machen. Ausserdem veranschaulicht dieser Versuch noch
die Thatsache, dass ein Lichtstrahl, wie stark er auch sei,
unsichtbar bleibt, bis er etwas trifft, worauf er scheinen
kann. Der Raum, durchkreuzt von den Strahlen aller
Sonnen und aller Sterne, wird selbst nicht gesehen. Nicht
einmal der Aether, der den Raum füllt und dessen Bewegungen das Licht des Universums sind, ist an und für
sich sichtbar.

744. Sie sehen, dass das Ende der Experimentirröhre,
was am weitesten von der Lampe entfernt ist, nicht diese
Wolken zeigt. Nun ist freilich der Dampf des salpetrigsauren Amyläthers auch dort; aber er wird von dem kräftigen Strahle, der hindurchgeht, nicht angegriffen. Wir
wollen den fortgepflanzten Strahl, nachdem er durch die
Röhre gegangen ist, mittels eines concaven Silberspiegels
concentriren und wieder in die Röhre zurückschicken.
Er ist noch immer machtlos. Obwohl ein Lichtkegel von
ausserordentlicher Intensität nun den Dampf durchschneidet, tritt kein Niederschlag und keine Spur von
Wolkenbildung ein. Weshalb? Weil der sehr kleine
Theil des Strahls, der im Stande ist, den Dampf zu zersetzen, seine Kraft in den vorderen Theilen der Röhre
erschöpft hat. Die Hauptmasse des Lichts, welche noch
bleibt, nachdem die wenigen wirksamen Strahlen ausge-
schieden sind, hat über die Moleküle des Amyläthers keine
Macht mehr. Wir haben hier ein schlagendes Beispiel
für das, was wir schon vorher festgestellt haben bezüglich
des Einflusses der Schwingungsperiode im Gegensatz
zu dem der Lichtstärke. Denn der Theil des Strahles,

der hier wirkungslos bleibt, besitzt wahrscheinlich eine
mehr als millionenfach bedeutendere Arbeitsgrösse als der
wirkende Theil. Die Kraft, die wir hier brauchen, muss
in besonderer Beziehung zu den Atomen stehen, und da
diese besondere Beziehung gerade den schwachen Wellen zukommt, verleiht sie ihnen ihre ausserordentliche
Wirkung. Kehren wir die Experimentirröhre um, so
dass der noch unzersetzte Dampf der Wirkung des noch
unveränderten Strahles ausgesetzt wird, so schlägt sich
augenblicklich diese schöne leuchtende Wolke nieder.

745. Auch das Sonnenlicht bewirkt die Zersetzung
des Amylätherdampfs. Ich brachte eine grosse plancon-
vexe Linse in die Bahn eines Sonnenstrahls, wodurch
sich ein schöner convergirender Kegel in dem Staub der
Zimmerluft dahinter bildete. Brachte ich nun ein Ende
der Röhre in das Licht hinter der Linse, erfolgte innerhalb des Kegels sofort reichlicher Niederschlag. Auch
diesmal wurde der Dampf am hinteren Ende der Röhre
durch den am vorderen geschützt; wenn ich aber die
Röhre umkehrte, schlug sich ein zweiter, gleicher Wol-
kenkegel nieder.

746. Hier nun möchte ich Sie bitten, sich mit dem
Gedanken vertraut zu machen, dass keine chemische
Wirkung durch einen Strahl erzielt werden kann, ohne
dass der Strahl selbst dabei vernichtet werde. Doch wollen wir lieber jetzt die Bezeichnung Strahl als zu weit
und unbestimmt fallen lassen und unsere Aufmerksamkeit auf die Lichtwellen heften. Wir haben uns klar zu
machen, dass die Wellen nur dadurch chemische Wirkung
hervorbringen, dass sie ihre eigene Bewegung an die
Moleküle, die sie zersetzen, abgeben. Hiermit sprechen
wir einigermaassen im Voraus ab über eine Frage, die von

grosser Bedeutung in der Molekularphysik ist und weitere Besprechung verdient. Es ist folgende: Wenn die Aetherwellen auf einen zusammengesetzten Dampf treffen, geht die Bewegung der Wellen auf die Moleküle des Dampfes oder. auf die Atome dieser Moleküle über? Wir haben uns bisher auf die Ansicht gestützt, dass die Bewegung den Atomen mitgetheilt wird; denn wenn dem nicht so wäre, warum sollten sie auseinander geschüttelt werden? Die Frage jedoch verdient noch eine weitere Prüfung, und wir können wirklich eine solche anstellen, deren Tragweite und Bedeutung Sie sogleich einsehen werden.

747. Wie bereits erklärt, werden die Moleküle in ihrer Gleichgewichtslage erhalten, indem einerseits die gegenseitige Abstossung, andererseits der äussere Druck wirkt. Ihr Schwingungsrhythmus muss, wenn sie überhaupt schwingen, wie bei einer vibrirenden Saite, von der elastischen Kraft abhängen, die zwischen ihnen besteht. Wenn diese Kraft verändert wird, so muss sich gleichzeitig auch der Schwingungsrhythmus ändern, und nach der Veränderung könnten die Moleküle nicht mehr die Wellen absorbiren, die sie vor derselben absorbirten. Nun wird aber die elastische Kraft zwischen Molekül und Molekül völlig verändert, wenn ein Dampf in den flüssigen Zustand übergeht. Absorbirt also eine Flüssigkeit Wellen von demselben Schwingungsrhythmus, wie ihr Dampf es thut, so beweist dies, dass die Absorption nicht durch die Moleküle geschieht. Lassen Sie uns in diesem wichtigen Punkte vollkommen klar werden. Die Wellen werden absorbirt, deren Schwingungen mit denen der Moleküle oder Atome, auf welche sie stossen, gleichen Takt haben — welches Grundgesetz zuweilen so ausgedrückt wird, dass man sagt, Körper absorbirten dieselben Strahlen, die sie selbst ausstrahlen. Dieses grosse Ge-

setz bildet, wie Sie wissen, den Grundstein der Spectralana-
lyse; es gestattete Kirchhoff die Fraunhofer'schen
Linien zu erklären und die chemischen Bestandtheile der
Sonnenatmosphäre zu bestimmen. Wenn also, nachdem
ein Dampf in den flüssigen Zustand übergegangen ist,
dieselben Wellen absorbirt werden, wie vor dieser Verwandlung: so ist dies ein Beweis, dass nicht die Moleküle,
deren Schwingungstempo ja gänzlich verändert worden
sein muss, die Träger der Absorption sein können; und
wir werden zu dem Schluss getrieben, dass es die Atome
sein müssen, auf welche die Wellenbewegung übertragen
wird, da deren Schwingungsrhythmus durch die Veränderung des Aggregatzustandes nicht beeinflusst wird. Wenn
nun der Versuch beweisen sollte, dass sich ein Dampf
und seine Flüssigkeit derart identisch verhalten, so würde
dadurch die Ansicht, auf die wir uns stützten, auf neue
und schlagende Weise befestigt werden.

748. Wir wollen nun auf die experimentelle Probe
zurückgehen. Vor der Experimentirröhre, die eine Quantität von dem Amylätherdampf enthält, steht eine Glaszelle von ein Viertelzoll Dicke, gefüllt mit demselben
flüssigen Amyläther. Ich schicke den elektrischen Strahl
zuerst durch die Flüssigkeit und dann durch ihren Dampf.
Die Leuchtkraft dieses Strahles ist sehr gross, aber auf
den Dampf macht er doch keinen Eindruck. Die Flüssigkeit hat ihn gänzlich seiner wirksamen Wellen beraubt.
Nehmen wir die Flüssigkeit fort, tritt augenblicklich chemische Wirkung ein, und einen Moment darauf ist die
scheinbar leere Röhre mit dieser hellen Wolke gefüllt,
die ein Theil des Strahles niederschlug und ein anderer
erleuchtet. Ich bringe die Flüssigkeit an ihre frühere
Stelle: die chemische Wirkung hört sofort auf. Ich
nehme sie wieder weg, und die Wirkung setzt von Neuem

ein. Dadurch enthüllen wir theilweise die Geheimnisse
dieser Welt von Molekülen und Atomen.

749. Anstatt Luft zu dem Träger zu machen, der
den Dampf in die Experimentirröhre bringt, können wir
auch Sauerstoff, Wasserstoff oder Stickstoff dazu benutzen, und statt des salpetrigsauren Amyläthers kann
eine grosse Anzahl anderer Substanzen angewandt werden, die, wie die genannte, bis jetzt noch nicht als empfindlich für chemische Lichtwirkung bekannt waren.
Einen weiteren Punkt wünsche ich noch anschaulich zu
machen, weil der betreffende Vorgang derselben Art ist,
wie einer der wichtigsten grossen Naturprocesse. Wie
Sie wissen, schwebt in unserer Atmosphäre kohlensaures
Gas, welches der Pflanzenwelt Nahrung giebt. Diese
Nahrung könnte jedoch ohne die Beihülfe der Sonnenstrahlen nicht von den Pflanzen aufgenommen werden.
Und doch sind, soviel wir wissen, diese Strahlen wirkungslos auf die freie Kohlensäure unserer Atmosphäre. Die
Sonne kann das Gas nur zersetzen, wenn es von den
Pflanzenblättern eingesogen ist. In den Blättern befindet sich nämlich die Kohlensäure in nächster Nähe von
solchen Stoffen, welche bereit sind, von der Lockerung
ihrer Moleküle durch die Lichtwellen Nutzen zu ziehen.
Indem dadurch eine Neigung zur Zersetzung herbeigeführt wird, kann sich das Blatt des Kohlenstoffes aus
dem Gase bemächtigen und ihn sich aneignen, während
der Sauerstoff der Atmosphäre zurückgegeben wird.

750. In der Experimentirröhre, die Sie hier sehen,
ist ein anderer Dampf als der bisher angewendete. Er
heisst salpetrigsaurer Butyläther *). Schickt man den

---

*) Ich verdanke Herrn Ernst Chapman einen Vorrath dieser kost-
baren Substanz.

elektrischen Strahl durch die Röhre, lässt sich kaum
eine chemische Wirkung bemerken. Nun setze ich aber
dem Dampf eine Quantität Luft zu, welche in Blasen
durch flüssige Salzsäure gestiegen ist. Wird der Strahl
jetzt darauf gerichtet, ist die Wirkung so schnell und die
niedergeschlagene Wolke so dicht, dass Sie mit ange-
spannter Aufmerksamkeit kaum die anfängliche Dunkelheit bemerken könnten, die dem Niederschlag vorhergeht.
Diese enorm gesteigerte Wirkung verdanken wir der Anwesenheit der Salzsäure. Wie das Chlorophyll und die
Kohlensäure in den Pflanzenblättern, wirken die beiden
Substanzen auf einander nur unter dem Einfluss der Wellen des elektrischen Lichts.

751. Der salpetrigsaure Amyläther bietet ein ähnliches Beispiel. Die Zersetzung dieser Substanz durch das
Licht ist schon an und für sich sehr energisch, aber die
Wirkung wird noch bei weitem glänzender und stärker,
wenn Dampf von Salzsäure hinzukommt. — In diese Experimentirröhre ist Luft gelassen, die durch den flüssigen
Amyläther gestiegen ist, bis das mit der Luftpumpe verbundene Barometer um 8 Zoll gesunken war. Weitere 8 Zoll
Luft durch flüssige Salzsäure gestiegen, wurden dann zuge-
lassen, und jetzt soll der starke Strahl der elektrischen
Lampe auf diese Mischung wirken. Eine dichte Wolke von
ausserordentlichem Glanz schlägt sich sofort im Strahle
nieder, der wie eine Pflugschar die leuchtenden Nebel
durchschneidet und nach rechts, wie nach links Haufen
von Wolken aufwirft, während er zwischen ihnen vor-
dringt.

752. Ich verbinde das Mundstück eines Blasebalgs
durch ein Stückchen Kautschukschlauch mit einer Glasröhre, die durch den Pfropfen in ein Gefäss mit unserm
Amyläther geht. Ein kurzer Stoss auf den Blasebalg

schickt einen Puff des Dampfes durch eine zweite Röhre,
die durch denselben Pfropfen geht. Der ausgestossene
Dampf ist in gewöhnlichem diffusen Lichte unsichtbar,
weil er darin als Dampf bestehen bleibt; aber wenn er
in einen concentrirten Sonnenstrahl oder in den Strahl
der elektrischen Lampe kommt, schlägt sich der Dampf
an der Grenze zwischen Finsterniss und Licht sogleich
zu einer Wolke nieder und bildet einen leuchtenden
weissen Ring. Dieser Ring hat dieselbe mechanische
Ursache wie der Rauchring, welcher der Mündung einer
Kanone entsteigt, allein er ist unwahrnehmbar, bis er
durch die Strahlenwirkung niedergeschlagen zum Vorschein kommt.

753. Man kann diesen Wolken jeden beliebigen Grad
von Feinheit geben, da wir nach Gefallen die Dampfmenge
in unserer Experimentirröhre beschränken können. Wenn
die Quantität gehörig geregelt ist, sind die niedergeschlagenen Partikelchen zuerst unfassbar klein, sogar durch
die höchste mikroskopische Vergrösserung nicht sichtbar zu machen. Wahrscheinlich sind ihre Durchmesser
dann nicht grösser als der millionste Theil eines Zolls.
Sie wachsen allmälig, und indem sie an Umfang zunehmen, geben sie auch eine beständig wachsende Menge
Wellenbewegung aus, bis schliesslich die von ihnen ge-
bildete Wolke so stark leuchtet, dass sie diesen Hörsaal
mit Licht füllt. Während des Wachsens der Partikelchen
zeigen sich oft die schönsten Regenbogenfarben. Ich
habe dergleichen zuweilen mit Staunen und Entzücken
in der Alpenatmosphäre wahrgenommen; allein nie sah
ich darunter etwas so Prächtiges, wie jetzt bei unseren
Experimenten im Laboratorium. Doch sind es nicht die
Regenbogenfarben, wie schön sie auch sein mögen, die
uns jetzt beschäftigen sollen, sondern andere Effecte,

welche in Verbindung mit den beiden grossen Räthseln
der Meteorologie stehen — der Farbe des Himmels und
der Polarisation seines Lichts.

753. a. Fangen wir mit dem Himmel an. Wie entsteht
seine Farbe und können wir sie nicht nachmachen? Sie
hat nicht denselben Ursprung, wie die der gewöhnlichen
Farbstoffe, bei welchen gewisse Theile des weissen Sonnenlichtes ausgelöscht werden, so dass der betreffende
Stoff dann in der Farbe des übrigbleibenden Lichts erscheint. Ein Veilchen ist blau, weil der Bau seiner Moleküle ihm gestattet, die gelben und rothen Bestandtheile
des weissen Lichts zu ersticken und die blauen frei durchzulassen. Ein Geranium ist roth, weil sein Molekular-
bau alle Strahlen ausser den rothen verlöscht. Solche
Farben werden Absorptionsfarben genannt; die Farbe
des Himmels aber ist von ganz anderem Charakter. Das
blaue Licht des Himmels ist reflectirtes Licht, und
wäre in unserer Atmosphäre nichts, was die Sonnenstrahlen reflectiren könnte, so würden wir kein blaues Firmament sehen, sondern in die Dunkelheit des unendlichen
Raumes blicken. Die Reflexion des Blau geschieht
durch vollkommen farblose Theilchen. Es ist nur nöthig,
dass sie sehr klein sind, um vorzugsweise Blau zurück-
zustrahlen. Von allen der Sonne entströmenden sichtbaren Wellen sind nämlich die, welche der blauen Farbe
entsprechen, die kürzesten und kleinsten. Auf solche
Wellen nun üben kleine Partikel mehr Gewalt aus als
auf lange Wellen; daher also das Vorherrschen der
blauen Farbe bei allem Lichte, das von ausserordentlich
kleinen Partikeln zurückgestrahlt wird. Andererseits ist
das Glühen des Abend- und Morgenroths, was man in
den Alpen so schön sieht, durchgelassenes Licht,
das heisst Licht, dem auf seiner Reise durch grosse atmo-

sphärische Strecken, die blauen Bestandtheile in Folge
wiederholter Reflexion entzogen sind.

754. Es ist, wie schon gesagt, möglich, durch gehörige
Regulirung der Dampfmenge unsere niedergeschlagenen
Partikelchen von einer ganz ultra mikroskopischer Kleinheit zu Körperchen von merkbarer Grösse wachsen zu
lassen, und mit Hülfe dieser Partikel auf einer gewissen
Stufe ihres Wachsthums können wir ein Blau erzielen,
was dem des tiefsten und reinsten italienischen Himmels
gleichkommt, wenn nicht dasselbe übertrifft. Lassen Sie
uns vor Allem diesen Punkt feststellen. Mit unserer Experimentirröhre steht ein Barometer in Verbindung, dessen Quecksilbersäule gegenwärtig anzeigt, dass die Röhre
luftleer ist. In die Röhre führe ich eine Quantität der
Mischung von Luft und salpetrigsaurem Butylätherdampf
ein, welche die Quecksilbersäule um ein zwanzigstel Zoll
hinunterdrückt; das heisst die Luft und der Dampf zusammen üben einen Druck gleich dem sechshundertsten
Theil einer Atmosphäre. Ich füge nun eine Quantität
Luft mit Salzsäuredampf hinzu, die das Quecksilber einen
halben Zoll weiter hinunterdrückt, und in diese zusammengesetzte und äusserst verdünnte Atmosphäre lasse
ich den Strahl des elektrischen Lichts fallen. Die Wirkung erfolgt langsam; doch allmälig erscheint in der
Röhre dieses prächtige Azur, das sich eine Zeit lang verstärkt, ein Maximum in Tiefe und Reinheit erreicht und
dann, in dem Maasse, wie die Partikel grösser werden,
in ein weissliches Blau übergeht. Dies Experiment ist
ein bezeichnendes Beispiel für ein allgemein gültiges Gesetz. Man könnte noch verschiedene andere farblose
Substanzen mit den verschiedensten chemischen und optischen Eigenschaften zu diesem Experimente benutzen.
Am Anfang würde die sich bildende Wolke jedesmal

dieses herrliche Blau zeigen und dadurch den augen-
scheinlichen Beweis liefern, dass Theilchen von äusserst
geringer Grösse ohne eigene Farbe und ganz unabhängig
von denjenigen optischen Eigenschaften, welche grössere
zusammenhängende Stoffmassen besitzen, die Farbe des
Himmels erzeugen können.

755. Wir müssen aber am Firmamente noch ein anderes Verhältniss besprechen, das von noch feinerem und
verborgenerem Charakter ist als selbst die Farbe.   Ich
meine jenes „geheimnissvolle schöne Phänomen" *), die
Polarisation des Himmelslichtes.   Brewster, Arago,
Babinet, Herschel, Wheatstone, Rubeson und Andere haben uns die Thatsachen genau kennen gelehrt,
allein ihre Ursache bleibt vorläufig ein Geheimniss. Die
Polarität eines Magnets besteht in seiner Zweiendigkeit,
und die Enden oder Pole wirken nach entgegengesetzter
Weise.   Polare Kräfte sind, wie die meisten von Ihnen
wissen, diejenigen, in welchen sich die Zweiheit der Anziehung und Abstossung kund giebt. Und eine Art Zweiseitigkeit — gelegentlich bemerkt von Huyghens, besprochen von Newton, hauptsächlich aber entdeckt
durch einen französischen Physiker Namens Malus beim
Beobachten eines Sonnenstrahls, der an einem der Fen-
ster des Palais du Luxembourg in Paris reflectirt wurde
— trägt den Namen der Polarisation. Wir müssen
jedoch nun mit der Idee eines polarisirten Strahls ein be-
stimmtes Bild verbinden, was seine Entdecker sich noch
nicht zu machen verstanden. Denn in ihren Tagen waren die menschlichen Gedanken noch nicht reif dafür,
noch auch die optische Theorie genügend vorgeschritten,
um den physikalischen Begriff der Polarisation zu fassen

---

*) Herschel's „Meteorologie" Art. 233.

oder auszudrücken. Wenn ein Gewehr abgeschossen
wird, pflanzt sich die Explosion als Welle durch die Luft
fort. Die Luftschalen — wenn ich so sagen darf —, die
um das Centrum der Erschütterung herumliegen, werden
nacheinander in Bewegung gesetzt, indem jede Schicht
ihre Bewegung der nächstfolgenden überträgt und selbst
in ihre Gleichgewichtslage zurückkehrt. Während also
die Welle weite Entfernungen durchmisst, führt jedes
bei ihrer Fortpflanzung mitwirkende Luftpartikelchen nur
eine kleine Hin- und Herbewegung aus *). Bei der Schall-
bewegung gehen die Schwingungen der Luftpartikel
in der Richtung vor sich, in welcher der Schall vorwärts
schreitet. Sie werden daher Longitudinal- oder Längs-
schwingungen genannt. Im Falle des Lichts haben wir
im Gegentheil Transversal- oder Querschwingun-
gen; das heisst die einzelnen Aethertheilchen bewegen
sich rechtwinklig zur Richtung, in welcher das Licht sich
fortpflanzt, hin und her. In dieser Hinsicht gleichen die
Lichtwellen den gewöhnlichen Wasserwellen mehr als
den Schallwellen. Bei einem gewöhnlichen Lichtstrahle
werden die Schwingungen der Aetherpartikelchen in jeder zum Strahle senkrechten Richtung ausgeführt.
Lässt man aber den Strahl schräg auf eine ebene Glasfläche stossen, wie in dem Falle von Malus: so werden
die Partikel des reflectirten Theiles nicht mehr gleichmässig nach allen Richtungen rings um den Strahl
schwingen. Bei der Reflection, wenn sie im richtigen
Winkel stattfindet, werden die Schwingungen alle auf
eine einzige Ebene beschränkt, und so beschaffenes Licht
heisst: geradlinigpolarisirtes Licht.

756. Ein Lichtstrahl, der durch gewöhnliches Glas

---

*) Tyndall, „Vorlesungen über den Schall“, S. 3.

geht, führt seine Schwingungen in dieser Substanz gerade
wie in Luft oder dem Aetherraume aus.   Nicht so in
verschiedenen durchsichtigen Krystallen.   Denn diese haben auch ihre Zweiseitigkeit, und die Anordnung ihrer
Partikel erlaubt nur Schwingungen in gewissen ganz bestimmten Richtungen.   Da ist zum Beispiel der wohlbe-
kannte Krystall Turmalin, der eine ausgesprochene Feind-
seligkeit gegen alle Schwingungen zeigt, die rechtwinklig
zur Krystallisationsaxe ausgeführt werden.   Er löscht
solche Schwingungen schnell aus, während er die der
Axe parallel laufenden bereitwillig fortpflanzt. Die Folge
davon ist, dass der Lichtstrahl, der durch eine beliebig
dicke Masse dieses Krystalls gedrungen ist, polarisirt
daraus hervorgeht.   Ebenso verhält sich der schöne Krystall, den man unter dem Namen des isländischen oder
doppelt brechenden Spathes kennt. Nach einer Richtung
vom Licht durchstrahlt, aber auch nur nach einer, zeigt
dieser Krystall die Neutralität des Glases; nach allen
anderen Richtungen hin spaltet er den durchgehenden
Lichtstrahl in zwei verschiedenartige Hälften, die beide
vollkommen polarisirt sind, da ihre Schwingungen in zwei
rechtwinklig zu einander liegenden Ebenen ausgeführt
werden.

757. Man kann durch eine passende Einrichtung
einen der beiden polarisirten Strahlen los werden, in die
der isländische Spath einen gewöhnlichen Lichtstrahl
theilt.   Dies gelang einem Manne Namens Nicol in so
genialer und so vollkommener Weise, dass der nach seiner
Methode geschnittene Spath nun allgemein als Nicol'-
sches Prisma bekannt ist.   Solches Prisma kann einen
Lichtstrahl polarisiren, und wenn der Strahl, ehe er auf
das Prisma stösst, bereits polarisirt ist, lässt ihn dasselbe
in einer Stellung durch, während es ihn, anders gestellt,

zurückhält; dasselbe gilt von strahlender Wärme. Unser
Weg ist nun bis zu einem gewissen Grade klar gemacht.
Sehen wir uns verschiedene Stellen des blauen Firmaments durch ein Nicol'sches Prisma an und drehen dann
das Prisma um seine Axe, so bemerken wir bald Veränderungen in der Helle des Himmels. Bei gewisser Stellung
des Spaths scheint das Licht gewisser Stellen des Himmels frei durchzugehen; während man beim Betrachten derselben Stellen das Prisma nur durch einen Winkel
von 90⁰ um seine Axe zu drehen braucht, um die Intensität des Lichts wesentlich abnehmen zu sehen. Bei genauer Untersuchung findet sich, dass die durch Drehen
des Prismas hervorgerufene Veränderung am grössten
ist, wenn der Himmel in einer Richtung angesehen wird,
die zu den Sonnenstrahlen einen rechten Winkel bildet.

758. Derartige Experimente beweisen, dass das blaue
Licht des Firmaments polarisirt ist, und dass die vollkommenste Polarisation in einer gegen die Sonnenstrahlen senkrechten Richtung stattfindet. Wäre das Azur
des Himmels derselben Art wie das gewöhnliche Sonnenlicht, so würde das Drehen des Prismas keinerlei Einfluss darauf haben. Es würde während der ganzen Drehung des Prismas gleich gut durchdringen. Das Licht
des Himmels wird zum grossen Theil ausgelöscht, weil
ein grosser Theil davon polarisirt ist.

759. Wenn ein Lichtstrahl im richtigen Winkel auf
eine ebene Glasfläche fällt, wird er polarisirt. Theilweis
polarisirt wird er durch alle schrägen Reflexionen. Unter einem gewissen Einfallswinkel aber wird das zurück-
geworfene Licht vollständig polarisirt. Ein ausserordentlich schönes und einfaches Gesetz, gefunden durch Sir
David Brewster, macht es uns leicht, den Polarisationswinkel einer jeden Substanz zu finden, deren

Brechungsverhältniss bekannt ist. Dies Gesetz wurde von
Brewster auf experimentalem Wege entdeckt; allein die
Wellentheorie des Lichts lehrt uns den Grund des Gesetzes vollständig kennen. Geometrisch lässt sich der
Satz folgendermaassen ausdrücken. Wenn ein Lichtstrahl schräg auf eine Glasplatte fällt, wird er zum Theil
reflectirt, zum Theil gebrochen. Bei einem besonderen
Einfallswinkel stehen die reflectirten und gebrochenen
Theile des Strahls rechtwinklig gegen einander. Dann
ist der Einfallswinkel der Polarisationswinkel. — Er ändert sich mit dem Brechungsindex der Substanz, indem
er für Wasser 52½, für Glas 57½ und für Diamant 68
Grad beträgt.

760. Nun sind wir im Stande, zu ermessen, welche
Schwierigkeiten die uns vorliegende Frage umlagern.
Es wurde bereits erwähnt, dass, um die vollkommenste
Polarisation des Himmelslichts zu bewirken, das Firmament in einer gegen die Sonnenstrahlen senkrechten
Richtung betrachtet werden muss. Dies wird auch manchmal dadurch ausgedrückt, dass man sagt: die Stelle der
maximalen Polarisation liege um einen Winkel von 90⁰
von der Sonne entfernt. Dieser Winkel, derart eingeschlossen von den directen und reflectirten Strahlen, enthält sowohl den Einfalls- als den Reflexionswinkel. Mithin ist der Einfallswinkel, welcher der maximalen Polarisation des Himmels entspricht, gleich der Hälfte von
90⁰, also 45⁰. Dies also ist der atmosphärische Polarisationswinkel, und es fragt sich nun, welche der bekannten Substanzen einen Brechungsindex besitzt, der
diesem Polarisationswinkel entsprechen würde. Wenn
wir diese Substanz fänden, möchten wir dadurch zu dem
Schlusse geführt werden, dass Theilchen davon in der
Atmosphäre verstreut, die Polarisation des Himmels be-

wirkten. „Wäre der Winkel der maximalen Polarisation,"
sagt Sir John Herschel „76⁰ (anstatt 90⁰), so würden
wir Wasser oder Eis als den reflectirenden Körper betrachten können, wie unbegreiflich auch das Vorhandensein unverdampfter Wassertheilchen in einer wolkenlosen
Atmosphäre und an einem heissen Sommertage erscheinen mag." Ein Polarisationswinkel von 45⁰ entspricht
nun aber dem Brechungsindex 1, was so viel heisst,
als dass gar keine Brechung stattfindet, in welchem Falle
aber auch keine Reflexion dasein sollte. Um dem Gesetz von Brewster nachzukommen, müsste, wie Sir
John Herschel bemerkt, „die Reflexion in Luft auf Luft
stattfinden." — „Jemehr man den Gegenstand erwägt,"
fügt der letztgenannte berühmte Astronom hinzu „jemehr
findet man ihn mit Schwierigkeiten umgeben, und seine
Erklärung wird, wenn man sie endlich findet, wahrscheinlich auch die der blauen Farbe des Himmels mit sich
bringen."

761. Sollten Sie es vielleicht nicht ganz weise von
mir finden, Ihnen einen so verwickelten Gegenstand vorzulegen, so erkennen Sie doch wenigstens das Zutrauen
zu Ihrer Intelligenz an, was mich dazu veranlasst hat.
Ich glaube jedoch, dass selbst ein Verstand, der seine
Kraft und seine Nahrung aus ganz anderen Quellen zieht,
Interesse an Gegenständen wie der vorliegende nehmen
muss, so dunkel und schwerverständlich sie auch sein
mögen. Es lässt sich nicht erwarten, dass Sie Alle die
Details dieser Auseinandersetzung fassen werden; aber
ich glaube, dass jeder Anwesende sehen wird, welche
ausserordentlich wichtige Rolle das Gesetz von Brewster spielt, wenn es sich um Speculationen über die
Farbe und Polarisation des Himmels handelt. Ich werde
nun vor Ihnen zu beweisen suchen, erstlich, überein-

stimmend mit unserem früheren Experiment, dass das
Himmelsblau durch ausserordentlich kleine Theilchen
jeder Art Materie hervorgebracht werden kann; zweitens, dass eine der des Himmels gleiche Polarisation
durch solche Theilchen hervorgebracht wird, und drit-
tens, dass Materie in diesem feinen Zustand der Thei-
lung, wo ihre Partikelchen im Vergleich zu der Höhe und
Spannung einer Lichtwelle verhältnissmässig klein sind,
sich dem Gesetz von Brewster völlig entzieht; da die
Richtung der maximalen Polarisation ganz unabhängig
von dem Polarisationswinkel ist, wie er bisher definirt
wurde. Warum dies aber der Fall ist, das wird die Wellentheorie des Lichts künftighin erklären müssen, wenn
sie ihre Aufgabe vollständig lösen will.

762. In diese Experimentirröhre führe ich in bereits
beschriebener Weise einen neuen Dampf ein und setze
Luft hinzu, die durch verdünnte Salzsäure aufgestiegen ist. Und nun lasse ich den elektrischen Strahl auf
die Mischung fallen. Eine Zeit lang sieht man nichts.
Die chemische Wirkung geht ohne Zweifel vor sich, und
die Condensation tritt ein; aber die condensirten Moleküle haben sich noch nicht zu genügend grossen
Theilchen verbunden, um die Lichtwellen merklich zu
zerstreuen. Wie ich vorher schon sagte — und diese
Behauptung ist auf Versuche gegründet — sind die
hier erzeugten Theilchen zuerst so klein, dass ihre
Durchmesser wahrscheinlich nicht den millionsten Theil
eines Zolls übersteigen, während sich wahrscheinlich zur
Bildung dieser Partikel ganze Schaaren von Molekülen zusammensetzen. Unterstützt durch solche Anschauungen, taucht unser geistiger Blick immer tiefer in
die Natur der Atome, und zeigt uns unter Anderem, wie
weit wir noch von der Verwirklichung jener Hoffnung

Newton's sind, dass eines Tages die Moleküle durch
Mikroskope gesehen werden möchten. Während ich
spreche, bemerken Sie, wie diese zarte blaue Farbe in
der Experimentirröhre entsteht und kräftiger wird. Kein
Himmelblau könnte reicher und reiner sein; aber die
Theilchen, die diese Farbe erzeugen, liegen ganz ausserhalb der Sehkraft unserer Mikroskope. Dabei entwickelt
sich eine gleichmässige Farbe, die ebensowenig irgend
eine Unterbrechung erkennen lässt, ebensowenig von den
einzelnen Theilchen Kunde giebt, denen sie ihr Entstehen
verdankt, als ein Körper es thut, dessen Farbe von
wirklicher molekularer Absorption herrührt. Dies Blau
ist zuerst so tief und dunkel wie der Himmel, von den
höchsten Spitzen der Alpen gesehen, und zwar aus demselben Grunde. Allein es wird allmälig heller, immer
seine Bläue beibehaltend, bis zuletzt ein weisslicher
Schimmer sich mit dem reinen Azur mischt und dadurch
anzeigt, dass die Partikel nicht mehr so verschwindend
klein sind, um allein die kürzesten Wellen zurück zu
werfen *).

763. Die hierbei angewandte Flüssigkeit ist Allyljodid **); aber ich könnte ebensogut aus dem Dutzend
Substanzen hier vor mir jede beliebige zu demselben
Zweck benutzen. Sie haben gesehen, was sich mit salpetrigsaurem Butyläther thun lässt. Mit salpetrigsaurem
Amyläther, Schwefelkohlenstoff, Benzol, Benzoëäther etc.
kann dieselbe blaue Farbe erreicht werden. In allen
Fällen, wo irgend ein Stoff langsam aus dem molekularen
in den zusammenhängenden Zustand übergeht, wird der

---

*) Möglicher Weise könnte schon lange, ehe das Blau sichtbar wird,
eine photographische Aufnahme gemacht werden, denn die ultravioletten
Strahlen werden zuerst reflectirt.
**) Das ich der Gefälligkeit des Dr. Maxwell Simpson verdanke.

Uebergang durch die Erscheinung von Blau bezeichnet. Noch mehr: — Sie haben gesehen, wie ich die blaue Farbe (ich nenne sie nicht gern blaue „Wolke", weil ihr Bau und ihre Eigenschaften von denen gewöhnlicher Wolken so verschieden sind) durch dies Stück Kalkspath betrachtete. Es ist ein Nicol'sches Prisma, und ich wollte, ich könnte Jedem von Ihnen eins in die Hand geben. Nun, dieses Blau, so betrachtet, zeigt sich als ein vollendeteres Stück Himmel, als der Himmel selbst. Denn, wenn wir quer durch den beleuchtenden Strahl darauf blicken, wie wir quer gegen die Sonnenstrahlen den Himmel ansehen, haben wir nicht nur partielle, sondern vollkommene Polarisation. Bei der einen Stellung des Nicol'schen Prismas scheint das Licht ganz ungehindert zum Auge zu gelangen; bei der anderen wird es vollständig abgeschnitten, und die Experimentirröhre erscheint optisch vollkommen leer. Hinter die Experimentirröhre thut man gut, eine schwarze Fläche zu stellen, damit kein anderes Licht das Auge beirren kann. Bei passender Stellung des Prismas sieht man diese schwarze Fläche ungetrübt und unverändert; denn die Theilchen in der Röhre sind an und für sich unsichtbar, und das Licht, das sie reflectiren, ist erloschen. Wenn das Licht des Himmels ebensogut polarisirt wäre, würden wir auch, durch ein richtig gestelltes Nicol'sches Prisma blickend, nicht dem milden Leuchten des Firmaments begegnen, sondern in die lichtlose Schwärze des Raumes hinausschauen.

764. Die Construction des Nicols ist derart, dass dieser Schwingungen, die in einer bestimmten Richtung ausgeführt werden, durchlässt, aber auch nur diese. Alle Schwingungen, die rechtwinklig zu dieser ersten Richtung vor sich gehen, werden vollständig zurückgehalten; während von den schräg dagegen ausgeführten Schwingungen

nur entsprechende Bruchtheile durchgelassen werden. Es
ist daher leicht zu begreifen, dass aus der Stellung, in
welche der Nicol gebracht werden muss, um das Licht unserer beginnenden Wolke durchzulassen oder aufzuhalten,
die Richtung der Schwingungen dieses Lichts ersehen werden kann. Sie werden sich ohne Schwierigkeit ein Bild dieser Schwingungen machen können. Denken Sie sich von
einem beliebigen Punkt der „Wolke" eine Linie senkrecht
zum leuchtenden Strahl gezogen. Längs der Linie schwingen die Aetherpartikelchen, die das Licht von der Wolke
zum Auge führen, in einer sowohl zur Linie als zum
Strahl senkrechten Richtung. Und wenn ebenso jede
beliebige Anzahl von Linien von der Wolke aus gezogen
wird, wie Speichen am Rade, so oscilliren doch die Aetherpartikelchen längs aller dieser in gleicher Weise. Denkt
man sich daher die sich bildende Wolke rechtwinklig zu
ihrer Länge von einer ebenen Fläche durchschnitten,
so müssen die vollkommen polarisirten Schwingungen,
die nach den Seiten ausgeschickt werden, alle dieser
Ebene parallel laufen. Dies ist die Schwingungsebene
des polarisirten Lichts. Oder Sie können sich auch einen
Kreis um die Experimentirröhre gezogen denken und
eine Anzahl von Saiten an verschiedenen Punkten dieses
Kreises befestigt. Wenn alle diese Saiten senkrecht zur
Röhre ausgespannt und durch eine Reihe von Stössen
in Bewegung gesetzt werden, die rechtwinklig sowohl gegen sie selbst, wie gegen die Röhre treffen, so wird die
Bewegung der Partikelchen der Saiten die der Aetherpar-
tikel repräsentiren. Ich hoffe, dass Sie nun ein scharfes
Bild dieser Schwingungen im Kopfe haben.

765. Unsere sich bildende blaue Wolke besitzt die
Eigenschaften eines Nicol'schen Prismas, und mit ihr
und dem wirklichen Nicol können wir alle die Wirkun-

gen erzielen, die zwischen dem polarisirenden und analysirenden Theile eines Polariskops vorgehen. Wenn
zum Beispiel eine dünne Platte Selenit (krystallisirter
schwefelsaurer Kalk) zwischen den Nicol und die beginnende Wolke geschoben wird, erhalten wir das schöne
Phänomen der Polarisationsfarben. Die Farbe der Gyps-
platte hängt, wie viele von Ihnen wissen, von ihrer Dicke
ab. Ist diese überall die gleiche, so ist auch die Farbe
überall dieselbe. Wenn hingegen die Platte keilförmig
ist, so dass sie allmälig und gleichmässig von ihrer
scharfen Kante zum entgegengesetzten Rande hin dicker
wird: so erhalten wir schöne glänzende Farbenbänder,
die der Schneide des Keils parallel laufen. Vielleicht
ist die beste Form für Platten zu derartigen Experimenten diese in meiner Hand hier, die mir vor einigen Jahren ein in seiner Art genialer Mann, der verstorbene
Mr. Darker aus Lambeth, machte. Sie besteht in einer
Platte Selenit, in der Mitte dünn, nach den Rändern zu
allmälig dicker werdend. Stellen wir sie zwischen den
Nicol und die Wolke, so erhalten wir anstatt einer Reihe
von Parallelbändern ein System farbiger Ringe. Die
Farben sind am lebhaftesten, wenn wir nach der beginnenden Wolke senkrecht zu ihrer Länge blicken. Ganz
dieselben Erscheinungen werden wahrgenommen, wenn
wir das blaue Firmament in einer zu den Sonnenstrahlen
senkrechten Richtung ansehen.

766. Wir haben bisher unsere Wolke mit gewöhnlichem Licht beleuchtet und den Theil dieses Lichts, den
die Wolke seitwärts um sich herum nach allen Richtungen ausstrahlt, vollkommen polarisirt gefunden. Wir
wollen nun die Wirkungen untersuchen, welche eintreten, wenn das die Wolke erleuchtende Licht selbst
polarisirt ist. Vor der elektrischen Lampe, zwischen

ihr und der Experimentirröhre steht dieses schöne Nicol-
sche Prisma, welches gross genug ist, den ganzen Lichtstrahl aufzunehmen und zu polarisiren. Das Prisma steht
so, dass die Schwingungsebene des Lichts, welches aus
dem Prisma hervorgeht und auf die Wolke fällt, senkrecht ist. Wie verhält sich die Wolke nun zu diesem
Licht? Diese formlose Zusammensetzung unbeschreiblich kleiner Theilchen ohne bestimmte Structur zeigt die
Zweiseitigkeit des Lichts in der schlagendsten Weise.
Sie ist gänzlich ausser Stande, nach oben oder unten zu
reflectiren, während sie ruhig das Licht horizontal nach
rechts und links wirft.

Ich drehe den polarisirenden Nicol so, dass die
Schwingungsebene horizontal wird. Die Wolke reflectirt
nun das Licht frei senkrecht nach oben und unten; aber
sie ist nicht im Stande, einen Strahl horizontal nach
rechts oder links zu senden.

767. Denken Sie sich nun die Atmosphäre unseres
Planeten von einer dem Licht undurchdringlichen Hülle
umgeben, die nach der Seite der Sonne hin eine Oeffnung
hätte, durch welche ein Sonnenstrahl einfallen könnte.
Auf allen Seiten von nicht direct erleuchteter Luft umgeben, würde die Spurlinie des Sonnenstrahls der, welche
der elektrische Strahl in einem dunklen Raume, gefüllt von unserer beginnenden Wolke macht, vollkommen
gleichen. Sie würde blau sein und würde nach allen
Richtungen ringsum Licht in genau demselben polarisirten Zustande verbreiten, in dem sich das Licht unserer
beginnenden Wolke befindet. In der That würde das Azur,
das der Sonnenstrahl zeigte, dem Azur solcher Wolke
gleich sein. Und wenn, anstatt das gewöhnliche Sonnenlicht in die Oeffnung zu lassen, ein Nicol'sches Prisma
dort angebracht würde, welches das Sonnenlicht bei sei-

nem Eintritt in unsere Atmosphäre polarisirte, so würden sich die Partikel, von denen die Farbe des Himmels abhängt, gerade so verhalten, wie die unserer Wolke. Nach zwei Richtungen hin würden wir das Sonnenlicht reflectirt sehen, nach zwei anderen nicht. Wir könnten in der That von solchem vereinzelten Sonnenstrahl, der die unerleuchtete Luft durchschnitte, jede der Wirkungen erhalten, die unsere Wolke soeben gezeigt hat. Indem wir solche Wolken erzeugen, bringen wir so zu sagen Stückchen des Himmels in unsere Laboratorien und erreichen mit ihnen alle die Wirkungen, die am offenen Firmament vorkommen.

768. Hätte ich Ihnen nicht schon genug geistige Anstrengung zugemuthet, so könnte ich nun auf die Beschreibung einer Reihe von aussergewöhnlichen Erscheinungen übergehen, die sich einstellen, wenn wir die Partikelchen unserer Wolken grösser werden lassen, so dass sie sich dem Zustand wirklicher Wolkenmasse nähern. Das bereits erwähnte Ringsystem des Selenit ist ein äusserst zartes Reagens für die Entdeckung polarisirten Lichts. Wenn wir normal, das heisst senkrecht auf eine beginnende Wolke blicken, sind die Farben der Ringe aufs Schönste entwickelt; doch werden sie sofort weniger lebhaft, wenn die Wolke schräg angesehen wird. Aber wir wollen fortfahren, durch den Nicol und Selenit senkrecht auf die Wolke zu blicken. Die Theilchen nehmen an Grösse zu, die Wolke wird gröber und weisser, die Sättigung der Selenitfarben allmälig schwächer. Zuletzt hört die Wolke auf, polarisirtes Licht längs der Normalrichtung auszugeben, und die Selenitfarben verschwinden gänzlich. Wenn jetzt die Wolke schräg angesehen wird, treten die Farben wieder sehr lebhaft auf, wenn auch nicht ganz so frisch und klar wie vorher. In

dieser Weise strömt die Wolke, welche jetzt aufgehört
hat, vollkommen polarisirtes Licht senkrecht zu ihrer
Länge zu entsenden, dasselbe reichlich in schräger Richtung aus. Die Richtung der Maximalpolarisation ändert
sich mit der Textur der Wolke.

769. Dies ist jedoch noch nicht Alles, und um auch
nur theilweise das Uebrige zu verstehen, muss vorher
ein Wort über die Erscheinung der Farben in der Selenitplatte gesagt werden. Wenn, wie vorher erwähnt,
die Platte eine gleichmässige Dicke hat, ist auch ihre
Färbung in weissem polarisirten Lichte gleichmässig.
Nehmen Sie denn also an, dass durch passende Stellung
des Nicol die Farbe der Platte zu ihrem höchsten Glanz
gestiegen ist, und denken Sie die Farbe sei Grün. Dreht
man den Nicol um seine Axe, so wird das Grün schwächer.
Wenn der Rotationswinkel auf 45 Grad steigt, verschwindet die Farbe; wir passiren dann, was man einen neutralen Punkt nennen könnte, wo der Selenit sich nicht wie
Krystall, sondern wie ein Stück Glas ohne Krystallstruc-
tur verhält. Setzen wir die Drehung fort, so erscheint
wieder eine Farbe; allein es ist nicht mehr Grün, sondern
Roth. Dieses erreicht sein Maximum in einer Entfernung
von 45 Grad vom neutralen Punkt, oder mit anderen Worten, in einer Entfernung von 90 Grad von der Stellung,
die das Grün in seinem Maximum zeigte. Bei weiterer
Entfernung von 45 Grad von der Stellung des maximalen Roth, verschwindet die Farbe zum zweiten Male. Wir
haben da einen zweiten neutralen Punkt, hinter welchem
das Grün wieder anfängt und seine höchste Sättigung
am Ende einer Rotation von 180 Grad erreicht. Durch
Drehung des Nicol um einen Winkel von 90 Grad rufen
wir also die Complementärfarbe der anfänglich vorhandenen hervor.

770. Wie man ferner aus diesen Thatsachen ersehen kann, verändert das Ringsystem des Selenit seinen Charakter, wenn der Nicol gedreht wird. Die Mitte des Kreises kann dunkel sein, und die umgebenden Ringe lebhaft gefärbt. Dann macht Drehung des Nicols durch einen Winkel von 90 Grad die Mitte hell, während jeder Punkt, der zuerst von einer gewissen Farbe eingenommen war, nun deren Complementärfarbe zeigt. Aber worauf ziele ich eigentlich mit dieser langen Einleitung? Ich möchte gern, mit der Ueberzeugung von Jedem der Anwesenden verstanden zu werden, erwähnen, dass eine Wolke ihre Textur auch so verändern kann, dass sie auf ein Licht eine Wirkung hervorbringt, die der Drehung des Nicol um 90 Grad äquivalent ist. Vermöge sonderbarer innerer Vorgänge, die ich hier nicht beschreiben kann, theilt sich die Wolke in unserer Experimentirröhre zuweilen in Abschnitte von verschiedener Textur. Einzelne Abschnitte sind gröber als andere, während es auch oft vorkommt, dass manche davon dem blossen Auge regenbogenfarbig erscheinen und andere nicht. Blickt man in normaler Richtung auf solche Wolke durch den Selenit und Nicol, so kommt es oft vor, dass am Uebergang von einem Abschnitt zum anderen der ganze Charakter des Ringsystems sich verändert. Sie fangen an mit einem Abschnitt, der eine dunkle Mitte und ein dem entsprechendes System von Ringen giebt. Sie gehen durch einen neutralen Punkt auf einen anderen über und finden hierbei die Mitte hell und jeden der ersten Ringe ersetzt durch einen von der Complementärfarbe in genau demselben Abstande von der Mitte. Manchmal ereignen sich nicht weniger als vier solche Umkehrungen in der Wolke einer Experimentirröhre von drei Fuss Länge. Nun bedeuten nämlich die hier berührten Veränderungen, dass

beim Uebergang von einem Abschnitt der Wolke zum anderen die Schwingungsebene des polarisirten Lichts sich plötzlich um einen Winkel von 90° dreht, welcher Wechsel einzig der verschiedenen Textur der beiden Theile zuzuschreiben ist.

771. Sie werden nun eine sehr schöne Erscheinung verstehen können, — soweit sie sich überhaupt verstehen lässt — die unter günstigen Umständen auch in unserer Atmosphäre beobachtet werden könnte. Diese Experimentirröhre wurde bis zu einem Zoll Druck mit dem Dampf von Allyljodid gefüllt. Den übrigen 29 Zoll Druck entsprechend, die nöthig sind, um die Röhre ganz zu füllen, ist Luft eingetreten, welche durch wässerige Salzsäure aufgestiegen ist. Neben den Dämpfen des Allyljodids haben wir also auch die Dämpfe von Wasser und Säure in der Röhre. Das Licht hat einige Zeit auf die Mischung gewirkt und eine schöne, blaue Farbe hervorgebracht. Wie vorher erwähnt, unterscheidet sich die „beginnende Wolke" in Textur und optischen Eigenschaften durchaus von einer gewöhnlichen Wolke. Aber man kann den Wasserdampf in dieser Röhre sich niederschlagen lassen, so dass er eine Wolke ähnlich denen in unserer Atmosphäre bildet. Diese neue und eigentliche Wolke wird sich in dem Azur der anderen niederschlagen. Mit der Experimentirröhre nun ist ein luftleeres Gefäss verbunden, das etwa ein Drittel des Inhalts der Röhre fasst, und der Verbindungsweg zwischen beiden ist bis jetzt durch einen Hahn geschlossen. Oeffnet man den Hahn, so wird die Mischung von Dämpfen und Luft aus der Experimentirröhre in das leere Gefäss strömen, und in Folge der Abkühlung, die jede Verdünnung mit sich bringt, wird der Dampf in der Experimentirröhre zu einer wirklichen Wolke zusammenfallen. Jetzt sind Sie auf

das Experiment vorbereitet. Ich betrachte zuerst diesen Azur in der Weise, dass er mir ein lebhaftes Ringsystem mit dunkler Mitte giebt. Drehe ich den Hahn, so wird die Luft verdünnt und die Wolke niedergeschlagen. Was ist die Folge davon? Dass augenblicklich der Mittelpunkt des Systems hell wird, und jede einzelne Farbe, die in einem bestimmten Abstande von der Mitte steht, sich in ihre Complementärfarbe verwandelt. Während ich die Wolke beobachte, schmilzt sie allmälig hinweg wie eine atmosphärische Wolke im Azur des Himmels wohl auch zu thun pflegt. Und dem entsprechend ist hier unser Azur zurückgeblieben. Die Wolke von gröberer Textur scheint wie ein Schleier hinweggezogen, das Blau kommt wieder, und das frühere Ringsystem mit seiner dunklen Mitte und entsprechend gefärbten Kreisen stellt sich wieder ein.

772. Die Gesichtswahrnehmung eines Objectes verlangt immer eine Verschiedenheit der Wirkung auf verschiedene Theile der Netzhaut des Beschauers. Der Gegenstand muss sich von dem umgebenden Raume durch seinen Ueberschuss oder Mangel an Licht im Vergleich mit jenem Raume unterscheiden. Aendert man die Beleuchtung entweder des Gegenstandes oder seiner Umgebung, so verändert man damit die Erscheinungsweise des Gegenstandes. Denken Sie sich zum Beispiel Wolken in der Atmosphäre schwimmend, unterbrochen von Flecken des blauen Himmels. Alles, was die Beleuchtung des Einen ändert, verwandelt die Erscheinung beider, da die Erscheinung wie gesagt auf einer Differenzwirkung beruht. Nun kann, wie Sie wissen, das Licht des Himmels zum grossen Theil durch ein Nicol'sches Prisma aufgehoben werden, weil es polarisirt ist, während das Licht einer Wolke unpolarisirt, wie es ist, nicht aufgehoben werden kann. Daher

die Möglichkeit sehr beträchtlicher Veränderungen nicht
allein im Aussehen des Firmaments, das in der That verändert wird, sondern auch im Aussehen der Wolken, die
dies Firmament als Hintergrund haben. Wenn eine röthliche Wolke bei Sonnenuntergang zufällig in der Region
der höchsten Polarisation schwimmt, verursacht die Däm-
pfung des Himmelslichts dahinter, dass sie in hellerem
Roth aufflammt. Am Osterabend vorigen Jahres zeigte der
Dartmoor Himmel, der gerade durch einen Schneesturm
gereinigt war, ein eigenthümlich wildes Aussehen. Ringsum am Horizonte war er von stahlartigem Glanze, wobei
röthliche Haufenwolken und Federwolken nach Süden zogen. Als das Himmelslicht hinter ihnen ausgelöscht
ward, wurden diese schwimmenden Massen, wie dunkel
glühende Kohlen, in die man bläst, plötzlich zu hellem
Feuer angefacht. In den Alpen trifft man die prachtvoll-
sten Beispiele rothglühender Wolken und Schneemassen,
so dass die eben erwähnte Wirkung dort unter den günstigsten Umständen studirt werden kann. Am 23. August
1869 war das Alpenglühen Abends wunderschön, obwohl
es noch nicht sein Maximum an Tiefe und Glanz erreichte.
Gegen Sonnenuntergang stieg ich die Abhänge hinauf,
um eine bessere Ansicht vom Weisshorn zu gewinnen.
Die Seite seines Gipfels, die man von der Bel-Alp sieht,
war der Sonne abgekehrt und hellviolett. Ich wollte aber
gern einen der rosa gefärbten Strebepfeiler des Gebirges
sehen. Dies gelang mir denn auch auf einem Punkte,
ein paar hundert Fuss über dem Hotel. Auch das Matterhorn, obgleich zum grössten Theil im Schatten, hatte
einen rosa Vorsprung, während ein tiefes, trübes Roth
längs seiner westlichen Schulter lagerte. Ausser dem
Haupt des Dom waren noch vier seiner scharfen Spitzen
und Pfeiler — alle mit reinem Schnee bedeckt — von

dem Licht des Sonnenuntergangs geröthet. Die Schulter des Alphubel war ähnlich gefärbt, während die grosse Masse des Fletschhorns über und über glühte; desgleichen auch der schneeige Grat des Monte Leone.

773. Sah ich das Weisshorn durch den Nicol an, so war das Glühen seines Vorsprungs je nach der Stellung des Prismas stark oder schwach. Auch der Gipfel war einer Veränderung unterworfen. Bei gewisser Stellung des Prismas zeigte er ein blasses Weiss gegen einen dunklen Hintergrund. Bei Drehung des Prismas um einen rechten Winkel hob er sich dunkel violett von einem lichten Hintergrunde. Das Roth des Matterhorn wechselte in ähnlicher Weise; aber auch das Gebirge im Ganzen erlitt auffallende Veränderungen in der Bestimmtheit seiner Umrisse. Die Luft war damals sehr duftig, in der That mit einem silbernen Dunst erfüllt, in dem das Matterhorn fast verschwand. Der Nicol konnte diesen Nebel gänzlich aufheben, und dann sprang das Gebirge mit staunenswerther Klarheit und Schärfe aus der umgebenden Luft vor. Die Veränderungen des Doms waren noch wunderbarer. Dem dahinter liegenden Himmel konnte eine grosse Menge Licht entzogen werden, weil er sich in der Schicht grösster Polarisation befand. War der Himmel gedämpft, so glühten die vier kleineren Spitzen und der Gipfel des Doms zugleich mit der Schulter des Alphubel, als ob sie plötzlich entzündet wären. Aber sofort trübte sich dieses, wenn ich den Nicol um 90° drehte. Es war jedoch nicht die Hemmung des Himmelslichts allein, die diesen überraschenden Eindruck hervorbrachte. Die Luft zwischen der Bel-Alp und dem Dom war wie gesagt sehr duftig, und die Beseitigung dieses dazwischen gelagerten Glanzes hob mithin die Klarheit des Gebirges ganz beträchtlich.

774. Am Morgen des 24. August zeigten sich ähnliche Effecte sehr schön. Um 10 Uhr Vormittags übte der Nicol auf das Aussehen aller drei Berge, Dom, Matterhorn und Weisshorn, einen beträchtlichen Einfluss aus. Da in diesem Falle die Linie, die man vom Auge zum Dom gezogen dachte, genau senkrecht zur Richtung der Sonnenschatten und folglich beinahe senkrecht zu den Sonnenstrahlen war, zeigten sich an diesem Gebirge die auffallendsten Erscheinungen. Der graue Gipfel des Matterhorns liess sich kaum von dem leuchtenden Duft ringsum unterscheiden. Doch wenn der Nicol den Duft aufhob, trennte sich der Gipfel vom Uebrigen los und stand in kühner Zeichnung da. Man muss sich erinnern, dass um diese Wirkungen hervorzubringen, nichts verändert wird als der Himmel hinter, und der leuchtende Duft vor den Gebirgen, dass diese verändert werden, weil das Licht, was vom Himmel und dem leuchtenden Duft ausgeht, geradlinig-polarisirtes Licht ist, und weiter, dass das Licht der Schneemassen und Gebirge, was merklich unpolarisirt ist, nicht direct durch den Nicol berührt wird. Man muss ferner klar darüber sein, dass der Nebel nicht etwa nach der Weise eines dazwischen liegenden trüben Körpers die Berge unbestimmt macht, sondern dass es das Licht des Nebels ist, welches das Auge blendet und verwirrt und so die Klarheit der Gegenstände, die hindurch gesehen werden, abschwächt.

775. Diese Resultate haben einen sehr directen Einfluss auf das, was die Künstler „Luftperspective" nennen. Wenn wir vom Aletschhorn oder von einem niedrigeren Berge auf die in Menge aneinander gereihten Spitzen hinunterblicken, besonders wenn die Gebirge dunkel gefärbt sind, zum Beispiel mit Fichten bewachsen, so hebt ein dünner blauer Nebel jede Spitze, jeden Grat

von den dahinterliegenden Gebirgen ab und macht zugleich die Verhältnisse der Entfernung der Gebirge von einander unverkennbar deutlich. Wenn man diesen Nebel durch den Nicol in senkrechter Richtung zu den Sonnenstrahlen betrachtet, so wird er in den meisten Fällen ganz ausgelöscht, weil das Licht, das er nach dieser Richtung ausgiebt, vollkommen polarisirt ist. Tritt dies ein, so ist die Luftperspective zerstört, und Gebirge, die sehr verschieden weit entfernt sind, scheinen sich in derselben senkrechten Ebene zu erheben. So ist zum Beispiel nahe der Bel-Alp die Schlucht des Massa, eines Stromes, der durch das Abschmelzen des Aletschgletschers entsteht, und hinter der Schlucht liegt ein hoher Rücken, bewachsen mit dunklen Tannen. Man kann diesen Rücken so sehen, dass er sich von den dunklen Abhängen jenseits des Rhonethales abhebt und zwischen beiden der blaue Duft lagert, der die fernen Gebirge weit zurückwirft. Zu gewissen Stunden des Tages jedoch lässt sich dieser Duft auslöschen, und dann scheinen der Massarücken und die Gebirge hinter der Rhone ungefähr gleichweit entfernt vom Auge. Letztere erscheinen dann wie eine unmittelbar ansteigende Fortsetzung des anderen. Der Duft wechselt mit der Temperatur und Feuchtigkeit der Atmosphäre. An bestimmten Orten und zu gewissen Zeiten ist er fast so blau wie der Himmel selbst; um aber seine Farbe zu sehen, muss man die Aufmerksamkeit von den Gebirgen und den sie deckenden Bäumen loszumachen wissen. Der blaue Duft ist factisch ein Stück mehr oder weniger vollkommenen Himmels; er entsteht in derselben Weise und ist denselben Gesetzen unterworfen, wie das Firmament selbst. Wir leben im Himmel, nicht unter ihm.

776. Eine weitere Erläuterung dieser Punkte gab das

Verhalten der Selenitplatte. An manchen der sonnigen
Augusttage war, wenn man von der Bel-Alp hinuntersah,
der Duft im Rhonethale sehr stark. Dann gab gegen
Abend der Himmel oberhalb der Berge, die dem Beob-
achtungsorte gegenüber lagen, auf der Platte eine Reihe
der glänzendsten bunten Regenbogenringe. Senkte man
den Selenit aber nun, bis er zum Hintergrund nicht mehr
die Dunkelheit des Raumes, sondern die dunklen Fichten jenseits des Rhonethales hatte, so nahm trotzdem die
Frische der Farben kaum ab. Ich würde die Entfernung
von mir quer durch das Thal bis zu den Gebirgen gegenüber in gerader Linie gemessen auf neun englische
Meilen schätzen. Demnach könnte eine Luftmasse von
neun Meilen Dicke unter günstigen Umständen fast ebenso
lebhafte Polarisationsfarben geben als der Himmel selbst.

777. Noch einmal: Das Licht einer Landschaft besteht, wie das der meisten Dinge, aus zwei Theilen; der
eine Theil kommt einfach von äusserlicher Reflection, und
dieses Licht hat immer dieselbe Farbe wie das, welches
auf die Landschaft geworfen wird. Der andere Theil jedoch kommt aus einer gewissen Tiefe im Inneren der Gegenstände, welche die Landschaft bilden, und dieser Theil
des gesammten Lichts ist es, der den Gegenständen ihre
verschiedenen Farben verleiht. Das weisse Sonnenlicht
dringt in alle Gegenstände bis zu einer gewissen Tiefe
ein und wird zum Theil durch innere Reflection wieder
hinausgeworfen, indem jede besondere Substanz, den Gesetzen ihres Molecularbaues gemäss, das Licht absorbirt
und zurückstrahlt. So wird das Sonnenlicht von der
Landschaft gleichsam „geschieden", und diese erscheint
dann in solchen Farben und Farbennüancen, wie sie nach
dem Scheidungsprocess noch zu des Beschauers Auge gelangen. Auch kommt uns das frische Grün des Grases

oder die dunklere Färbung der Fichte nie rein zu Augen,
sondern stets ist ihnen eine gewisse Menge wirklich frem-
den Lichts beigemischt, das von ihrer Oberfläche reflectirt wird. Den Wäldern und Wiesen giebt dies äusserlich
reflectirte Licht einen gewissermaassen harten Glanz.
Es lässt sich nämlich unter günstigen Umständen durch
ein Nicol'sches Prisma aufheben, so dass wir die wahre
Farbe von Gras und Blättern zu sehen bekommen, und
dann zeigen Bäume und Wiesen eine so satte und weiche
Färbung wie nie zuvor, solange das äussere Licht sich der
wahren inneren Ausstrahlung beimischen durfte. An Fich-
tennadeln lässt sich diese Wirkung sehr gut beobachten,
an grossblätterigen Bäumen noch besser, und ein glitzern-
des Maisfeld zeigt die allermerkwürdigsten Veränderungen, wenn man es durch einen sich drehenden Nicol betrachtet.

778. Gedanken und Fragen, wie die hier berührten,
bewogen mich im vorigen August, den Gipfel des Aletsch-
horns zu besteigen. Die Wirkungen, die wir in dem vorigen Paragraphen beschrieben haben, wiederholten sich
fast alle auf dem Gipfel des Gebirges. Ich durchforschte
den ganzen Himmel mit meinem Nicol, und sowohl, wenn
ich ihn allein gebrauchte, wie auch in Verbindung mit
der Selenitplatte gab er kund, dass die zu den Sonnenstrahlen senkrechte Richtung die Richtung grösster Polarisation sei. Jedoch an keinem Theile des Himmels war
die Polarisation vollständig. In dieser Hinsicht konnte
der künstliche Himmel, den wir in den obenerwähnten
Experimenten hervorbrachten, vollkommener gemacht
werden, als der natürliche. Und auch das prächtige Blau,
welches beim künstlichen Himmel übrig blieb, wenn seine
Polarisation nicht mehr vollkommen war, stand in starkem Widerspruch mit der matten, glanzlosen Färbung,

die am Firmament nach dem Erlöschen des stärkeren Lichts zurückblieb. Es lässt sich jedoch auch künstlich durch gewisse Substanzen dieser trübe Ton erreichen.

779. Längs der ganzen Kette vom Matterhorn zum Mont-Blanc hatte der Nicol sehr starke Wirkung auf das Licht des Himmels dicht über den Gebirgen. Die Veränderungen der Lichtstärke waren zuweilen ganz erstaunlich. Der Beschauer lernt durch ein wenig Uebung leicht den Nicol so schnell von einer Lage in eine andere bringen, dass das abwechselnde Verlöschen und Wiederaufleuchten des Lichts in einem Augenblick geschieht. Als ich dies damals längs der genannten Gebirgskette that, erinnerte der Wechsel von Licht und Dunkelheit hinter den Gebirgen an Wetterleuchten. Es lag etwas Ehrfurcht Gebietendes, Schauerliches in der Schnelligkeit, mit der die mächtigen Massen längs jener Linie der Einwirkung des Prismas gehorchten und ihre ganze Erscheinungsweise, die Schärfe ihrer Umrisse danach änderten.

780. Ich versuchte also, Ihnen zu zeigen, wie die Farbe und Polarisation des Himmels künstlich nachgemacht werden kann, und wie die einzige dazu nöthige Bedingung ist, dass die Partikelchen, welche das Licht verbreiten sollen, sehr klein sein müssen. Die Wirkungen waren, wie sich herausstellte, ganz unabhängig von dem optischen Charakter der Substanzen, aus dem die Partikelchen bestanden. Zwischen den künstlichen und natürlichen Phänomenen bestand so vollkommener Parallelismus, dass über ihren gemeinsamen Ursprung kein Zweifel sein konnte. Hier aber enthüllen sich uns praktische Folgen von ungeheurer Wichtigkeit. Nehmen Sie einmal an, jene Partikelchen, welche das blaue Licht des Firmaments auf uns niederwerfen, wären vernichtet, was

würde die Folge davon sein? Die Sonnenstrahlen würden durch die Atmosphäre dringen, ohne seitlich zerstreut zu werden. — Die Erde würde das Licht des Himmels verlieren. Um uns aber einen Begriff von der Grösse
dieses Verlustes zu machen, müssen wir eine klare Vorstellung von der Qualität des besagten Lichts haben.
Ich habe Ihnen schon auseinandergesetzt, dass die vege-
tabilische Welt von den Sonnenstrahlen genährt wird, und
da das animalische Leben sich von den Pflanzen ernährt,
so ist ja indirect auch dieses von den Sonnenstrahlen ab-
hängig. Diese Strahlen nun sind so zusammengesetzt wie
die Münzen unseres Landes. In Hinsicht auf ihre Fähigkeit,
die chemischen Wirkungen, die dem vegetabilischen Leben
nöthig sind, hervorzubringen, unterscheiden sie sich von
einander im Werthe ganz so sehr wie Gold von Kupfer.
Und gerade das Gold der Sonnenstrahlen ist es, was
der Himmel auf uns herabströmen lässt. Professor Roscoe
hat gezeigt, dass das Licht des Himmels, was hauptsächlich von kürzeren Wellen herrührt, im Observatorium von
Kew einen grösseren chemischen Werth hat, als das Licht
der unbedeckten Sonne bei einer Höhe von 42⁰ über dem
Horizont*). Hiernach liesse sich der Verlust bemessen,
den die Pflanzenwelt in Kew erlitte, wenn der Himmel
nicht mehr wäre. Roscoe's Experimente wurden mit
chemischen Substanzen gemacht, die empfindlich gegen
Sonnenlicht waren. Daher lässt sich der Einwurf dagegen machen, dass die Strahlen, welche in der Pflanzenwelt wirken, vielleicht nicht dieselben sind, die auf seine
Salze wirkten. Allein ich halte es doch für sehr wahrscheinlich, dass, wenn man auch dies Alles berücksich-

---

*) Proceedings of the Royal Institution vol IV. p. 657. Der ganze
hier erwähnte Artikel ist ausserordentlich interessant.

tigt und die Anstellung vollkommen genauer Beobachtungen voraussetzt, der Werth des Himmelslichts als
des Ernährers der vegetabilischen und dadurch auch der
animalischen Welt sich nicht viel geringer zeigen würde,
als Roscoe ihn angiebt.

Sechszehntes Capitel.

Versuche von Professor **Magnus** über die Leitung und Absorption der Wärme in Gasen und über das Verhalten des Wasserdampfes gegen strahlende Wärme.

Die im Capitel XI. beschriebene Wirkung des Wasserdampfes auf strahlende Wärme schien so endgültig nachgewiesen zu sein, dass ich eine weitere Behandlung dieser Frage den praktischen Meteorologen überlassen wollte. Herr Professor M a g n u s schien dagegen nicht davon überzeugt zu sein, und ich glaube annehmen zu können, dass seine Arbeiten, die ein Zeugniss für seine grosse experimentelle Geschicklichkeit ablegen, manche Physiker von der Richtigkeit seiner Ansichten überzeugten. Da ich seine Ueberzeugung nicht theilen konnte, so ist es für den wissenschaftlichen Fortschritt auf diesem Gebiete nöthig, die Gründe für meine abweichende Meinung anzugeben. Ich beabsichtige demnach die Versuche von Professor

43 *

Magnus einer eingehenden Prüfung zu unterziehen. Zugleich will ich mein tiefes Bedauern ausdrücken, dass Er nicht mehr unter den Lebenden weilt, um mit mir über die Beweise zu discutiren, die mir freilich unbestreitbar erscheinen, deren erfolgreiche Widerlegung er indess für möglich halten konnte.

Der Ursprung unseres Streites wird dem Leser leichter verständlich werden, wenn ich ihm die Zeichnung zweier Apparate vorlege, die in den Händen von Professor Magnus so abweichende Resultate von den meinigen ergaben. Der erste Apparat diente zur Bestimmung der Leitung der Wärme in Gasen, der zweite zur Bestimmung der Strahlung der Wärme in ihnen. Die Haupttheile des ersten sind in Fig. 109 dargestellt. AB ist ein Glasgefäss, an das die Flasche C angeschmolzen ist; dabei bildet der obere Theil des einen Gefässes den Boden des andern. Die Flasche C wird mit Wasser gefüllt, das durch Wasserdampf kochend erhalten wird, der durch die Röhre pp eintritt. AB befindet sich in einem grössern Gefäss PQ, welches Wasser von der constanten Temperatur von 15^0 C. enthält. In AB, in der Entfernung von ein und einem halben Zoll von dem obersten Punkt, ist ein Thermometer fg eingeführt, das durch einen Schirm oo vor directen Bestrahlungen von der über ihm befindlichen Wärmequelle geschützt ist.

Man pumpte das Gefäss AB durch eine Luftpumpe aus und liess das Thermometer eine Maximaltemperatur erreichen. Sie betrug $27\cdot6^0$ C. Die Temperatur der Umgebung war 15^0 C. Der Unterschied dieser beiden Temperaturen, $11\cdot6^0$ C., giebt die Zunahme der Temperatur des Thermometers im Vacuum. Professor Magnus setzt diese Grösse gleich Hundert und bezieht auf sie alle anderen Temperaturunterschiede.

Fig. 109.

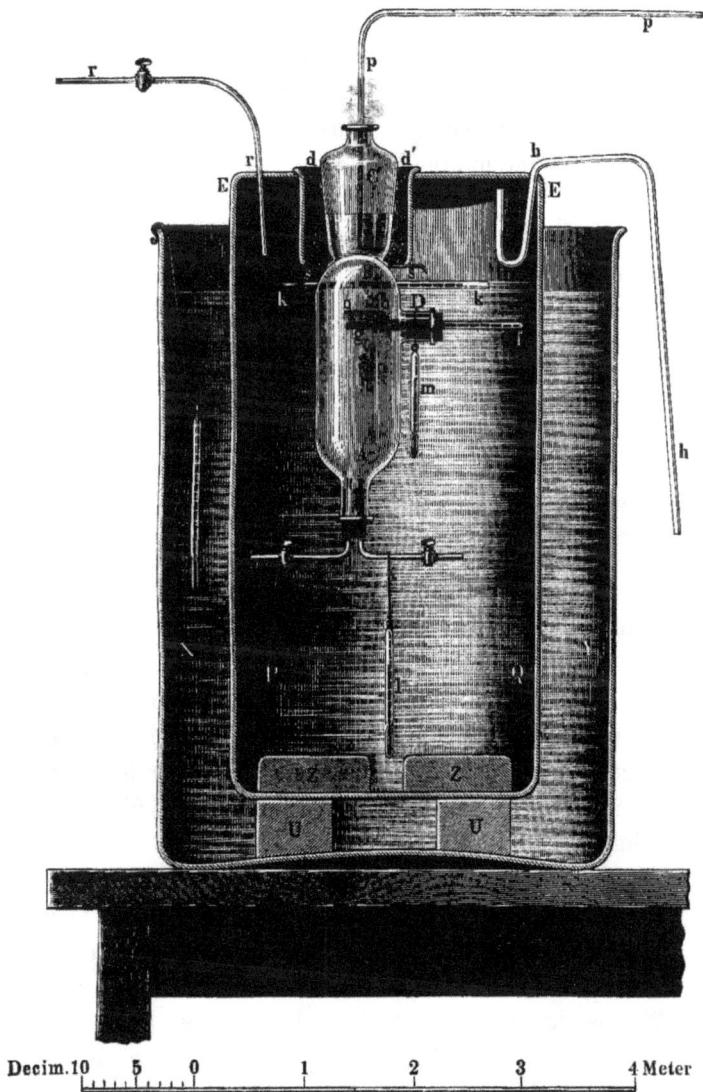

Es wurde, nachdem so ein Anhaltspunkt gegeben war, das Gefäss nach einander mit atmosphärischer Luft und anderen Gasen gefüllt. Zog man von dem jeweiligen Maximalstand des Thermometers 15⁰ ab, so erhielt man die Anzahl Grade, um die das Thermometer gestiegen war. Es ergab sich stets, dass diese Grösse kleiner war als im Vacuum, nur im Wasserstoff ergab sich eine grössere Zahl.

Die Zahlen der folgenden Tabelle geben die Temperaturzunahmen, wenn die im Vacuum gleich 100 gesetzt wird.

Vacuum 100.

Atmosphärische Luft	82	Stickstoffoxyd (?)	75·2
Sauerstoff	82	Sumpfgas	76·9
Wasserstoff	111·1	Ammoniak	69·2
Kohlenoxyd	70	Cyan (?)	65·2
Kohlensäure	81·2	Schweflige Säure	66·6

Bei Gegenwart von Wasserstoff erhöht sich, wie man sieht, die Temperatur mehr als im Vacuum. Da die Gase von oben erwärmt werden, so kann keine Convection stattfinden. Nach Professor Magnus kann also die Wärme nicht in Folge von Strömungen zum Thermometer gelangen, daher schliesst er, dass sie sich durch Leitung fortpflanzt und dass sich der Wasserstoff in dieser Hinsicht wie ein Metall verhält.

So einfach diese Resultate auf den ersten Anblick erscheinen, so schwierig, wenn nicht unmöglich ist es, ihre wirkliche Bedeutung festzustellen. Wie erreicht zum Beispiel, wenn im Gefäss AB ein Vacuum erzeugt ist, die Wärme das Thermometer? Ich habe mir dies nie erklären können. Professor Magnus hatte sich selbst die Antwort auf diese Frage klar gegeben.

Die Versuche würden unter der Annahme verständlich sein, dass das Vacuum ein Leiter ist, dass Wasserstoff ein besserer, die anderen Gase aber schlechtere Leiter als das Vacuum sind. Wäre die Frage so direct an Professor Magnus gestellt worden, er hätte gewiss dem Vacuum die Leitungsfähigkeit abgesprochen.

Wenn wir aber von der Leitung absehen, wie gelangt dann die Wärme zum Thermometer? Offenbar durch Strahlung. Woher kommt diese Strahlung? Von den Wänden des Gefässes AB kann sie nicht kommen, da diese auf der Temperatur von 15° C. erhalten werden, während das Thermometer bis auf 26·7° C. steigt. Auch kann sie nicht vom oberen Theile des Gefässes AB ausgehen, da die von diesem ausgesandte strahlende Wärme durch den Schirm oo abgehalten wird. Es ist bei einer kurzen Ueberlegung klar, dass die nächste Quelle für die Bestrahlung, durch die das Thermometer erwärmt wird, eben dieser Schirm ist, der seine Wärme von der unmittelbar über ihm befindlichen Wärmequelle empfängt.

Professor Magnus nimmt an, dass nicht nur Wasserstoff, sondern dass alle Gase die Wärme leiten. Dass sie die Maximaltemperatur des Thermometers erniedrigen, wenn sie in das Gefäss AB gebracht werden, schiebt er auf ihre Athermansie. Sie leiten die Wärme von der Wärmequelle zur Kugel, sie absorbiren aber auch die strahlende Wärme auf ihrem Wege zur Kugel, und dieser Verlust ist nach Professor Magnus grösser, als der Gewinn; daher sinkt das Thermometer. Ich suche hier so klar wie möglich meine Auffassung des Standpunktes von Professor Magnus darzulegen. Da aber die nächste Quelle für die die Kugel erwärmende strahlende Wärme der Schirm ist, so wird, da der Schirm seine Stellung unveränderlich beibehält, die die Kugel erreichende Wärme-

menge auf doppelte Weise verkleinert. Einmal befindet
sich eine Gasschicht zwischen der ersten Wärmequelle und
dem Schirm, die einen Theil der Wärme absorbirt und
dadurch die Temperatur des Thermometers erniedrigt,
zweitens absorbirt auch die Gasschicht zwischen dem
Schirm und der Kugel einen Theil der von dem Schirm
ausgehenden Strahlung. Addiren wir die beiden Schichten
zusammen, so erhalten wir eine einzige, deren Dicke nicht
einmal anderthalb Zoll beträgt, und die durch ihre Absorption nicht nur 18 Procent der eingestrahlten Wärme
vernichtet, sondern auch noch die unbekannte, durch Leitung dem Thermometer zugeführte Wärmemenge com-
pensirt.

In diesem Punkt weichen zuerst die Ansichten von
Professor Magnus und mir von einander ab. Bei meinen
ersten Versuchen, bei denen ich eine Röhre von einer
wirklichen Länge von 4 Fuss benutzte, die aber, da sie
innen polirt war, eine weit grössere Länge repräsentirte,
fand ich, dass die Absorption der Wärme durch atmosphärische Luft 0·33 Procent der gesammten Strahlung
betrug. Obgleich meine Luftsäule mehr als 30 Mal so
lang war, als die von Professor Magnus benutzte, beobachtete er doch eine 50 Mal grössere Absorption, als
ich. Ich will noch bemerken, dass nach allen folgenden
Versuchen die von mir der Luft zugeschriebene Absorption eher kleiner als grösser ist.

Wir haben eben gesehen, dass Herr Magnus aus der
Erniedrigung der Maximaltemperatur des Thermometers
bei der Einführung verschiedener Gase auf eine theilweise
Athermansie derselben für strahlende Wärme schloss.
Dadurch veranlasst liess er seinen Versuchen über die
Leitung der Wärme Versuche über die Strahlung derselben
folgen. Eine kleine Abänderung an seinem ursprünglichen

Apparate ermöglichte es ihm, denselben zu seiner zweiten Untersuchung zu benutzen. Fig. 110 (a. f. S.) zeigt, wie das frühere Gefäss *AB* an ein zweites *FG* befestigt ist. Das letztere steht auf dem Teller *JJ* einer Luftpumpe. *S* ist eine Thermosäule mit zwei daran befestigten Röhren; die obere ist gegen die Wärmequelle offen, die untere endigt in ein auf der Luftpumpe befindliches Korkstück. Oberhalb der Säule ist ein Schirm *eecc* angebracht, der nach Belieben zur Seite geschoben oder zwischen Wärmequelle und Thermoelement gebracht werden kann. Das Gefäss *FG* befindet sich in einem zweiten *MN*, das mit Wasser von der constanten Temperatur 15⁰ C. gefüllt ist.

Die Beobachtungen wurden in folgender Weise ausgeführt. Nachdem *AB* und *FG* durch die Luftpumpe ausgepumpt waren, wurde der Schirm *eecc* zur Seite geschoben. Es konnte dann der aus der Oeffnung *z* kommende Wärmestrahl die Säule treffen. Die eintretende Wirkung wurde notirt. Man liess darauf verschiedene Gase durch den Hahn *H* eintreten und bestimmte die jedesmalige Ablenkung, welche die durch sie hindurchgehenden Wärmestrahlen bewirkten.

Bezeichnet man die Strahlung durch das Vacuum mit 100, so geben die Zahlen in der folgenden Tabelle die Strahlung durch die verschiedenen Gase.

Vacuum 100.

Atmosphärische Luft	88·88	Stickoxyd (?)	74·06
Sauerstoff	88·88	Sumpfgas	72·21
Wasserstoff	85·79	Cyan	72·21
Kohlenoxyd	80·23	Oelbildendes Gas	46·29
Kohlensäure	79·01	Ammoniak	38·88

Aus dieser Tabelle ergiebt sich eine Absorption von 11·12 Procent für Luft und von 14·21 für Wasserstoff. Man kann diese Resultate und die früheren, für die

Fig. 110.

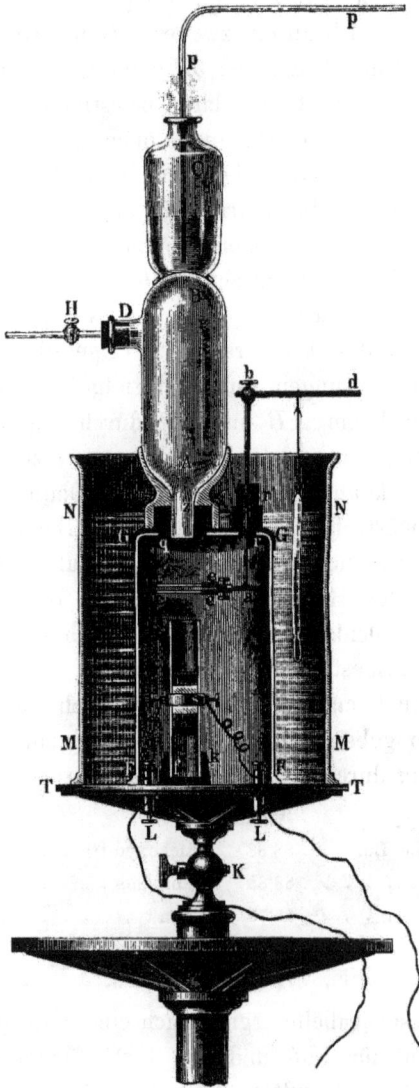

Leitung der Wärme erhaltenen in gewisser Hinsicht mit
einander vergleichen. Die Höhe des Gefässes AB betrug
160 mm, die von FG 175 mm. Die Gesammthöhe war
danach 335 mm. Nehmen wir die Verhältnisse der Leitung als richtig an, so befand sich die obere Fläche der
Säule 60 mm höher als der Boden von FG; es ist demnach die Entfernung zwischen der Wärmequelle und der
Oberfläche der Säule 275 mm. Bei den Versuchen über
Leitungsfähigkeit betrug der Abstand zwischen der
Wärmequelle und dem Thermometer 35 mm. Obgleich
der zwischengesetzte Schirm die Wärmequalität bis zu
einem gewissen Grade ändert, so ist es doch im höchsten
Grade unwahrscheinlich, dass die getheilte Schicht von
35 mm eine Absorption von 18 Procent bewirken sollte,
während die einfache Schicht von 275 mm nur 11·12 Procent der Gesammtstrahlung absorbirt.

Dieser Unterschied rührt in der That von Fehlern in
der Methode her, die bei den Versuchen von Professor
Magnus doppelter Art sind. Einmal sind die Gase in
directer Berührung mit der Wärmequelle und zweitens
auch in directer Berührung mit der Oberfläche der
Thermosäule. Bei einer derartigen Anordnung der Versuche ist es unmöglich festzustellen, welcher Theil der beobachteten Wirkung und ob überhaupt ein Theil derselben
von der Absorption herrührt. Bei atmosphärischer Luft,
Sauerstoff, Wasserstoff und Stickstoff ist es zum Beispiel
ganz sicher, dass kein messbarer Theil der beobachteten
18 Procent in der ersten und der 11 Procent in der
zweiten Versuchsreihe von der Absorption herrührt, sondern dass diese Resultate nur durch die Temperatur-
änderungen der Wärmequelle und der Thermosäule bei
der Berührung mit der Luft bedingt sind.

Man könnte einwenden, dass, da die Luft von oben

erwärmt wird, sie dort auch sehr schnell die Temperatur
der Wärmequelle annehmen muss und dass, da keine
Strömungen eintreten können, die Temperatur der Wärmequelle nicht fortwährend erniedrigt werden kann. Es ist
jedoch die Annahme irrig, dass keine Strömungen eintreten können und auch nicht eintreten. Man muss weit
vollkommenere Vorrichtungen treffen, als überhaupt reali-
sirbar sind, um die Bildung von Strömungen zu verhindern. In einem glockenförmigen Gefäss, wie dem von
Professor Magnus benutzten, längs dessen Seiten die
Wärme abwärts geleitet wird, müssen unfehlbar Strömungen entstehen. Die Strömungen erklären aber nicht nur
die Unterschiede der Versuche von Professor Magnus
und mir über das Absorptionsvermögen von Luft, Sauerstoff, Wasserstoff und Stickstoff, sondern sie erklären
meiner Meinung nach auch den bemerkenswerthen Schluss
über die Leitungsfähigkeit des Wasserstoffes.

Im Capitel XV. dieses Bandes haben wir die Bildung
dünner Wolken durch die Wirkung des Lichtes beschrieben.
Diese Wolken zeigen uns auf höchst instructive Art die
Bewegung der Luft und anderer Gase, in denen sie sus-
pendirt sind. Sie wurden, wie man sich erinnern wird,
in Glasröhren erzeugt, in denen der sie erzeugende
mächtige Lichtstrahl sie auch erleuchtete. Wurde der
warme Finger an den oberen Theil der Röhre gebracht,
so war es wunderbar, wie schnell ihm die Wolken antworteten. Sie erhoben sich sogleich unter dem obersten
Punkte, und rechts und links sich umbiegend bildeten sie
zwei prachtvolle Wolkenspiralen, die durch eine dunkele
Wand von einander getrennt waren. Nach diesen und
zahlreichen anderen Versuchen scheint es mir sicher, dass
in dem von Professor Magnus benutzten Gefäss längs
der Axe ein aufsteigender Luftstrom eintrat, der sich

dann wie ein kleiner Passatwind umbog und längs den Wänden hinabsank.

Wir können übrigens die Frage leicht experimentell entscheiden. Bringen wir eine kleine Menge von Salmiakdampf in ein Gefäss, das in jeder Hinsicht dem von Professor Magnus benutzten gleich ist, erwärmen es an dem oberen Theil und erleuchten es durch einen starken Lichtstrahl, dessen Wärmestrahlen durch eine Lösung von Alaun abgefangen sind, so treten convective Strömungen ein, wie man auch von vornherein ihr Auftreten erwarten müsste. Besonders lehrreich war in dieser Hinsicht das Verhalten des Wasserstoffs. In diesem leichten Gase bleiben die Salmiakdämpfe am Boden des Gefässes, bis das letztere erwärmt wird; dann steigen sie als dünne Rauchsäulen in die Höhe, die, wenn sie die Höhe erreicht haben, umkehren und raketenartig hinabsinken. Die einzelnen Ströme bestehen eine Zeit lang; zuletzt stellt sich eine stetige, aufwärts gehende Bewegung in der Mitte des Cylinders und eine abwärts gehende an den Seiten desselben ein. Mit einem kleinen Glasgefäss, das dieselben Dimensionen hat, wie das von Professor Magnus benutzte, und einer Flasche mit concavem Boden, die kochendes Wasser enthält, lässt sich dieser Versuch auf eine leichte und lehrreiche Weise anstellen. Füllt man das Gefäss mit Wasserstoff und lässt eine kleine Menge Salmiakdampf eintreten, so bleibt dieser ruhig an dem Boden des Gefässes, bis man die heisse Flasche an den oberen Theil desselben bringt; es zeigen sich dann Strömungen in der beschriebenen Weise.

Die eben entwickelte Erklärung der Versuche von Professor Magnus erweist sich nach jeder Hinsicht als vollständig richtig. Nehmen wir z. B. seine Versuche über die Leitungsfähigkeit der Gase. Die Erwärmung des Thermometers fg (Fig. 109) wird von der Schnelligkeit abhängen, mit der die convectiven Strömungen rechts und links von dem oberen Theil des Gefässes herabsinken und auf die Kugel treffen. Wenn während ihres Auf- und Niedersteigens eine hinreichende Zeit verstreicht, so dass sie ihre Wärme an die Wände des Gefässes abgeben können, so wird die primäre und secundäre Wärmequelle und ebenso die Thermometerkugel bei dem Contact mit ihnen abgekühlt werden, und das Thermometer wird unter die Temperatur des Vacuums sinken. Ist die Bewegung schnell, wie bekanntlich beim Wasserstoff, so werden die Strömungen die Kugel erreichen, ehe sie viel von ihrer Wärme abgegeben haben. Dies und nicht die Leitungsfähigkeit des Wasserstoffes ist nach meiner Meinung der Grund für die bei diesem Gase beobachtete Temperaturerhöhung.

Dieselbe Erklärung lässt sich auf die Versuche von Professor Magnus über die Strahlung anwenden. Zwischen AB und FG (Fig. 111) haben wir die enge Oeffnung z, die die Verbreitung der Convection in FG zur Genüge verhindert. In der That kann man beobachten, wie die Salmiakdämpfe in FG merklich ruhig sind, während sie sich in AB bewegt zeigen. In diesem Fall erreicht der warme Wasserstoff die Fläche der Thermosäule überhaupt nicht. Aber eben das Vermögen, das ihn befähigte, Wärme aufzunehmen und fortzuführen und dadurch das Thermometer zu erwärmen, wenn es sich nahe an der Wärmequelle befindet, bedingt gerade die entgegengesetzte Wirkung, wenn sich das Thermometer in einiger Entfernung von der Wärmequelle befindet. Das Gas nimmt dann nämlich Wärme von der Wärmequelle auf, ohne sie der Säule mitzutheilen. Die unmittelbare Folge hiervon ist eine Verminderung der Strahlung der Wärmequelle. Die

Fig. 111.

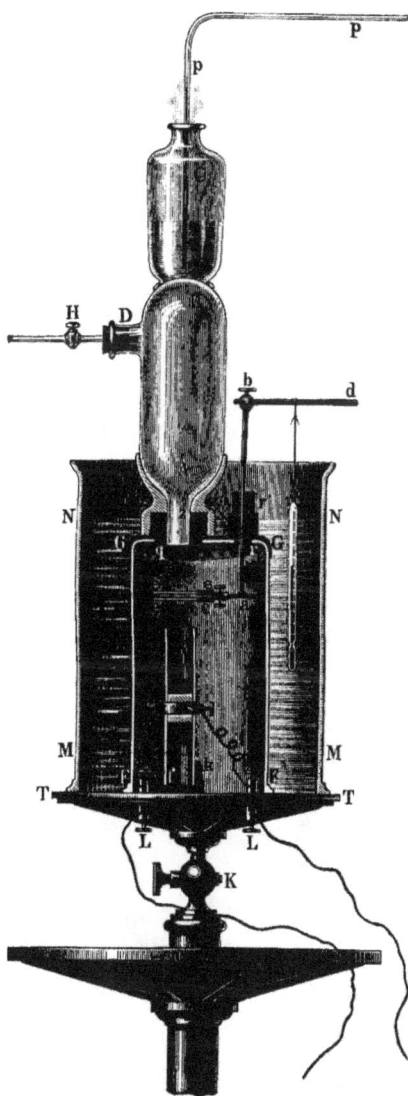

dadurch bewirkte Ablenkung des Galvanometers hat indessen nichts mit der Absorption zu thun.

Bisher haben wir uns mit Versuchen beschäftigt, bei denen die Wärmequelle eine durch kochendes Wasser erwärmte Glasoberfläche war. Professor Magnus stellte noch eine Reihe von anderen Versuchen an. Er bediente sich dabei einer 1 Meter langen und 35 Millimeter im Durchmesser haltenden Glasröhre. Als Wärmequelle diente eine starke Gasflamme. Die Röhre war durch Glasplatten an beiden Enden geschlossen; an dem von der Flamme abgewandten Ende stand die Thermosäule. Es wurden zwei Versuchsreihen mit dieser Glasröhre ausgeführt. Bei der einen liess man das Innere derselben unbedeckt, bei der anderen kleidete man es mit schwarzem Papier aus. Die folgenden Zahlen geben die Wärmemengen, welche die Säule erreichten, wenn die beiden Röhren nach einander mit den verschiedenen unten erwähnten Gasen gefüllt wurden. Die durch die evacuirte Röhre gehende Menge ist dabei gleich 100 gesetzt.

Namen der Gase.	Geschwärzte Röhre.	Nicht geschwärzte Röhre.
Vacuum	100	100
Atmosphärische Luft . .	97·50	85·25
Sauerstoff	97·56	85·25
Wasserstoff.	96·43	83·77
Kohlensäure	91·81	78·08
Kohlenoxyd	91·85	72·05
Stickoxydgas (?)	87·85	75·60
Sumpfgas	95·87	76·61
Oelbildendes Gas	64·10	59·96
Ammoniak	58·12	55

Die mit den beiden Röhren erhaltenen Resultate
unterscheiden sich bedeutend von einander; eine genügende
Erklärung ist nicht gegeben worden und lässt sich nicht
geben. In der nicht geschwärzten Röhre werden 2·44
Procent der Strahlung in der atmosphärischen Luft absorbirt, in der nicht geschwärzten 24·75 Procent. Ich
habe diese Versuche mit der grösst möglichen Sorgfalt
ausgeführt und muss bekennen, dass die Wirkung der
reinen Luft auf die Wärmestrahlen unter den gegebenen
Verhältnissen nicht messbar ist. Es ist hier wieder die
Wirkung von Strömen für die Wirkung wahrer Molecularabsorption gehalten worden.

Die bei diesen Versuchen wirksame Wärme kann
folgendermaassen zerlegt werden:
1. Die direct von der Lampe zur Säule hindurch-
gesandte Wärme. 2. Eine von der ersten Glasplatte aufgefangene Wärmemenge. — Nach Melloni werden von
einer Glasplatte von einer Dicke von 2·6 mm 61 Procent
der Strahlung einer Locatelli'schen Lampe absorbirt.
3. Ein von der zweiten Glasplatte aufgefangener Theil.
4. Eine von der ersten Glasplatte zur zweiten Glasplatte
gestrahlte Wärmemenge. Da diese Wärme dunkel ist,
und von Glas ausgesandte Wärme auch in hohem Grade
von Glas absorbirt wird, so wird die letztere Wärmemenge vollständig von der zweiten Glasplatte absorbirt.
Die dritte und vierte Wärmemenge trägt zur Erwärmung
der zweiten Glasplatte bei; diese übt aber eine besonders
starke Wirkung aus, da sie sich in unmittelbarer Nähe
der Thermosäule befindet. Lässt man kalte Luft in eine
solche Röhre eintreten, so ist die Folge davon unmittelbar
klar, die Platten an den Enden werden abgekühlt, dadurch
wird die Strahlung gegen die Säule vermindert und eine

Ablenkung bewirkt, die, wie schon erwähnt, fälschlich für Molecularabsorption gehalten worden ist.

Die grössere Ablenkung, die bei Anwendung einer geschwärzten Röhre hervorgerufen wird, ist eine unmittelbare Folge der Thatsache, dass hier wegen der grösseren, zur zweiten Glasplatte gesandten Wärmemenge*) diese Platte auf eine höhere Temperatur erwärmt wird, und folglich eine grössere Wärmemenge verliert, wenn die kalte Luft eintritt; die nahestehende Säule zeigt diesen grössern Verlust an. Während demnach die directen, scheinbar endgültigen Versuche zeigten, dass die Luft unfähig sei, die ihr zugeschriebenen Wirkungen hervorzubringen, erhalten wir eben durch den Bericht von Professor Magnus eine vollständige Erklärung seiner Versuche.

Ich beschränke mich auf die Betrachtung der atmosphärischen Luft, des Sauerstoffs, Wasserstoffs und Stickstoffs, da in diesen vier Fällen gar kein Theil der beobachteten Wirkung von der Absorption herrührt. Der hier erwähnte Fehler in der Methode tritt bei den Versuchen mit allen anderen Gasen ebenfalls auf.

Mit dem in Fig. 109 dargestellten Apparat wies Professor Magnus nach, dass die Wirkung des Wasserdampfes auf strahlende Wärme Null sei. Feuchte und trockne Luft ergaben ihm gleiche Resultate. Ich habe eben erwähnt, dass die von ihm beobachteten Wirkungen von Convection herrührten; es konnte die geringe Menge

*) Nach Professor Magnus war die durch die geschwärzte Glasröhre gehende Wärmemenge 26 Mal so gross, als die durch die nicht geschwärzte gehende.

Wasserdampf, die in seiner Luft enthalten war, sich nicht
bei der Fortführung der Wärme bemerklich machen. Auf
diese Weise entstand die experimentelle Discussion zwischen Professor Magnus und mir, die, obgleich sie stets
durchaus freundschaftlich blieb, doch einen sehr ent-
schiedenen Charakter trug.

Professor Magnus und ich suchten uns der Frage
von zwei verschiedenen Gesichtspunkten aus zu nähern.
Er hatte keine Dämpfe untersucht und daher auch nicht
die ausserordentlichen Wirkungen beobachtet, die selbst
kleine Mengen von den stärker wirkenden derselben hervorrufen. Ich hatte dies gethan und untersuchte deshalb
den Wasserdampf mit der sichern Erwartung, dass er eine
messbare Wirkung ausüben würde. Professor Magnus
war dagegen schon vor dem Versuch überzeugt, dass Wasserdampf keine Wirkung zeigen würde. Bei den Versuchen
wurden die Erwartungen eines Jeden erfüllt. Die Abweichung zwischen unseren Versuchen wurde von Professor
Magnus zunächst der Condensation von Feuchtigkeit auf
den Platten zugeschrieben, die zum Schliessen der Enden
der Beobachtungsröhren dienten. Steinsalzplatten ziehen
Feuchtigkeit aus der Luft an, und durch besondere Versuche bewies Professor Magnus, dass, wenn man feuchte
Luft gegen Steinsalzplatten bläst, diese so feucht werden
können, dass Wasser von ihnen herabträufelt. Dass dies
möglich war, hatten auch mir vielfache Versuche ergeben;
ich antwortete, indem ich nachwies, dass meine Steinsalzplatten ebenso trocken wären, wie solche von Glas und
Bergkrystall. Gelegentlich, als ich in Gegenwart von
Professor Magnus mit feuchter Luft experimentirt und
ihm ihre Wirkung gezeigt hatte, liess ich die Platten von
ihm untersuchen, und er fand keine Spur von Feuchtigkeit darauf.

Ich hatte ferner das Vergnügen, Professor Magnus zeigen zu können, dass man dieselben Resultate erhält, wenn man nach einander trockne und feuchte Luft in eine an beiden Enden offene Röhre bringt. Dieser Versuch schien einen grossen Eindruck auf ihn zu machen, und nach seiner Rückkehr nach Berlin versuchte er ihn zu wiederholen. Statt aber bei der Anwendung von feuchter Luft eine Verminderung der Wärme zu erhalten, erhielt er eine Zunahme derselben, die er mit Recht der Condensation von Wasserdampf auf der Oberfläche seiner Säule zuschrieb. Von Beginn der Untersuchung an hatte ich jedoch diese Fehlerquelle sorgfältig zu vermeiden gesucht; sie kam auch nicht einmal bei meinen Versuchen ins Spiel. Eine Wiederholung meiner Versuche durch Professor Frankland diente zu ihrer vollkommenen Bestätigung. Professor Wild fand später, dass sie richtig waren und noch später Professor Magnus selbst.

Dieses Resultat überzeugte indessen Prof. Magnus nicht, und in seiner letzten Abhandlung suchte er dasselbe zu erklären. Er fand, dass wenn er feuchte Luft in eine polirte Röhre blies, bei Anlegung einer Thermosäule an die Röhre dieselbe warm wurde. Dies war noch mehr bei einer unpolirten Röhre der Fall. Hieraus schloss er, und zwar mit Recht, dass der Wasserdampf sich auf der innern Seite der Röhre condensire. Er findet, dass diese condensirende Wirkung auf alle Dämpfe ausgeübt wird. Bei Alkohol z. B. ist sie weit stärker als bei Wasser. Dieser eben berührten Wirkung hat er den Namen der Vaporhäsion gegeben, und ihr schreibt er die Wirkungen zu, die ich der Absorption zugeschrieben hatte. In Folge dieser Condensation, behauptet er, bedeckt sich die innere Oberfläche der polirten Röhre mit einer Flüssigkeitsschicht, die ihre Reflexionskraft ver-

mindert und so die beobachtete Veränderung der strahlenden Wärme bewirkt.

Die Möglichkeit dieser Fehlerquelle war bereits früher
von Professor Magnus erwähnt worden; in seiner letzten
Arbeit untersuchte er diesen Gegenstand äusserst geschickt
und schien zu endgültigen Resultaten gelangt zu sein. Die
Möglichkeit eines solchen Irrthums war mir gleich beim
Beginn meiner Untersuchungen im Jahre 1859 entgegen-
getreten. Um mich zu vergewissern, dass meine Resultate nicht eine Folge der auf der innern Oberfläche der
Röhre condensirten Dämpfe waren, stellte ich damals
zwei Versuchsreihen an; die eine mit einer innen polirten,
die andere mit einer innen mit Lampenruss stark geschwärzten Röhre. Die vollkommene Identität der Resultate, die ich in beiden Fällen erhielt, zeigt, dass bei den
Versuchen, die wie die meinigen angestellt werden, eine
Condensation an der innern Oberfläche keinen irgend
merklichen Einfluss haben kann.

Meine letzten Versuche, die ich mit besonderer Rück-
sicht auf die letzte Arbeit von Professor Magnus unter-
nommen habe, wurden folgendermaassen angestellt. Eine
messingene Versuchsröhre, 38 Zoll lang und 6 Zoll weit,
wurde an beiden Enden mit Messingfassungen verschlossen.
In denselben befanden sich Oeffnungen von 2·6 Zoll im
Durchmesser, und diese wurden mit Steinsalzplatten
bedeckt. Die Wärmequelle war eine Platinspirale, die
durch einen elektrischen Strom bis zum Rothglühen erhitzt wurde und vor Luftströmungen gehörig geschützt
war. Vor dieser Spirale befand sich eine Steinsalzlinse,
die so aufgestellt war, dass die durch sie und die Versuchsröhre gehenden Strahlen jenseits der von ihr am
weitesten entfernten Steinsalzplatte ein scharfes Bild der
Spirale gaben. Das Bild war innerhalb der Umgrenzung

der Salzplatte. Die Säule war so aufgestellt, dass sie das Bild der Spirale auffing. Hier berührte offenbar kein Theil des durch die Röhre gehenden Strahles ihre Wände, jeder mögliche Einfluss ihrer innern Oberfläche ist hier ausgeschlossen. Mit diesem Apparat wurden die in diesem Werke erwähnten Versuche über strahlende Wärme sorgfältig wiederholt und vollständig bestätigt. Es ergab sich kein Unterschied zwischen den Versuchen, die mit dieser Röhre und einer zweiten angestellt wurden, bei der neunzehn Zwanzigstel der Wärme, die die Säule erreichte, von der innern Oberfläche reflectirte Wärme war. Würde die Vaporhäsion sich in der Art geltend machen, wie es Professor Magnus annimmt, so würde sie nicht nur die Versuche mit Wasserdampf, sondern auch mit allen anderen Dämpfen fehlerhaft machen, die eben beschriebenen Resultate würden unmöglich sich ergeben können. Ich will durchaus nicht die Existenz der Vaporhäsion leugnen oder dass Professor Magnus durch längeres Einblasen in seine Röhre ihre Wirkung merklich machen konnte. Auch leugne ich nicht, dass es auf diese Weise möglich sei, Steinsalzplatten zu benetzen, aber die eben besprochenen Versuche lassen mich schliessen, dass weder die eine noch die andere Fehlerquelle bei meinen Versuchen merklich ins Spiel kam.

Die Beweise für die Richtigkeit der Versuche lassen sich indess, wie schon erwähnt, noch weiter führen und vervielfältigen. Vergleichen wir die Stärke der Absorption der strahlenden Wärme in Flüssigkeiten mit der in Dämpfen, so zeigt sich, dass bei beiden die gleiche Reihenfolge stattfindet. In keinem Falle, wenn nur die Flüchtigkeit der Flüssigkeiten gross genug war, um Versuche mit ihren Dämpfen anzustellen, hat sich eine Ausnahme von diesem Gesetz finden lassen.

Die Stellung der Flüssigkeit, wenn sie in einer Schicht von passender Dicke angewandt wird, bestimmt auch die ihres Dampfes, und da vom Wasser nachgewiesen ist, dass es die strahlende Wärme so mächtig absorbirt, so lässt sich auch mit Sicherheit schliessen, dass der Wasserdampf die entsprechende Eigenschaft besitzt. Dass seine Wirkung sich nicht noch deutlicher zeigt, ist meiner Meinung nach seiner grossen Verdünnung zuzuschreiben.

So constant ist die Beziehung zwischen der Absorption in Dämpfen und Flüssigkeiten, dass in der eigenthümlichen Anordnung, welche die einzelnen Gase in der Reihenfolge ihrer Diathermansie zeigen, die Dämpfe stets den Aenderungen der Flüssigkeiten folgen, aus denen sie erhalten sind. Diese constanten Beziehungen beschränken sich nicht auf die Strahlen von geringerer Brechbarkeit; bei den im Capitel XVI. beschriebenen Versuchen über die kürzeren Wellen fand sich stets, dass mit der Durchlässigkeit von Flüssigkeiten für chemische Strahlen die ihrer Dämpfe vollständig parallel geht.

Ich glaube vollständig nachgewiesen zu haben, dass sowohl Strahlung als Absorption im Wesentlichen Wirkungen der die Moleküle zusammensetzenden Atome sind und nicht der Moleküle selbst. Denn wenn irgend ein grösserer Betrag der Strahlung und Absorption von der Wirkung der Moleküle als Ganzes abhinge, so müsste der Uebergang aus dem dampfförmigen in den flüssigen Zustand, der so sehr die Beziehungen von Molekül zu Molekül ändert, eine Veränderung in der Reihenfolge der Absorptionen hervorbringen. Wenn diese Schlussfolgerung richtig ist, so kann die Befreiung der Moleküle aus dem flüssigen Zustand nicht eine Eigenschaft zerstören, die in den Atomen liegt, obgleich die ungeheure Verdünnung des Wasserdampfes ihre Wirkung sehr schwächen muss.

Ferner haben wir im Capitel XII. gesehen, dass trotz des grossen Unterschiedes in der Temperatur des strahlenden und absorbirenden Körpers ein Gas oder ein Dampf besonders undurchlässig für die von ihm selbst ausgestrahlten Strahlen ist. So übertrifft die Kohlensäure, die mit am schwächsten die Wärme der gewöhnlichen Wärmequellen absorbirt, alle übrigen Gase in ihrer Wirkung auf die Strahlen, die von einer Kohlenoxydflamme ausgesandt werden. Daraus lässt sich schliessen, dass Wasserdampf besonders undurchdringlich sein wird für Strahlen, die von einer Wasserstoffflamme ausgehen. Dieser Schluss wird vollständig durch den Versuch bestätigt. Die Absorption beträgt hier das Dreifache von der Absorption der Strahlen, die von einer Platinspirale ausgehen, welche nicht heisser als die Flamme ist. Ein eben solcher Platindraht, der in einer Wasserstoffflamme erhitzt wird, verändert die Natur der Strahlung so sehr, dass er die Absorption auf die Hälfte derjenigen reducirt, welche auf die Strahlen der Flamme selbst ausgeübt wird.

Für die weitere Entwickelung dieses freundschaftlichen und rein wissenschaftlichen Streites möchte ich auf den Schluss der Reihe von Arbeiten verweisen, die ich unter dem Titel „Contributions to molecular physics in the domain of radiant heat" publicirt habe. Ich begnüge mich, hier den Lesern meiner mehr populären wissenschaftlichen Schriften die Hauptumrisse der Discussion vorzulegen.

Es würde nach meiner Meinung sehr entscheidender Versuche oder sehr zwingender Gründe von gegnerischer Seite bedürfen, um die hier vorgelegte Beweisführung zu widerlegen. Ich glaube nicht, dass sie Professor Magnus widerlegt hat, obgleich ich gern seiner experimentellen Geschicklichkeit und seiner logischen Schärfe bei der Führung dieser Discussion meine vollste Bewunderung zolle. Ich könnte noch hinzufügen, dass, um den Werth der einzelnen Beweisgründe in diesem Gebiet richtig würdigen zu können, es einer grossen vorherigen Uebung in der experimentellen Behandlung desselben bedürfte. Nicht alle, die darüber ein Urtheil fällen, möchten bei der grossen Schwierigkeit geneigt sein, sich diese Uebung zu erwerben.

Bemerkungen über die Aequivalenz der Naturkräfte.

Ich will hier einige Bemerkungen beifügen, die manchem meiner Leser vielleicht von Nutzen sein mögen. Sie sind einem kleinen Buche entnommen, welches „Faraday und seine Entdeckungen" heisst. Dort bilden sie einen Theil des Kapitels über „Gleichartigkeit und Aequivalenz der Naturkräfte; Theorie des elektrischen Stromes". —

Der Gesammtvorrath an Arbeitskraft (Energie nach englischer Ausdrucksweise) in der Welt besteht aus Anziehungen, Abstossungen und Bewegungen. Wenn die Anziehungen und Abstossungen unter Verhältnissen wirksam sind, wo sie eine Bewegung hervorzurufen im Stande sind, so sind sie Quellen von Arbeitskraft, aber unter keinen anderen Umständen. Lassen Sie uns der Einfachheit halber unsere Aufmerksamkeit auf die Anziehungskräfte beschränken. Die Anziehung, welche zwischen der Erde und einem von der Erdoberfläche entfernten Körper besteht, ist eine Quelle von Arbeitskraft, weil der Körper durch die Anziehungskraft bewegt werden und im Herabfallen auf die Erde Arbeit leisten kann. Wenn derselbe auf der Erdoberfläche ruht, so ist er keine Quelle der Kraft, weil er nicht weiter zu fallen vermag. Aber obwohl er aufgehört hat, eine Quelle von Energie oder Arbeitskraft zu sein, wirkt die Anziehung der Schwere noch immer als eine Kraft, welche die Erde und das Gewicht an einander festhalten.

Dieselben Bemerkungen sind auf die Anziehung der Atome und Moleküle anzuwenden. So lange ein Zwischenraum sie trennt, können sie sich, der Anziehung gehorchend, durch ihn hinbewegen; und die so erlangte Bewegung kann durch geeignete Einrichtung dazu gebracht werden, mechanische Arbeit zu verrichten. Wenn zum Beispiel zwei Wasserstoffatome sich mit einem Sauerstoffatom verbinden, um Wasser zu bilden, werden die Atome zuerst gegen einander hingezogen; sie bewegen sich, prallen auf einander, und in Folge ihrer Elasticität prallen sie zurück und zittern. Dieser zitternden Bewegung geben wir den Namen Wärme. Diese zitternde Bewegung ist nur eine andere Vertheilung der Bewegung, welche durch die chemische Verwandtschaft erzeugt worden war; und nur in diesem Sinne kann man sagen, dass die chemische Verwandtschaftskraft in Wärme verwandelt wird. Wir dürfen uns nicht denken, die chemische Anziehungskraft sei zerstört oder in etwas anderes verwandelt worden. Denn die Atome werden, wenn sie sich gegenseitig umfasst haben, durch eben die Anziehung zusammengehalten, welche sie zuerst zu einander hintrieb. Das, was wirklich verloren ist, ist die Möglichkeit, den Zug ferner noch durch denjenigen Raum hin auszuüben, um welchen nun die Entfernung zwischen den Atomen vermindert ist.

Ist dies verstanden, so darf man in diesem Sinne offenbar auch sagen, dass die Schwerkraft in Wärme verwandelt werden kann; dass sie ebensowenig ein abgesondertes und unverwandelbares Agens ist, wie man das zuweilen behaupten hört, als die chemische Verwandtschaftskraft. Durch Ausübung eines gewissen Zuges, durch einen gewissen Raum, wird bewirkt, dass ein Körper mit einer gewissen bestimmten Geschwindigkeit gegen die Erde anprallt. Hierdurch wird Wärme entwickelt, und nur in diesem Sinne kann man von der Schwerkraft sagen, sie werde in Wärme verwandelt. In keinem Falle wird die Kraft, welche die Bewegung erzeugte, vernichtet, oder in etwas Anderes verwandelt. Die gegenseitige Anziehung der Erde und des Gewichtes besteht, ob dieselben sich berühren, oder getrennt sind. Aber die Fähigkeit dieser Anziehung, sich zur Erzeugung von Bewegung geltend zu machen, existirt im ersteren Falle nicht.

Die Verwandlung kann in diesem Falle leicht von dem geistigen Auge erfasst werden. Zuerst wird das Gewicht, als ein Ganzes, durch die Anziehung der Schwerkraft in Bewegung versetzt. Diese Bewegung der Masse wird durch den Zusammenstoss mit der Erde aufgehalten, wobei sie zu Erschütterungen der Moleküle aufbrandet, welchen wir den Namen Wärme geben.

Wenn wir den Process umkehren, und diese Wärmeerschütterungen anwenden, um ein Gewicht in die Höhe zu heben, wie dies durch die Dazwischenkunft eines elastischen Fluidums in der Dampfmaschine geschieht, so wird ein bestimmter Theil der Molekularbewegung durch das Heben des Gewichtes verloren. In diesem Sinne allein kann man von der Wärme sagen, sie werde in Schwerkraft oder noch genauer in die potentielle Energie der Schwerkraft verwandelt. Nicht als ob der Verlust der Wärme eine neue Anziehungskraft geschaffen hätte;

sondern die alte Anziehungskraft hat einfach jetzt die
Kraft erhalten, einen bestimmten Zug in dem Raume
zwischen dem Ausgangspunkte des fallenden Gewichtes
und seinem Zusammenstoss mit der Erde auszuüben.
Dasselbe geschieht in Bezug auf die magnetische Anziehungskraft: wenn eine eiserne Kugel, welche sich in
einiger Entfernung vom Magneten befindet, auf denselben
zustürzt bis diese Bewegung durch den Zusammenstoss ge-
hemmt wird, so entsteht eine Wirkung, welche mechanisch
dieselbe ist, als die von der Anziehung der Schwerkraft
hervorgebrachte. Die magnetische Anziehung erzeugt die
Bewegung der Masse, und die Hemmung der Bewegung
erzeugt Wärme. In diesem Sinne, und zwar nur in diesem Sinne findet eine Umwandlung der magnetischen
Arbeit in Wärme statt. Wenn durch die mechanische
Kraft der Wärme, welche durch eine passende Maschine
in Wirkung gesetzt wird, die Kugel wieder vom Magneten
weggezogen und wieder in einige Entfernung von demselben gebracht wird, so wird dadurch dem Magneten
die Kraft mitgetheilt, durch diese Entfernung hin einen
Zug auszuüben und eine neue Bewegung der Kugel hervorzurufen; in diesem Sinne und zwar nur in diesem Sinne
ist die Wärme in magnetische Arbeitsleistung verwandelt
worden.
Wenn demnach in Schriften über die Erhaltung der
Kraft von „verbrauchten“ und „erzeugten“ Spannkräften
die Rede ist, so will man damit nicht sagen, dass alte
Anziehungskräfte vernichtet und neue ins Leben gerufen
wurden, sondern dass in dem einen Falle die Fähigkeit
der Anziehungskraft, Bewegung hervorzubringen, durch
die Abkürzung der Entfernung zwischen den sich anziehenden Körpern vermindert wurde, und dass im anderen
Falle die Fähigkeit, Bewegung zu erzeugen, durch die

Vergrösserung der Entfernung verstärkt wurde. Diese Bemerkungen sind auf alle Körper anzuwenden, gleichviel ob dieselben wahrnehmbare Massen oder Moleküle seien. Von der inneren Eigenschaft, welche den Stoff befähigt, Stoff anzuziehen, wissen wir nichts; und das Gesetz von der Erhaltung der Kraft stellt in Bezug auf diese Eigenschaft nichts fest. Es nimmt die Thatsachen der Anziehung so wie sie sind, und bestätigt nur die Constanz der Arbeitsgrösse. Diese kann entweder in der Form von Bewegung bestehen, oder aber in Form von Kraft mit einem Abstande, innerhalb dessen diese wirkt: ersteres ist dynamische Energie, letzteres potentielle Energie; dass die Summe beider constant sei, wird durch das Gesetz der Erhaltung der Kraft festgestellt. Die Umwandlungsfähigkeit der Naturkräfte besteht einzig in Umwandlungen der dynamischen Energie in potentielle und der potentiellen in dynamische, welche Processe ständig vor sich gehen. In keinem anderen Sinne hat die Verwandlungsfähigkeit der Kraft gegenwärtig eine wissenschaftliche Bedeutung.

Durch die Zusammenziehung eines Muskels hebt ein Mann eine Last von der Erde. Allein der Muskel kann sich nur durch Oxydation seines eigenen Gewebes oder des durchgehenden Blutes zusammenziehen. Moleculare Bewegung wird hier in mechanische Bewegung verwandelt. Angenommen, der Muskel zöge sich zusammen, ohne das Gewicht zu heben, so würde auch Oxydation eintreten, allein die durch diese Oxydation hervorgebrachte Wärme würde in dem Muskel selbst frei werden. Dem ist nicht so, wenn er äusserliche Arbeit verrichtet; um diese zu verrichten, muss ein gewisser Theil der Oxydationswärme verbraucht werden. In der That wird sie verwendet, um das Gewicht von der Erde fortzuziehen.

Wenn man das Gewicht fallen lässt, so wird die Wärme, die durch seinen Zusammenstoss mit der Erde hervorgebracht wird, genau so viel betragen, als der Muskel während des Hebens des Gewichtes zu wenig gewonnen hat. In dem hier angenommenen Falle haben wir eine Verwandlung der molekularen Muskelkraft in potentielle Energie der Schwerkraft, und eine Verwandlung dieser Arbeitsleistung in Wärme; jedoch so, dass die Wärme weit entfernt von ihrer wirklichen Quelle, dem Muskel, zum Vorschein kommt. Der ganze Process besteht in einer Verpflanzung von Molekularbewegung von dem Muskel zu dem Gewichte, die Schwerkraft ist nur die Vermittlerin, wodurch diese Verpflanzung vollzogen wird.

Kometentheorie.

Ich veröffentliche hier eine Hypothese über die Bildung der Kometen, die von bedeutenden Männern nicht ungünstig aufgenommen worden ist. Der Leser mag sie als Uebung für sein Verständniss der Thatsachen betrachten, von denen in diesem Buch die Rede war, und als eine vielleicht richtige Anwendung derselben. Ich denke diese Hypothese künftig einmal weiter zu entwickeln, und wenn ich nicht in ihr Keime der Wahrheit enthalten glaubte, würde ich sie hier nicht veröffentlichen.

Diese Gedanken wurden der philosophischen Gesellschaft zu Cambridge am 8. März 1869 in folgenden Worten vorgelegt: „Im Verfolge meiner Experimente über Strahlenwirkung habe ich oft mit Erstaunen die Lichtmasse wahrgenommen, die eine ganz unbeschreiblich kleine Portion Materie zurückstrahlen kann, wenn man sie in Wolkenform auflöst. Zu wiederholten Malen wurde ich in Irrthum und Verwirrung gebracht durch die Wirkung von zurückgebliebenen Restchen von so ausseror-

dentlicher Kleinheit, dass die Wirkung eben einfach unbegreiflich war. Um solche Rückstände los zu werden,
lasse ich meine Experimentirröhren, wenn sie für Dämpfe
gebraucht worden sind, mit Alkohol übergiessen, dann
mit heissem Wasser und Seife ausbürsten und schliesslich
mit reinem Wasser ausschwenken. Ich möchte Ihnen einen
Begriff von den Stoffmassen geben, die hier in Frage kommen. Sie sehen hier eine Röhre, 3 Fuss lang und 3 Zoll
weit. Diese hatte ich so gründlich reinigen lassen, dass
sie, mit Luft oder wässeriger Salzsäure gefüllt, einem
starken Licht beliebig ausgesetzt werden konnte, ohne
dass sich die geringste Trübung zeigte. Nachdem ich
mich so von der vollkommenen Reinheit der Röhre überzeugt hatte, nahm ich ein kleines Stückchen Fliesspapier,
machte daraus ein Kügelchen, etwa ein Viertel so gross
wie eine kleine Erbse, und befeuchtete es mit einer Flüssigkeit, die einen höheren Siedepunkt besitzt als Wasser.
Ich behielt das Kügelchen in der Hand, bis es fast trocken
war, dann that ich es in eine Verbindungsröhre und liess
trockene Luft darüber hin in die Röhre gehen. Die Luft,
mit der Spur von Dampf beladen, die sie derart aufgenommen hatte, wurde der Einwirkung des Lichts ausgesetzt. Eine blaue actinische Wolke begann sich augenblicklich zu bilden, und in fünf Minuten hatte sich die
blaue Farbe durch die ganze Experimentirröhre erstreckt.
Einige Minuten lang blieb diese Wolke blau und konnte
von einem Nicol'schen Prisma vollständig ausgelöscht
werden, so dass keine Spur von Blau das Auge traf, wenn
der Nicol in seiner richtigen Stellung war. Allein die
Partikel der Wolke nahmen allmälig an Grösse zu, und
am Ende von fünfzehn Minuten füllte eine dichte weisse
Wolke die Röhre. Wenn man die Quantität Dampf in
Betracht zog, die von der Luft in die Röhre eingeführt

worden war, erinnerte das Auftreten einer so dicken
und leuchtenden Wolke an die Schöpfung einer Welt
aus Nichts.

„Dies ist jedoch noch nicht Alles: Das Kügelchen Fliesspapier wurde fortgenommen und die Experimentirröhre
leer gemacht, indem man einen Strom trockener Luft hin-
durchschickte. Dieser Strom ging auch durch die
Verbindungsröhre, in der das Kügelchen Fliesspapier gelegen hatte. Endlich wurde der Luftstrom unterbrochen und die Röhre luftleer gemacht. Dann wurden
durch dieselbe Verbindungsröhre fünfzehn Zoll Salzsäure
Dampf in die Röhre eingelassen. Hier muss man nun
festhalten: 1) dass die Portion Flüssigkeit, die zu Anfang
von dem Kügelchen aufgenommen wurde, ausserordentlich gering war, 2) dass diese geringe Quantität fast ganz
in meiner Hand hatte verdunsten können, ehe ich das
Kügelchen in die Verbindungsröhre that, 3) dass das
Kügelchen herausgenommen war und die Röhre, in der
es gelegen hatte, einige Minuten lang einem starken Strom
reiner Luft zum Durchgang gedient hatte. — Von solchem Restchen, wie es nach diesem Process noch in der
Verbindungsröhre geblieben sein konnte, wurde nun ein
Theil durch die Salzsäure in die Experimentirröhre geführt und hier der Wirkung des Lichts unterworfen.

„Eine Minute, nachdem die elektrische Lampe entzündet war, zeigte sich eine schwache Wolke; nach zwei Minuten hatte sie den ganzen vorderen Theil der Röhre
gefüllt und zog sich beträchtlich darin hinab; nachher
entwickelte sie sich zu einer schönen Wolkenform, und
nach Verlauf von fünfzehn Minuten war die Lichtmenge,
die die Wolke ausgab, geradezu staunenswerth, wenn man
an die Stoffmasse dachte, daraus sie entstanden war.
Aber obgleich so hellleuchtend, war die Wolke doch viel

zu fein, um dahintergestellte Gegenstände in irgend merk-
lichem Grade zu trüben. Eine Lichtflamme wurde nicht
mehr davon verändert als von einem Vacuum. Stellte
man ein bedrucktes Blatt dahinter, so dass die Wolke
selbst es beleuchtete: so konnte man dasselbe durch die
Wolke hindurch lesen, ohne merkliche Abschwächung der
Deutlichkeit. Nichts könnte jene „geisterhafte Textur",
die Sir John Herschel einem Kometen zuschreibt, besser anschaulich machen, als diese actinischen Wolken.
Diese Experimente beweisen in der That, dass Stoff von
fast unendlicher Dünne im Stande ist, viel intensiveres
Licht als das der Kometenschwänze auszuströmen. Das
Gewicht der Stoffmasse, welche dieses Lichtquantum zum
Auge schickte, würde wahrscheinlich millionen mal ver-
vielfacht werden müssen, um es so gross zu machen, wie
das Gewicht der Luft, in welcher sie schwebte.

„Wollen Sie mir nun für fünf Minuten Ihre Geduld
schenken, dass ich versuche, diese Resultate auf die Ko-
metentheorie anzuwenden? Mich hat eine Bemerkung von
Bessel dazu ermuthigt, der sagte: hätte irgend eine
Theorie bestanden, als er seine Beobachtungen über
Halley's Kometen machte, und er hätte seine Aufmerksamkeit auf die Bestätigung oder Widerlegung dieser
Theorie richten können: so würde er reichere Kenntnisse
aus diesen Beobachtungen gezogen haben, als ihm ohne
das möglich war. Wenn es die Zeit erlaubte, würde ich
Sie gern auf einem bequemen Wege allmälig zu der An-
sicht hinführen, die ich Ihnen vorzulegen wünsche; die
Zeit aber erlaubt es nicht, und so wird denn auch die
Hypothese an der Kahlheit leiden, die nothwendig aus
dem Mangel solcher Einleitung entspringt.

„Sie wissen ohne Zweifel, welche schrecklichen Schwierigkeiten die Kometentheorien umlagern. Der Komet,

den Newton 1680 beobachtete, schoss in zwei Tagen
einen Schweif von 60 Millionen Meilen aus. Der Komet
von 1843 schoss, wenn ich mich recht erinnere, in einem
einzigen Tage einen Schweif, der 100 Grade des Himmels deckte. Diese ungeheure Ausdehnung von wolki-
ger Masse soll im Kopf des Kometen erzeugt werden und
durch eine geheimnissvolle abstossende Kraft der Sonne
rückwärts hinausgetrieben werden. Bessel erfand eine
Art magnetischer Polarität und Abstossung, die dies
erklären sollte. „Es ist klar," sagt Sir John Herschel,
„dass wenn wir hier überhaupt mit Stoff zu thun
haben, wie wir ihn uns vorzustellen pflegen, nämlich mit Trägheit begabt, so muss er unter dem Einfluss von Kräften stehen, die unvergleichlich viel stärker
und ganz anderer Natur als die Schwerkraft sind." An
einer anderen Stelle drückt er die Schwierigkeiten des Gegenstandes in folgenden bemerkenswerthen Worten aus:
„„Ohne Zweifel hängt die Bildung ihrer Schweife mit
einem tief geheimnissvollen Räthsel der Natur zusammen. Vielleicht hofft man nicht zu viel, wenn man er-
wartet, dass spätere Beobachtungen, mit gleichzeitiger
Benutzung aller Hilfe, welche die auf den allgemeinen
Fortschritt der Naturwissenschaft gegründeten theoretischen Ueberlegungen gewähren können, (hauptsächlich
derjenigen Zweige derselben, die sich auf die ätherischen
oder unwägbaren Elemente beziehen), uns in nicht zu
langer Zeit in den Stand setzen werden, dies Geheimniss
zu ergründen und zu erkennen, ob es wirklich Stoff
im gewöhnlichen Sinne des Worts ist, was mit solcher
übermässigen Schnelligkeit aus ihren Köpfen ausge-
trieben wird und in seinem Lauf durch eine Beziehung
zur Sonne als dem zu fliehenden Punkte, wenn auch
nicht gerade getrieben, so doch geleitet wird. Diese

Frage über die Körperlichkeit des Schweifes tritt uns niemals eindringlicher entgegen, als bei der Betrachtung jener ungeheuren Schwenkung, welche er zur Zeit seiner Sonnennähe um die Sonne macht, wobei er sich gleich einem geraden, unbiegsamen Stabe, dem Gesetz der Schwere, ja sogar den allgemeinen Gesetzen aller Bewegung zum Trotz von der unmittelbaren Nähe der Sonnenoberfläche bis zu der Erdbahn erstreckt (wie wir es bei den Kometen von 1680 und 1843 gesehen haben) und doch herumwirbeln lässt, ohne zu zerreissen, und zwar, wie in letzterem Falle, um einen Winkel von 180° in wenig mehr als zwei Stunden. Es scheint ganz unglaublich, dass es in solchem Falle ein und derselbe körperliche Gegenstand sein sollte, der diese Schwenkung machte. (Ich möchte den Leser bitten, in Hinsicht auf die folgende Theorie diesen Worten besondere Aufmerksamkeit zu schenken. J. Tyndall.) Wenn man sich etwas, wie einen negativen Schatten vorstellen könnte, eine momentane Wirkung auf den leuchtfähigen Aether hinter dem Kometen, so würde dies einigermaassen der Idee entsprechen, die solches Phänomen unwiderstehlich wachruft.""

„Ich bitte nun um die Erlaubniss, Ihnen eine Hypothese vorzulegen, welche alle diese Schwierigkeiten zu beseitigen scheint und die, ob sie nun eine physikalische Wahrheit ist oder nicht, die Erscheinungen der Kometen in einer merkwürdig befriedigenden Weise mit einander verbindet.

„1. Meine Theorie ist, dass ein Komet aus Dampf besteht, der sich durch das Sonnenlicht zersetzen lässt, und dass der sichtbare Kopf und Schwanz eine actinische Wolke sind, die durch solche Zersetzung entstand. Die Textur der actinischen Wolken ist nämlich unläugbar die eines Kometen.

„2. Der Schwanz ist dieser Theorie zufolge nicht aus-
gestossener Stoff, sondern Stoff, der sich in den Sonnenstrahlen niedergeschlagen hat, welche die Kometenatmosphäre durchschneiden. Es lässt sich experimentell
beweisen, dass dieser Niederschlag entweder mit ver-
hältnissmässiger Langsamkeit längs des Strahles eintreten
kann, oder dass er so gut, wie in einem Moment, in der
ganzen Länge des Strahls stattfindet. Die erstaunliche
Schnelligkeit der Schweifbildung würde hiermit erklärt
sein, ohne dass man wie bisher eine unglaubliche Art der
Fortbewegung für ihn anzunehmen brauchte.

„3. Während der Komet durch seine Sonnennähe
herumschwenkt, besteht sein Schweif nicht stets aus ein
und demselben Stoffe, sondern aus neuem Stoff, der sich
in den Sonnenstrahlen niederschlägt, welche die Kometenatmosphäre in neuen Richtungen durchschneiden. So erklärt sich die ungeheure Schwenkung des Schweifes, ohne
dass man eine entsprechende Fortbewegung auch für ihn
anzunehmen braucht.

„4. Der Schweif ist immer der Sonne abgekehrt aus
folgender Ursache: Zwei antagonistische Kräfte wirken
auf den Kometen bildenden Dampf — einerseits eine actinische Kraft, welche Niederschlag bewirkt; andererseits eine calorische Kraft, die Verdunstung bewirkt.
Wo die erstere vorwiegt, haben wir die Kometenwolke,
wo die andere vorwiegt, den durchsichtigen Kometen-
dampf. Es ist eine Thatsache, dass die Sonne diese beiden hier genannten Kräfte aussendet. In der Annahme
ihres Vorhandenseins liegt also durchaus nichts Hypo-
thetisches. Um zu erklären, dass Niederschlag hinter
dem Kopf des Kometen, oder in dem Raume, wo des
Kopfes Schatten liegt, eintritt, braucht man nur anzunehmen, dass die calorischen Strahlen der Sonne reichlicher

vom Kopf und Kern absorbirt werden, als die actinischen
Strahlen. Dadurch würde das verhältnissmässige Uebergewicht der actinischen Strahlen hinter dem Kopf und
Kern gesteigert, und sie würden in den Stand gesetzt
werden, die Wolke, die den Kometenschweif bildete, nie-
derzuschlagen.

„5. Der alte Schweif wird, wenn der Kern ihn nicht
mehr schützt, von der Sonnenhitze zerstört; doch geschieht seine Zerstörung nicht in einem Moment. Der
Schweif neigt sich nach dem Theil des Raumes, den der
Komet zuletzt verlassen hat, welche allgemein beobachtete Thatsache sich somit leicht erklärt.

„6. Bei dem Kampf der beiden Klassen von Strahlen
um die Herrschaft können die actinischen Strahlen selbst
in Theilen der Kometenatmosphäre, die nicht vom Kern
geschützt werden, vorübergehend im Vortheil sein. Es
mögen Veränderungen der Dichtigkeit oder andere Ursachen dem zu Grunde liegen. Dadurch wären die ge-
legentlichen Seitenströme und das scheinbare Ausschicken
schwächerer Schweife gegen die Sonne hin erklärt.

„7. Das Einschrumpfen des Kopfes in der Nähe der
Sonne rührt von dem Anprall der calorischen Wellen
her, welche seine äussersten dünnsten Schichten auflösen und so seine scheinbare Zusammenziehung ver-
ursachen.

„Ich habe diese ganze Theorie ausschliesslich auf
wirklich bestehende Ursachen gegründet und keinerlei
Art von Wirkung angenommen, die nicht auf der siche-
ren Grundlage der Beobachtung oder des Versuchs ruhte.
Es steht nun bei Ihnen zu sagen, ob ich, indem ich dies
auszusprechen wagte, die Grenzen „rationeller Specu-
lation" überschritten habe. Habe ich es gethan, so
konnte ich jedenfalls keinen geeigneteren Ort finden, um

schnell und sicher widerlegt zu werden. Sollte die Theorie ein reines Hirngespinnst sein, so werden Ihr Adams und Ihr Stokes, (zum Glück Beide hier anwesend) denen ich die Hypothese mit der Aussicht vorlege, sie durch Astronomie und Physik augenblicklich vernichtet zu sehen, wenn sie nichts Besseres verdient, dieser Pflicht ohne Zweifel in wirksamster Weise nachkommen, und so uns Beide, Sie und mich, vor Irrthum bewahren, ehe derselbe sich ernstlich in unseren Köpfen festsetzen konnte."

Ich kann jetzt (1870) noch hinzufügen, dass Kometenhüllen und verschiedene andere Erscheinungen genau nachgemacht werden können, wenn man durch Wärme Wirbelbewegungen in actinischen Nebelbildungen hervorbringt. Es ist wohl nicht nöthig zu erwähnen, dass diese Theorie auch die Polarisation des Lichtes vom Kometenschweif erklärt.

---

*) Es mag Kometen geben, deren Dampf sich nicht durch die Sonne zersetzen lässt, oder der sich, wenn zersetzt, nicht niederschlägt. Diese Ansicht eröffnet uns die Möglichkeit der Annahme von unsichtbaren Kometen, die durch den Raum wandern, vielleicht über die Erde fegen und ihren Gesundheitszustand beeinflussen, ohne dass wir sonst etwas von ihrem Vorübergehen merken. Was nun die Geringfügigkeit ihrer Masse betrifft, so bin ich der festen Ueberzeugung, dass aus ein paar Unzen (nach Sir John Herschel das mögliche Gewicht gewisser Kometen) Allyljodiddampf eine actinische Wolke von der Grossartigkeit und Leuchtkraft des Donatischen Kometen hergestellt werden könnte.

Polarisation der Wärme.

Im Philosophical Magazine von 1845 gab der verstorbene Forbes einen Bericht über die Versuche, durch welche er die Polarisation nicht leuchtender Wärme bewiesen hatte. Zuerst gebrauchte er Turmaline und verfiel dann durch eine glückliche Eingebung auf übereinandergeschichtete Glimmerplatten, die, besser befähigt, Strahlen durchzulassen, ihn in Stand setzten, das Bestehen der Polarisation leichter und vollständiger zu beweisen. Der Gegenstand wurde später von Melloni und anderen Naturforschern weiter verfolgt. Mit grossem Scharfsinn benutzte Melloni seine eigene Entdeckung, dass die dunklen Strahlen leuchtender Quellen zum Theil von schwarzem Glase durchgelassen werden. Indem er mit einer Platte solchen Glases das Licht seiner Oellampe abfing und dann mit der durchgelassenen Wärme experimentirte, erzielte er Wirkungen, die an Grösse denen, welche durch die Ausstrahlung dunkler Wärmequellen erreicht werden, durchaus überlegen waren. Der Besitz eines vervollkommneten Strahlenfilters und einer kräftigeren Wärmequelle macht es uns jetzt möglich, die

Wirkungen von Forbes und Melloni in weit grösserem Maassstabe zu erhalten.

Zwei grosse Nicol'sche Prismen, wie ich solche in meinen Versuchen über die Polarisation des Lichts durch neblige Massen brauchte, wurden vor eine elektrische Lampe gestellt und so befestigt, dass jedes um seine Horizontalaxe gedreht werden konnte. Der Strahl der Lampe, den die Linse leicht convergiren machte, wurde durch beide Prismen geschickt. Aber zwischen ihnen befand sich eine Zelle, die Jod, aufgelöst in Schwefelkohlenstoff, in hinreichender Menge enthielt, um auch das stärkste Sonnenlicht auszulöschen. Hinter den Prismen stand eine thermo-elektrische Säule mit zwei conischen Reflectoren. Die Vorderfläche der Säule empfing Wärme von der elektrischen Lampe, die Hinterfläche von einer Spirale aus Platindraht, durch die ein gehörig regulirter elektrischer Strom ging. Der Apparat war so eingerichtet, dass, wenn die Hauptschnitte der Nicols rechtwinklig zu einander standen, die Nadel des mit der Säule verbundenen Galvanometers eine Abweichung von 90^0 zu Gunsten der hinteren Wärmequelle zeigte. Das eine Prisma wurde dann gedreht, so dass die Hauptschnitte parallel wurden. Die Nadel kehrte augenblicklich auf Null zurück und ging dann bis zu 90^0 auf die andere Seite hinüber. Drehte man den Nicol zurück oder weiter, so dass die Hauptschnitte wieder senkrecht zu einander standen, so wurde das Bündel calorischer Strahlen abgehalten, die Nadel ging auf Null und dann weiter in ihre erste Stellung zurück.

Die Ausstrahlung polarisirter Wärme ist hierbei in der That so stark, dass eine schnelle Umdrehung des Nicol die Nadel veranlassen würde, ein paar Mal ringsum über ihre Kreistheilung zu wirbeln.

Diese Experimente wurden mit dem feinen Galvanometer angestellt, das ich bei meinen Untersuchungen über strahlende Wärme benutzte. Doch ist die Wirkung stark genug, um auch ein grobes Hörsaal-Galvanometer mit 6 Zoll langen Nadeln, die mit Papierscheiben versehen sind, deren jede einen Quadratzoll misst, zu einer Bewegung durch einen Bogen von beinahe 180⁰ zu veranlassen.

Reflection, Brechung, Dispersion, Polarisation, sowohl geradlinige wie circulare, doppelte Brechung, die Bildung unsichtbarer Bilder durch Spiegel wie auch durch Linsen, alles dies kann mit Hülfe des Jodfilters und des elektrischen Lichtes auffallend deutlich gezeigt werden.

Nehmen Sie als Beispiel folgende Experimente: — Die Nicols standen gekreuzt, die Nadel des Galvanometers zeigte auf 78⁰ zu Gunsten des heissen Platindrahts hinter der Säule. Dann wurde eine Glimmerplatte in den dunklen Strahl geschoben, deren Hauptschnitte unter einem Winkel von 45⁰ gegen die der beiden Nicols geneigt waren. Augenblicklich fiel die Nadel auf Null und ging bis zu 90⁰ auf der andern Seite weiter.

Nun als Beispiel circularer Polarisation: — Die Nicols standen gekreuzt, und die Nadel zeigte auf 80⁰ zu Gunsten der Platinspirale. Man schob eine Platte Bergkrystall, die senkrecht zur Axe geschnitten war, in den dunklen Strahl; da fiel die Nadel auf Null und ging bis zu 90⁰ auf der andern Seite fort.

Wie stark die Durchdringungsfähigkeit der hier benutzten Wärme sei, ergiebt sich aus der Thatsache, dass sie durch etwa 12 Zoll isländischen Spath und ungefähr 1½ Zoll der Zelle mit Jodlösung hindurchging.

Schlussbemerkungen.

Mein Freund Mr. Ingleby hat meine Aufmerksamkeit auf drei Artikel im Monthly Magazine von 1820 vol. II, pp. 33, 129 und 505 gelenkt, deren Schreiber sich „Gesunde Vernunft" (Common Sense) unterzeichnet. Der erste der Artikel trägt die Ueberschrift „Elektricität und Galvanismus erklärt durch die mechanische Theorie von Stoff und Bewegung." Der zweite „Ueber die Natur der Bewegung und die Gesetze und Erscheinungen ihrer Fortpflanzung." Der dritte heisst: „Neue Ansichten über die Oeconomie der thierischen Natur in Uebereinstimmung mit der Theorie von Stoff und Bewegung." Man sieht an diesen Titeln, welcher Art des Schreibers Gedanken waren. Abgesehen von einem guten Theil unvermeidlicher Irrthümer zeugen doch diese Artikel an vielen Stellen von einem durchdringenden Scharfsinn und einer klaren Einsicht, wie sie für jene Zeit bemerkenswerth genug sind. Nehmen Sie folgende Sätze als Beispiele:

„Allein in einer gewissen Anzahl von Fällen bringt die Uebertragung von Bewegung nicht Ortsveränderung mit sich, und diese Ausnahme giebt Anlass zu einer

neuen Reihe von Erscheinungen. Wenn zum Beispiel zwei
Körper, die sich in entgegengesetzter Richtung bewegen,
gegen einander stossen in einer Linie, welche die Mittelpunkte ihrer Massen verbindet, so wird die Neigung beider, ihren Platz zu verändern, vernichtet und scheinbar
auch ihre Bewegung. Die Bewegung jedoch wird in solchem Falle nicht vernichtet, sondern verändert nur ihre
Erscheinungsweise und geht auf die Atome der Körper
über, die durch den Zusammenstoss in Schwingungen
versetzt werden, welche die früheren Bewegungen der
Körper ersetzen. In dieser Weise wird Gesammtbe-
wegung in Atombewegung verwandelt und letztere
giebt dann Veranlassung zu vielen seltsamen und verwickelten Erscheinungen, wie in der Wärme, in dem Licht
und in den Gasen." Den gesperrten Druck hat der
Autor selbst so angegeben. Bis mehr als zwanzig Jahre
später Mayer und Joule auftraten, ist meines Wissens
nichts veröffentlicht, was sich an Klarheit und Vollstän-
digkeit mit den obigen Aussprüchen messen könnte. Man
könnte wahrhaftig glauben, ich hätte manche meiner
Sätze von diesem anonymen Correspondenten des Monthly
Magazine abgeschrieben.

Der zweite der obenerwähnten Artikel ist in folgende
Sätze zusammengefasst worden:

„1. Dass die Körper all ihre Kräfte, all ihr Gewicht und all ihre Fähigkeiten aus der Bewegung oder
den Bewegungen ziehen, die ihnen mitgetheilt werden,
oder die sie von vornherein besitzen. Und dass die Be-
zeichnungen Kraft, Gewicht und Bewegung vertauschbare
Ausdrücke und physikalische Synonyme sind.

„2. Dass jede Kraft, jedes Gewicht, jede Bewegung
an Ort und Stelle durch eine ihr eigene Kette nächster
Ursachen oder Bewegungen hervorgebracht wird.

„3. Dass Bewegung, obgleich sie beständig ihren Träger und ihre Erscheinungsform ändert, weder je verloren
geht, noch neu geschaffen wird, sondern in fortwähren-
dem Kreislauf die verschiedenste Anwendung findet.

„4. Dass Bewegungen von Aggregaten in Bewegungen oder Schwingungen von Atomèn verwandelt werden
können und vice versa; auf welcher Umwandlung verschiedene Klassen von Erscheinungen beruhen.

„5. Dass Wirkung und Gegenwirkung, Trägheit, Widerstand und Reibung eine Reihe von Erscheinungen
sind, die alle in Bewegung ihren Ursprung haben, welche
sie von einem sich bewegenden Körper empfangen und
mit ihm theilen.

„6. Dass das Medium, in welchem ein Körper mit
Atombewegung sich befindet, die Atombewegung fort-
führt, bis die Erregung die Fähigkeit der Fortführung
übersteigt; dann treten Wärme, Verdunstung, Gasbildung,
Licht und Zersetzung ein, die nichts anderes sind als
verschiedene Arten und beschleunigte Grade von Atombewegung.

„7. Dass Atombewegung Wärme ist, dass dieselbe
beim Athmungsprocess der Luft entnommen wird und
thierische Wärme und Lebenskraft erzeugt.

„8. Dass alle localen Bewegungen auf der Erde nur
Ablenkungen der Erdbewegung sind (er vergass die Rolle,
welche die Sonnenstrahlen spielen) und schliesslich der
Erde wiedergegeben werden.

9. „Bewegung ist all diesen Fragen und Behauptungen
zufolge als die secundäre Ursache der erhabenen Thätigkeit der ewigen Allmacht anzusehen."

In seinem Artikel über die Oekonomie der thierischen
Natur sagt er: —

„Thiere bestehen demnach aus einer Grundlage von

Knochen für die Stärke, — aus einem Zusammenhang von
Muskeln für die Bewegung, — aus einem Marksystem
von Gehirn und Nerven für Empfindung, Vergleichung
und Gedächtniss, — aus Athmungsorganen zur Aneignung
der Atombewegung von Gasen — und aus Arterien und
Adern, welche die Nahrung und Triebkraft für das Ganze
in Umlauf bringen.

„Ein Dampfschiff, das seine innere Arbeitskraft aus
einer Maschine zieht, die durch die abwechselnde Einführung und Fixation von Wasserdämpfen getrieben
wird, und das in Bewegung gesetzt wird durch die Gegenwirkung seiner Räder gegen Wasser oder Land, ist
in all seinen Wirkungen das genau analoge, wenn auch
grobe Bild eines Thieres, das sich von der Stelle bewegen
kann. Auch dieses zieht seine innere Arbeits- oder Lebenskraft aus der Fixation von atmosphärischem Gas und
seine Fortbewegung aus der Wirkung seiner Füsse oder
seines Körpers gegen die Erde." In dieser Weise pflegen
grosse Fragen sich zu regen, ehe sie ihren vollständigen
Ausdruck empfangen.

Methode der Wilden, sich Feuer zu machen.

Auszug aus „Abenteuer unter den Dyaks auf Bor-
neo" von F. Boyle.

„Es besteht unter einigen der Dyakstämme eine Art
und Weise, sich Feuer zu schlagen, die noch viel unge-
wöhnlicher ist. Das dazu benutzte Instrument ist ein
schmaler Bleiwürfel, der fest in ein Futteral von Bambus
passt. Der Würfel ist oben zu einer kleinen Schale ausgehöhlt. Wenn nun Feuer gebraucht wird, so füllt man
diese Schale mit Zunder, hält mit der linken Hand das
Bleipiston aufrecht in die Höhe, stösst das Bambus-
futteral kräftig darüber hinunter, zieht es ebenso schnell
wieder ab, und der Zunder brennt. Die Eingeborenen
sagen, dass kein anderes Metall als Blei diese Wirkung
hervorbringen würde. Ich muss jedoch bemerken, dass
wir nie diese seltsame Methode in Anwendung sahen,
obgleich die Beamten der Rajahs sie zu kennen schie-
nen."

Morgenfrost erzeugt Schnee in einem Zimmer.

„Eine seltsame Naturerscheinung kann auch in Erzerum
beobachtet werden. Dort wurde die Thür eines der unterirdischen Ställe geöffnet, und obgleich draussen ein klarer, schöner Tag war, gefror die innere, warme Luft augenblicklich und bildete einen kleinen Schneefall. Dies liess
sich in schönster Weise jeden Morgen beim ersten Oeffnen der Thür nach aussen beobachten, wenn das Haus
noch von der Nacht her, wo es verschlossen blieb, warm
war."

„Obiger Satz findet sich in einem Werk des Herrn
R. Curzon „Armenien: Ein Jahr in Erzerum und an
den Grenzen von Russland, der Türkei und Persien"
und ist im „Athenäum" vom 8. April 1854 p. 431, erste
Columne, angeführt, wovon ich ihn hier abschrieb."
(Schreiber jener Linien war dabei gewesen, als ich
Dove's Bericht über Schneefall in einem russischen Ball-
saale beim Zerbrechen eines Fensters vortrug, daher
sein Brief. — J. Tyndall).

ALPHABETISCHES INHALTSVERZEICHNISS.

(Die Zahlen bezeichnen die Paragraphen des Werkes; nur wo denselben ein S vorgesetzt ist, beziehen sie sich auf die Seiten desselben.)

Alphabetisches Inhaltsverzeichniss. 737

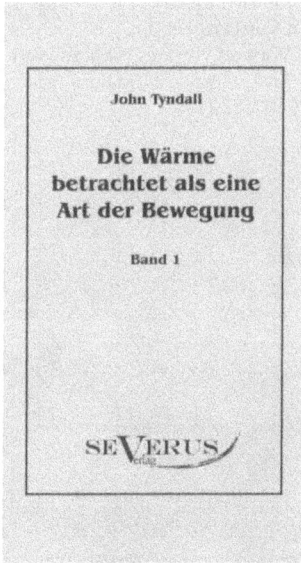

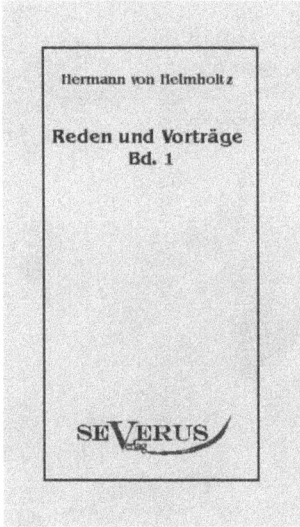

SE**V**ERUS
Verlag

Ebenfalls im SEVERUS Verlag erhältlich:

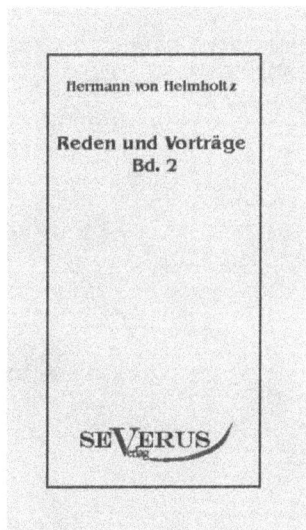

Hermann von Helmholtz
Reden und Vorträge Bd.2
SEVERUS 2010 / 396 S./ 29,50 Euro
ISBN 978-3-942382-16-8

Helmholtz - bis heute steht er mit seinem Namen für die gesamte Vielfalt der naturwissenschaftlichen Forschung.

Der vorliegende Band versammelt Vorträge zu verschiedenen Themen, gehalten zwischen 1870 und 1881.

www.severus-verlag.de

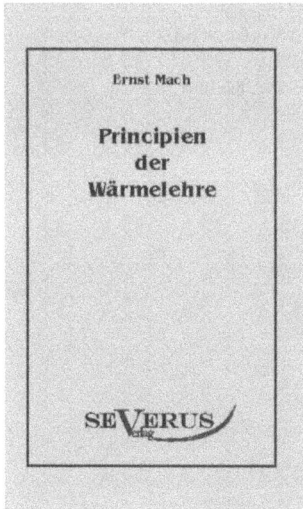

Ebenfalls im SEVERUS Verlag erhältlich:

Ernst Mach
Die Principien der Wärmelehre
SEVERUS 2010 / 492 S./ 49,50 Euro
ISBN 978-3-942382-06-9

„Mach war seiner geistigen Entwicklung nach nicht ein Philosoph, der sich die Naturwissenschaften als Objekt seiner Spekulationen wählte, sondern ein vielseitig interessierter, emsiger Naturforscher, dem die Erforschung auch abseits vom Brennpunkt des allgemeinen Interesses gelegener Detailfragen sichtlich Vergnügen machte." (Albert Einstein)

Der Physiker, Philosoph und Wissenschaftstheoretiker Ernst Mach (1838 – 1916) entwickelt in diesem Buch eine detaillierte Darstellung der historischen Entwicklung der Prinzipien der Wärmelehre und bereichert diese um seine eigenen, eng an der sinnlichen Wahrnehmung orientierten Theorien. Ganz bewußt sucht er dabei auch den Disput mit traditionellen Lehrmeinungen, um einen Prozeß kritischer Selbstreflexion in der Physik zu beginnen. Machs strikt empiristische wissenschaftliche Arbeit und seine Ablehnung metaphysischer Spekulation beeinflußten maßgeblich den Charakter der modernen Naturwissenschaften.